网络工程师教育丛书

局 域 网

（第2版）

Local Area Networks, 2nd Edition

刘化君　张来盛　等编著

电子工业出版社

Publishing House of Electronics Industry

北京 · BEIJING

内 容 简 介

本书是《网络工程师教育丛书》第 2 册，比较系统、全面地介绍了局域网的原理与技术。全书分为 8 章。其中，第一章介绍局域网基础，重点讨论局域网体系结构和介质访问控制技术；第二章讨论组建局域网所需要的计算机连接技术；第三、四、五章介绍当今流行的局域网技术，包括千兆以太网、万兆以太网、交换式以太网、虚拟局域网、无线局域网；第六、七章分别介绍局域网联网软件和网络操作系统（NOS）；第八章讨论局域网的组建与互连技术。为帮助读者更好地掌握基础理论知识和应对认证考试，各章均附有小结、练习及小测验，并对典型例题给出解答提示。

本书可作为网络工程师培训和认证考试教材，或作为本科和职业技术教育相关课程的教材或参考书，也可供网络技术人员、管理人员以及有志于自学成为网络工程师的读者阅读。

本书的相关资源可从华信教育资源网（www.hxedu.com.cn）免费下载，或通过与本书策划编辑（zhangls@phei.com.cn）联系获取。

图书在版编目（CIP）数据

局域网 / 刘化君等编著. —2 版. —北京：电子工业出版社，2020.1
（网络工程师教育丛书）
ISBN 978-7-121-37398-5

Ⅰ. ①局… Ⅱ. ①刘… Ⅲ. ①局域网－基本知识 Ⅳ. ①TP393.1

中国版本图书馆 CIP 数据核字（2019）第 200539 号

责任编辑：曲　昕　　　　特约编辑：石灵芝
印　　刷：三河市君旺印务有限公司
装　　订：三河市君旺印务有限公司
出版发行：电子工业出版社
　　　　　北京市海淀区万寿路 173 信箱　邮编：100036
开　　本：787×1092　1/16　印张：18.75　字数：492 千字
版　　次：2015 年 6 月第 1 版
　　　　　2020 年 1 月第 2 版
印　　次：2020 年 12 月第 2 次印刷
定　　价：65.00 元

凡所购买电子工业出版社图书有缺损问题，请向购买书店调换。若书店售缺，请与本社发行部联系，联系及邮购电话：（010）88254888，88258888。

质量投诉请发邮件至 zlts@phei.com.cn，盗版侵权举报请发邮件至 dbqq@phei.com.cn。

本书咨询联系方式：（010）88254467；zhangls@phei.com.cn。

出 版 说 明

人类已进入互联网时代，以物联网、云计算、移动互联网和大数据为代表的新一轮信息技术革命，正在深刻地影响和改变经济社会各领域。随着信息技术的发展，网络已经融入社会生活的方方面面，与人们的日常生活密不可分。我国已成为网络大国，网民数量位居世界第一；但我国要成为网络强国，推进网络强国建设，迫切需要大量的网络工程师人才。然而据估计，我国每年网络工程师缺口约 20 万人，现有网络人才远远无法满足建设网络强国的需求。

为适应网络工程技术人才教育、培养的需要，电子工业出版社组织本领域专家学者和工作在一线的网络专家、工程师，按照网络工程师所应具备的知识、能力要求，参考新的网络工程师考试大纲（2018 年审定通过），共同修订、编撰了这套《网络工程师教育丛书》。

本丛书全面规划了网络工程师应该掌握的技术，架构了一个比较完整的网络工程技术知识体系。丛书的编写立足于计算机网络技术的最新发展，以先进性、系统性和实用性为目标：

▶ 先进性—— 全面地展示近年来计算机网络技术领域的新成果，做到知识内容的先进性。例如，对软件定义网络（SDN）、三网融合、IPv6、多协议标签交换（MPLS）、云计算、云存储、大数据、物联网、移动互联网等进行介绍。

▶ 系统性—— 加强学科基础，拓宽知识面，各册内容之间密切联系、有机衔接、合理分配、重点突出，按照"网络基础→局域网→城域网与广域网→TCP/IP 基础→网络互连与互联网→网络安全与管理→大数据技术→网络设计与应用"的进阶式顺序分为 8 册，形成系统的知识结构体系。

▶ 实用性—— 注重工程能力的培养和知识的应用。遵循"理论知识够用，为工程技术服务"的原则，突出网络系统分析、设计、实现、管理、运行维护和安全方面的实用技术；书中配有大量网络工程案例、配置实例和实验示例，以提高读者的实践能力；每章还安排有针对性的练习和近年网络工程师考试题，并对典型试题和练习给出解答提示，以帮助读者提高应试能力。

本丛书从一开始就搭建了一个真实的、接近网络工程实际的网络，丛书各册均基于这个实例网络的拓扑和 IP 地址进行介绍，逐步完成对路由器、交换机、客户端和服务器的配置、应用设计等，灵活、生动地展现各种网络技术。

本丛书在编写时力求文字简洁，通俗易懂，图文并茂；在内容编排上既系统全面，又切合实际；在知识设计上层次分明、由浅入深，读者可根据自己的需要选择相应的图书进行学习，然后逐步进阶。

鉴于网络技术仍在不断地飞速发展，本丛书将根据需要和读者要求适时更新、完善。热忱欢迎广大读者多提宝贵意见和建议。联系方式：zhangls@phei.com.cn。

电子工业出版社

第 2 版前言

局域网自诞生以来，从共享型以太网发展到交换式以太网，致使整个以太网系统的带宽成十倍、百倍地增长，传输介质从最初的同轴电缆发展到双绞线和光缆。随着计算机、通信技术的发展和人们物质生活水平的提高，人们对于能够在任何时间、任何地点均能实现数据通信的要求越来越高，计算机网络开始从有线向无线、从固定向移动通信迅速发展。在这样的总体需求下，无线局域网技术得到了快速发展。目前，无论是在住宅还是在办公室等公共场所，随处可见 WiFi。因此，本书在第 1 版的基础上进行全面修订，在讨论有线局域网技术的同时，较为详细地讨论无线局域网，以及新近推出的网络操作系统。主要修订内容包括：

- ▶ 贯穿每个章节的更新，依照真实的网络工程实例阐释局域网技术；
- ▶ 为更好地解释局域网的技术概念，补充、更改一批插图；
- ▶ 进一步强调交换式以太网技术，包括介质访问控制方法等；
- ▶ 增补无线局域网基础知识，包括 CSMA/CA 协议、短距离无线通信标准、WiFi 等；
- ▶ 改写"网络操作系统"一章，引入 Windows 10、Windows Server 2016 和 RHEL7。

本书是《网络工程师教育丛书》的第 2 册，全书分为 8 章：第一章介绍局域网基础，重点讨论局域网体系结构和介质访问控制技术；第二章讨论组建局域网所需的计算机连接技术；第三、四、五章介绍当今流行的局域网技术，包括千兆以太网、万兆以太网、交换式以太网、虚拟局域网、无线局域网；第六、七章分别介绍局域网的联网软件和网络操作系统（NOS）；第八章讨论局域网的组建与互连技术。为帮助读者更好地掌握基础理论知识和应对认证考试，各章均附有小结、练习及小测验，并对典型题例给出解答提示。

本书作为一本基础知识教程，可为组建局域网并接入互联网提供宽厚而扎实的技术基础。本书内容适用范围较广，既可以作为网络工程师教育用书，也可作为本科和高职院校相关专业的教材或教学参考书，同时可供网络技术人员、网络管理人员及网络爱好者阅读和参考。

本书由刘化君、张来盛、刘枫、解玉洁编著。在编写过程中，得到了许多同志的支持和帮助，在此一并表示衷心感谢！

由于计算机网络技术发展很快，囿于编著者理论水平和实践经验，书中定会存在不妥之处，恳请广大读者不吝赐教，以便再版时予以订正。

编著者
2019 年 9 月 10 日

第 1 版前言

20 世纪 80 年代，随着个人计算机技术的发展和广泛应用，用户共享数据、硬件和软件的愿望日益强烈。这种社会需求导致局域网技术得到了突飞猛进的发展。20 世纪 90 年代，以太网（Ethernet）开始受到业界认可并被广泛应用。进入 21 世纪，Ethernet 技术已成为局域网领域的主流技术。目前，高速局域网和交换式局域网、无线局域网成为局域网研究与发展的重点方向。

局域网（LAN）是在一个局部的地理范围内（如一个学校、企事业单位），将各种计算机、外部设备和数据库等互相连接起来组成的计算机通信网。它可以通过数据通信网或专用数据电路，与远方的局域网、数据库或处理中心相连接，构成一个大范围的信息处理系统。局域网技术是当前计算机网络研究与应用的热点，也是目前技术发展最快的领域之一。

本书是《网络工程师教育丛书》的第 2 册，其先修课程是《网络基础》。本书先阐述局域网的基本原理、技术及相关内容，这些原理在其他类型的网络中也将用到；然后重点讨论如何将这些概念应用于一些常用的局域网（如以太网、交换式以太网、虚拟局域网、无线局域网）组网之中，并介绍网络操作系统的基本概念；最后讨论局域网的组建与互连。全书共 8 章，具体如下：

第一章首先回顾《网络基础》中的一些基本概念，包括网络的一般分类和网络拓扑的基本类型。无论是拓扑结构还是传输介质，都与介质访问的方法密切相关。因此，本章重点讨论局域网体系结构和介质访问控制技术，包括一些流行的数据链路层协议。

第二章讨论组建局域网所要掌握的计算机连接技术，即如何利用传输介质、网络接口卡（NIC）等把计算机连接起来，在计算机之间建立起一条传输数据信息的物理通路，其内容包括电缆线缆的制作及布线，光缆的安装施工等。

第三、四、五章分别介绍以太网（包括交换式以太网、快速以太网、千兆以太网、万兆以太网）、虚拟局域网（VLAN）和无线局域网。虽然这些概念在《网络基础》中介绍过，但这里的讨论要深入、详细得多，并给出许多网络工程实例，是本书的主要内容所在。尤其是在讨论 VLAN 的基本概念、工作原理、IEEE 802.1Q、VTP 协议的基础上，将比较具体地给出 VLAN 的实现方法。为适应网络技术应用的发展趋势，重点介绍 IEEE 802.11 标准定义的无线局域网、组建无线网络所需的设备和组网方法，同时还讨论无线局域网的信息安全问题。

在对局域网的低层技术进行比较深入的讨论之后，第六、七章介绍专用的软件应用程序，即局域网连网软件和网络操作系统（NOS），内容包括客户机/服务器、远程过程调用（RPC）等；在讨论网络操作系统概念的基础上，比较详细地介绍网络操作系统（NOS）的基本概念，包括 Microsoft Windows 8、Windows Server 2008、UNIX、Linux 等。

第八章讨论局域网的组建与互连，内容包括如何组建对等局域网、如何组建 C/S 局域网，以及局域网的互连技术，并给出基于 Windows 7 的软件网桥的实现方法。

由于局域网是发展很快的一种网络技术，囿于编著者理论水平和实践经验，书中肯定存在不妥之处，恳请广大读者不吝指正。

编著者

2015 年 3 月 18 日

目　　录

第一章　局域网基础

社会对信息资源的广泛需求和计算机技术的普及应用，促进了计算机网络技术的迅猛发展。20 世纪 60 年代后期到 70 年代前期，计算机网络技术发生了急剧变化。为适应社会发展对信息资源的共享需求，人们研发了一种称为计算机局域通信网络［简称局域网（LAN）］的计算机通信形式。在当今的计算机网络技术中，局域网技术已经占据了十分重要的地位。局域网是应用最为广泛的计算机网络。从目前局域网的实际应用来看，几乎所有在办公自动化中大量应用的局域网环境（包括企业网、校园网等）都采用了以太网技术。

局域网是分组广播式网络。在广播式通信网络中，所有的工作站都连接到共享的传输介质上，任何站点发出的数据包其他站点都能接收。共享信道的分配技术和交换技术是局域网的核心技术，而这又与网络的拓扑结构和传输介质有关。IEEE 802 委员会为了研究不同的局域网，成立了一系列工作组（WG）或技术行动组（TAG），制定了称为 IEEE 802 标准的一系列标准。这些标准可以分为以下三大类：

▶ 定义局域网体系结构、网络互联，以及网络管理与性能测试的 IEEE 802.1 标准；

▶ 定义逻辑链路控制（LLC）子层功能与服务的 IEEE 802.2 标准；

▶ 定义不同介质访问控制技术的相关标准（不同介质访问控制技术的标准曾经多达 16 个，随着局域网技术的发展，一些过渡性技术已经逐步淘汰或很少使用。目前应用最多和正在发展的标准主要是 IEEE 802.3、IEEE 802.11、IEEE 802.15 和 IEEE 802.16，其中后面 3 个是关于无线局域网的标准）。

本章将从局域网的基本概念入手，介绍局域网的组成和发展概况、拓扑结构、局域网的体系结构、介质访问控制技术等，重点讨论 IEEE 802.3 定义的 CSMA/CD 总线介质服务控制子层与物理层的标准。引入这些概念，旨在为深入研究局域网（LAN）做准备。

第一节　局域网概述

随着个人计算机技术的发展和广泛应用，用户共享数据、硬件与软件的愿望日趋增长，进而促进了局域网技术的快速发展。从局域网的应用与发展看，影响局域网性能的主要因素是拓扑结构、传输介质和介质访问控制方法。它们决定了各种局域网的特点，决定了数据速率和通信效率，也决定了适于传输的数据类型，甚至决定了网络的应用领域。这些因素对网络传输技术和通信协议均有很大影响。

本节首先介绍局域网的组成与技术发展，然后讨论各种局域网使用的拓扑结构和传输介质，同时引出根据以上特点制定的 IEEE 802 标准。

学习目标

▶ 了解局域网的基本概念、组成、特点和技术发展概况；

▶ 掌握由最常用的计算机网络拓扑所构成的网络结构图；

▶ 熟悉 IEEE 802 局域网标准系列。

关键知识点

▶ 星状拓扑、环状拓扑、总线拓扑和网状拓扑是最常用的网络拓扑。

局域网的基本概念

局域网的研究工作始于 20 世纪 70 年代，以 1975 年美国 Xerox（施乐）公司推出的试验性以太网和 1974 年英国剑桥大学研制的剑桥网为典型代表。局域网产品真正投入使用是在 20 世纪 80 年代。最早的计算机通信系统大多采用点对点网（Point-to-point Network）或网状网（Mesh Network），即每一条通信信道（如租用的数据线路）只连接两台计算机，且只为这两台计算机所专用。当两台以上的计算机需要相互通信时，这种点对点连接方案的缺点会非常明显。为了向每一对计算机提供独立的通信信道，连接线路的数量会随着计算机数量的增加而迅速增加，因为许多连接都具有相同的物理路径。到了 20 世纪 90 年代，局域网开始渗透各行各业，在速度、带宽等指标方面有了很大进展。

局域网的定义

一般而言，局域网是指在较小的地理范围内，将有限的通信设备互连起来的计算机网络。局域网的通信设备除计算机以外，还可以是终端、外围设备、传感器、电话机、传真机等。局域网是一个数据通信系统，它允许在有限地理范围内的许多独立设备之间直接进行通信。局域网作为对昂贵、专用的点对点连接的替代物，在设计原理上与其有很大不同。局域网允许多台计算机共享传输介质，而点对点连接用于远程网络和一些其他的特殊场合。目前，局域网已经成为计算机网络的主要形式。

由于局域网正处在不断发展的过程之中，在网络产品、技术等方面还存在着许多不确定因素，所以很难对局域网做出明确统一的定义。IEEE 给出的定义是："局域网络中的通信被限制在中等规模的地理范围内，例如一幢办公楼、一家工厂或一所学校，能够使用具有中等或较高数据速率的物理信道，且具有较低的误码率；局域网是专用的，由单一组织机构所使用。"

局域网的特点

根据 IEEE 关于局域网的定义，可以得出局域网具有如下特点：

（1）局域网是一个计算机通信网络，以实现数据通信为目的，所连接的设备具备数据通信功能，能方便地共享外部设备、主机，以及软件、数据。局域网一般以 PC 为主体，包括终端及各种外设，网络中一般不设中央主机系统。

（2）局域网是限定区域的网络，覆盖范围较小，通常限于一幢建筑物、一所校园或一家企业内部，为一个单位所拥有，地理覆盖范围通常为 0.5 m～25 km。

（3）局域网的数据传输速率高、误码率低。数据传输速率一般为 10～1 000 Mb/s，目前可高达 10 Gb/s。误码率一般为 10^{-11}～10^{-8} 或更低。这是因为局域网通常采用短距离基带传输，可以使用高质量的传输介质，从而提高了数据传输质量。

（4）局域网协议中所用到的数据链路控制部分基于高级数据链路控制（High Level Link Control，HDLC）协议，当然每一种协议都对 HDLC 协议进行了适当的修改，以满足自己的特殊需求。

（5）易于安装，配置和维护简单，造价低廉。

局域网的组成

局域网是一个集中在一个地理区域的计算机网络，例如在一个建筑物中或一个大学校园内。它可以包括若干结点（如图 1.1 所示），也可以包括一个建筑物内的数百个结点。然而，局域网通常局限于单个建筑物内。网段是局域网的一部分，其中所有结点直接相连。例如，所有结点可通过一根总线电缆连接起来，也可像图 1.1 所示的那样连接到中心结点（集线器或交换机）。局域网由许多网段组成，这些网段以一定的方式连在一起，形成一个较大的但仍位于本地的网络。

当用户从一所大学或者一家公司的园区接入因特网（Internet）时，几乎总是以局域网的方式接入。比较典型的接入方式是从主机到局域网，再经路由器到因特网。一个通过局域网访问因特网的组成示例如图 1.2 所示。

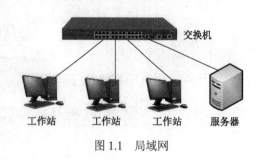

图 1.1　局域网

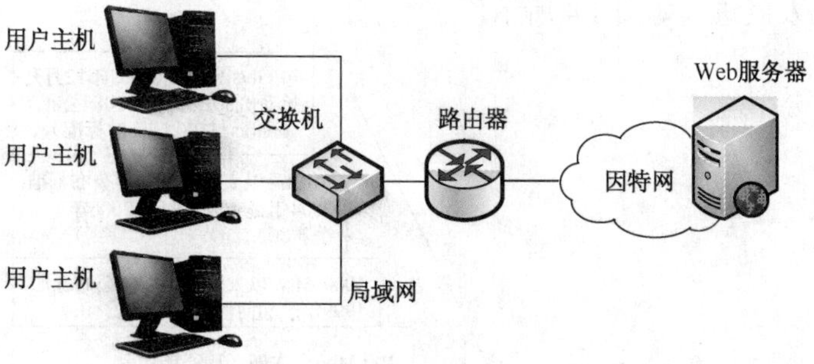

图 1.2　通过局域网访问因特网的组成示例

有线局域网采用的共享传输介质通常是一个电缆系统。电缆系统可以使用双绞线电缆、同轴电缆或光纤。在某些情况下，可由基于无线电或红外信号的无线传输介质替代电缆系统。局域网标准定义了电缆或无线系统的物理特性。例如，连接器和最大电缆长度以及数字传输系统特性，如调制、线性编码和传输速率等。

大多数局域网的传输速率都非常高，早在 20 世纪 80 年代，10 Mb/s 的局域网就已经很普遍了；现在大多为 1 000 Mb/s 的局域网，而 10 Gb/s 的局域网也已应用。

局域网技术的发展

广域网技术的成熟与微型计算机的广泛应用推动了局域网技术的研究与发展。局域网是继广域网之后，网络研究与应用领域的一大热点。20 世纪 80 年代，随着个人计算机技术的发展和应用，用户共享数据、硬件与软件的愿望日益增强。这种社会需求导致局域网技术出现了令人惊喜的进步。归纳起来，局域网技术的发展轨迹可用图 1.3 所示框图来描述。

由图 1.3 可以看出，在局域网技术发展的过程中，最具竞争优势的是以太网。在它 30 多年的发展过程中，还没遇到过真正有实力的竞争者。例如，ATM、FDDI 等也曾红极一时，但由于异常复杂，不仅价格居高不下，而且不与以太网兼容，最终悄然退出舞台或成为配角。然而，自 1973 年 5 月 Metcalfe 与 Boggs 在《Alto Ethernet》中提出了以太网（Ethernet）设计方案，以及 1980 年第一次公布以太网的物理层、数据链路层规范开始，到 2010 年完成数据传输速率为 40 Gb/s 与 100 Gb/s 的以太网标准的研究，整个以太网技术不断发展进步，目前正致力于电信级以太网，以便网络提供商为它们的城域网和广域网客户提供基于以太网的服务。

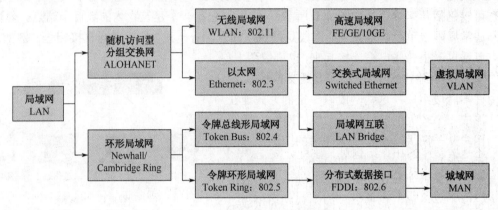

图 1.3　局域网技术的发展轨迹

以太网技术的发展进程如图 1.4 所示。

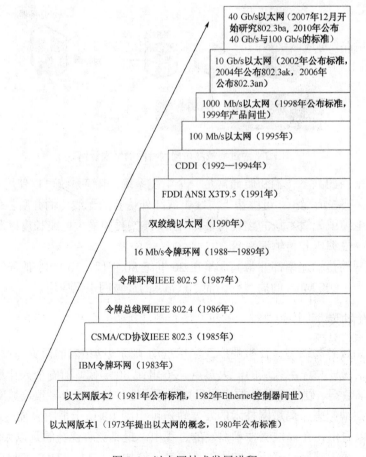

图 1.4　以太网技术发展进程

从图 1.4 可以看到，以太网研究的三大发展思路如下：

▶ 高速局域网技术——提高以太网的数据传输速率，从 10 Mb/s 提高到 100 Mb/s、1 Gb/s，直至 10 Gb/s、40 Gb/s 和 100 Gb/s；

▶ 交换式局域网技术——将共享介质方式改为交换方式，形成了共享式局域网和交互式局域网两大类型；

▶ 局域网互连技术——将大型局域网划分成多个用网桥或路由器互连的子网，网桥、交换机与路由器可以隔离子网之间的广播通信流量，提高子网的网络性能。

局域网的拓扑结构和传输介质

经过 30 多年的研究与发展，已有多种类型的局域网。它们在所用的电压与调制技术等技术细节以及传输介质共享方式等方面都有所区别。因此，可从不同的角度对局域网进行分类，但通常还是按网络的拓扑结构对其进行分类。

拓扑通常是指某类物体连在一起的通用几何结构。对于网络来说，拓扑描述了计算机之间连接起来构成网络的不同方式。网络可以有几种不同的链路排列形式。拓扑的选择通常要考虑网络技术因素或地理因素。局域网的拓扑结构决定了局域网的工作原理和数据传输方法。局域网广泛使用的拓扑结构有总线拓扑、星状拓扑、环状拓扑和星环拓扑等。

总线拓扑

总线是一条电路，总线网络内的所有设备都连接到这条电路上（虽然总线也可以由许多独立导线组成）。图 1.5 所示就是一个总线拓扑网络。

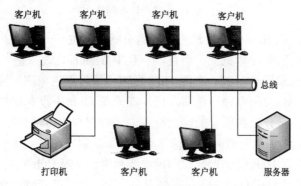

图 1.5 总线拓扑网络

总线拓扑是一个广播网。当一个结点发送数据，信号传到总线上时，信号向总线的两个方向传输。当信号经过时，连接到总线上的每个结点都能接收到此信号。但是，一个结点会忽略不是发给它的任何信号。

当信号到达总线电缆的末端时，由终接器（电阻）来防止信号反射回去。若一个总线网络没有被终接，或者其终接器的阻抗不匹配，则每个信号都可能在总线上传输多次。这个问题增加了信号冲突的次数，从而降低了网络的性能。如果总线电缆被损坏，则整个网络可能瘫痪。另外，要改变总线网络上结点的数目和位置，也都是很困难的。

适用于总线拓扑结构的传输介质有双绞线、同轴电缆和光纤。双绞线价格便宜，便于安装；同轴电缆和光纤则能提供更高的数据速率，连接更多的设备，传输距离也更远。这三种传输介质的比较如表 1.1 所示。

表 1.1 总线拓扑网络的传输介质比较

传 输 介 质	数据速率/（Mb/s）	传输距离 / km	结点数 / 个
双绞线	1～10	< 2	10
基带同轴电缆	10；50（限制距离和结点数）	< 3	100
宽带同轴电缆	500；每个信道 20	< 30	1000
光纤	45	< 150	500

星状拓扑

迄今为止，计算机网络中最常用的拓扑结构是星状拓扑。星状拓扑网络将单个的计算机连接到一个中心设备［如集线器（简称 Hub）或交换机］，如图 1.6 所示。当一台计算机向另一台计算机发送信息时，其信息先发送到中心设备。

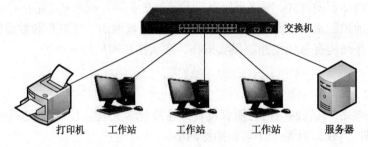

图 1.6 星状拓扑网络

与总线拓扑一样，以 Hub 或交换机为中心的星状拓扑也是一个广播网，因为 Hub 将每一个信号发送到连接它的所有计算机上。而且，一旦中心 Hub 失效，整个网络就可能瘫痪。

Hub 分为有源和无源两种形式。有源 Hub 配置了信号再生电路，这种电路可以接收输入链路上的信号，经再生后向所有输出链路发送。在无源 Hub 中没有信号再生电路，这种 Hub 可以把输入链路上的信号分配到所有的输出链路上。任何有线传输介质都可以使用有源 Hub，也可以使用无源 Hub。为了达到较高的传输速率，必须限制工作站到中心结点的距离和连接的站点数。一般来说，无源 Hub 用于光纤或同轴电缆网络，有源 Hub 则用于无屏蔽双绞线网络。表 1.2 示出了星状网传输介质有代表性的网络参数。为了延长星状网的传输距离和扩大网络的规模，可以把多个 Hub 级联起来，组成星状树形结构。

表 1.2 星状网传输介质网络参数

传 输 介 质	数据速率/（Mb/s）	从站点到中心结点的距离 / km	站数
非屏蔽双绞线	1～10	0.5（1 Mb/s）；0.1（10 Mb/s）	几十个
基带同轴电缆	70	< 1	几十个
光纤	10～20	< 1	几十个

环状拓扑

一个"纯"环状的拓扑结构是将独立的点到点链路按环形排列而构成的，其每个结点的网络接口卡（Network Interface Card，NIC；简称网卡，也称为网络适配器）都有一个输入连接和一个输出连接，所以每个结点都与两条链路相连。

当一个结点的输入端接收到信号时，其中继电路将此信号不经缓冲而立刻转发到输出端。这样，数据在许多环上只沿着一个方向传输，如图 1.7 所示。

一个结点要发送消息，可将新的比特流发送到环上。当有消息要传给一个结点时，该结点就在比特流经过时将其复制下来。如果一个结点接收的信息不是发给它的，它就转发此消息而不进行复制。

如果环上的一个结点发生故障或停止工作，此环就被破坏，在失效结点恢复正常或从环上被移走之前，环上数据一直停止传输。如果其任意两个结点间的线缆被损坏或折断，此环也会被破坏。所以，一些环状拓扑，如光纤分布式数据接口（FDDI），都采用双环结构。一旦一条链路失效，另一条链路立刻取而代之。

图 1.7　环状拓扑

环状拓扑通常用作网络主干。环状主干通常为园区网内多层建筑物的层与层之间提供连接，或为城域网中不同建筑物之间提供连接。

由于环状网络是一系列点对点链路串接起来的，所以可使用任何传输介质。最常用的介质是双绞线，因为它的价格较低；使用同轴电缆可得到较高的带宽，而光纤则能具有更高的数据速率。表 1.3 示出了常用传输介质的有关参数。

表 1.3　常用的传输介质参数

传 输 介 质	数据速率/（Mb/s）	中继器之间的距离 / km	中继器个数
非屏蔽双绞线	4	0.1	72
屏蔽双绞线	16	0.3	250
基带同轴电缆	16	1.0	250
光纤	100	2.0	240

星环拓扑

星环拓扑是将物理星状结构与信息流逻辑环相结合而形成的。图 1.8 所示是一个典型的星环拓扑结构，如令牌环局域网。在星环拓扑结构中，缆线将各结点连接到一个中心环线路集中器，又称多站接入单元（MAU）。星环拓扑是一个物理星状结构，但是当 MAU 依次将信号复制到各个结点时，信息是在一个逻辑环内从结点到结点流动。MAU 有如下两项重要功能。

► 当某个结点无响应时，集中器能探测出来并自动将其锁死。这样，在某个结点失效的情况下，整个环仍能继续运行。

► 集中器提供了接到其他环路的一个"桥"，即可将消息发送到与这些环路相连的其他环路结点，并为自身结点接收来自其他环路的消息。以这种方式相连的环实际上形成了一个环路。由于使用线路集中器进行连接，环的大小不再受到限制。

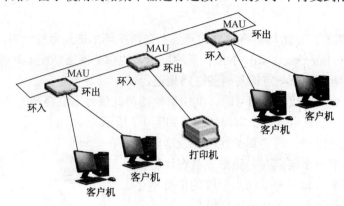

图 1.8　典型的星环拓扑结构

网状拓扑

在网状拓扑中，每个站点到任意其他站点之间都有一条点对点链路直接相连。在将新的站点添加到整个网络时，通常建立网状网。图 1.9 所示为一个网状拓扑配置。

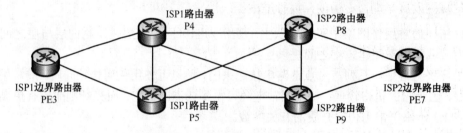

图 1.9　一个网状拓扑配置

使用网状拓扑的网络在每一对结点之间提供直接连接。随着结点数的增加，网状网中点对点链路的数目急剧增加。连接 n 个结点的网状网络要求：

$$网状网络中的连接数 = \frac{n!}{(n-2)!2!} = \frac{n^2 - n}{2}$$　　　　　（1-1）

值得注意的是，网状网络所需的连接数的增长速度远快于结点数目的增长速度。因此，若网络中必须连接更多的站点，采用网状拓扑结构的网络通常花费很多资金。由于连接费用昂贵，网状拓扑常常用于城域网或广域网，很少用于局域网。

网络云

当一个机构要连接区域内或广域范围的许多结点时，网络云通常比点对点链路的网状结构更经济、更灵活。网络云拓扑如图 1.10 所示，它表示的这类由交换设备组成的公共网状网，通常由一个电话公司拥有。常见的网络云有公共电话系统、因特网以及交换传输设备（如帧中继等）。

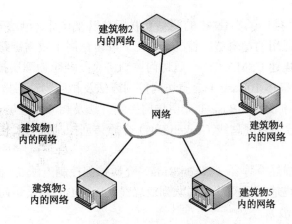

图 1.10　网络云拓扑

一个公司若要使用网络云，可以预订此项服务，然后在每个站点与网络云边沿的设备之间建立一条点对点连接。网络提供者负责将每条消息通过网络云传输到目的地。

IEEE 802 标准

在局域网发展早期，专用的厂商标准占据统治地位。1980 年 2 月 IEEE 成立了一个 802 委员会，专门从事局域网标准的制定工作。IEEE 802 委员会创建了许多标准工作组，每个工作组致力于一种网络技术类型的标准化。当需要解决新技术时，对应的工作组就会应运而生，并且一旦生成了标准，工作组即可决定解散。当工作组工作取得进展且所研究的技术被认为依然重要时会一直保持工作状态。局域网的标准化，能使不同厂家生产的局域网产品之间有更好的兼容性，以适应各种不同型号计算机的组网需求，并有利于产品成本的降低。使用 ISO/OSI-RM 作为框架，已经发布了一系列局域网标准，并不断增加新的标准。现有的 IEEE 802 局域网标准，其内部结构关系如图 1.11 所示。

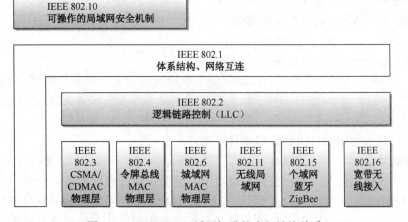

图 1.11　IEEE 802 局域网标准的内部结构关系

在图 1.11 中，每一方框代表一个标准。IEEE 802.1 为倒 L 形，其垂直部分包含所有协议的纵向部分。IEEE 802 局域网标准系列中的标准如下所述：

▶　IEEE 802.1A：体系结构综述。

- IEEE 802.1B：描述了 LAN 中的网络互联标准以及寻址、网络管理等。
- IEEE 802.2：通用的逻辑链路控制（LLC）规范，用于数据链路帧寻址和差错校验。
- IEEE 802.3：描述 CSMA/CD 介质访问控制协议及相应物理层技术规范。
- IEEE 802.3i：描述 10Base-T 介质访问控制方法及相应物理层技术标准。
- IEEE 802.3u：描述 100Base-T 介质访问控制方法及相应物理层技术标准。
- IEEE 802.4：描述令牌总线（Token Bus）介质访问控制方法及相应物理层技术标准已解散）。
- IEEE 802.5：描述令牌环（Token Ring）介质访问控制方法及相应物理层技术标准。
- IEEE 802.6：描述城域网分布式队列双总线（DQDB）介质访问控制方法及物理层技术标准（已解散）。
- IEEE 802.7：描述宽带网介质访问控制方法及相应物理层技术标准（已解散）。
- IEEE 802.8：描述光纤分布式数据接口（FDDI）介质访问控制方法及相应物理层技术标准。
- IEEE 802.9：描述语音和数据综合业务局域网技术（已解散）。
- IEEE 802.10：描述局域网的信息安全与保密问题（已解散）。
- IEEE 802.11：定义无线局域网（WLAN）介质访问控制方法及物理层技术标准。
- IEEE 802.12：描述 100VG Any LAN 介质访问控制方法及物理层技术标准。
- IEEE 802.13：6 类-10Gb/s 局域网。
- IEEE 802.14：描述交互式电视网以及相应的技术参数规范（已解散）。
- IEEE 802.15：定义近距离无线个域网（WPAN）访问控制子层与物理层的标准，包括 IEEE 802.15.1（蓝牙）、IEEE 802.15.4（ZigBee）。
- IEEE 802.16：定义宽带无线城域网访问控制子层与物理层的标准。
- IEEE 802.17：弹性分组环。
- IEEE 802.18：无线管制 TAG。
- IEEE 802.19：共存 TAG。
- IEEE 802.20：移动宽带无线接入。
- IEEE 802.21：介质无关切换。
- IEEE 802.22：无线区域网（WRAN）。

练习

1. 将多层建筑物中的一组计算机连接起来，这属于（　　　）。
   a. WAN　　　　　　　b. MAN　　　　　　　c. LAN　　　　　　　d. 以上都不是
2. 将一个城市南部的一组计算机与城市中心的另一组计算机相连，这属于（　　　）。
   a. WAN　　　　　　　b. MAN　　　　　　　c. LAN　　　　　　　d. LAN 和 MAN
3. 局域网中定义的以太网的介质访问控制方法和物理层技术规范是下述哪一项。（　　　）
   a. IEEE 802.2　　　b. IEEE 802.3　　　c. IEEE 802.4　　　d. IEEE 802.5
4. 写出下列局域网协议的 IEEE 标准号（　　　）。
   a. 以太网　　　　　b. 令牌环网　　　　c. 令牌总线网　　　d. 无线网
5. 1996 年 3 月，IEEE 成立了 IEEE 802.3z 工作组，开始制定 1 000 Mb/s 标准。下列千

兆以太网中不属于该标准的是（　　）。

    a. 1000Base-SX   b. 1000Base-LX   c. 1000Base-T   d. 1000Base-CX

6. 对局域网（LAN）的最佳描述为（　　）。

    a. 在几个建筑物内并由长途服务提供商维护的网络

    b. 在一个建筑物或其一层内的网络   c. 跨越多个城市或多个国家的网络

    d. 跨越一个城市并使用本地电话公司的设备进行连接的网络

7. 以下关于局域网应用环境的描述中，错误的是（　　）。

    a. 在相同的网络负载条件下，令牌环网表现出很好的吞吐量与较低的传输时延

    b. 在相同规模的情况下，令牌环网的组网费用一般会超过以太网

    c. 以太网能够适应不同的办公环境

    d. 对于工业环境和数据传输实时性要求严格的应用，建议使用以太网

8. 判断正误：集线器（或 MAU）用于星状网络和星环网络的连接。

9. 判断正误：网状拓扑常用在局域网中，为小网络内的计算机与计算机之间提供连接。

10. 判断正误：目前局域网中最常用的拓扑结构是星状拓扑。

11. 判断正误：一个机构可以在单个网络中使用多种拓扑结构。

12. 局域网为什么需要采用不同的拓扑结构？

13. 常见的局域网拓扑结构有哪几种，各有什么特点？

补充练习

1. 使用 Web 研究交换机，列出每种型号的价格、性能，并比较它们的相似点和不同点。

2. 利用本节所讨论的各种拓扑结构，分别画出由 6 台相连的计算机组成的网络。

第二节　局域网体系结构

开放系统互连（OSI）模型是具有一般性的网络模型，作为一种标准框架为构建网络提供了一个参照系。但局域网作为一种特殊的网络，有它自身的技术特点。另外，由于局域网实现方法的多样性，所以它并不完全套用 OSI 体系结构。因此，IEEE 802 标准把数据链路层划分成了介质访问控制（MAC）和逻辑链路控制（LLC）两个子层。与介质相关的部分称为 MAC 子层，该层提供标准的 OSI 数据链路层服务。LLC 子层接收来自网络层的数据包，根据需要将它们分割成帧，然后将它们放到 MAC 子层上进行传输，同时与其对等进程进行联络，以确保无差错传输。

本节主要介绍局域网的体系结构，以说明在数据链路层有两种不同的协议数据单元：LLC 帧和 MAC 帧。

学习目标

▶　了解 IEEE 802 局域网体系结构，掌握用于数据链路帧寻址和差错校验的标准；

▶　掌握 LLC 帧的格式及类型；

▶　掌握 MAC 地址。

关键知识点

▶　IEEE 802局域网体系结构及LLC帧、MAC帧的寻址方式。

IEEE 802局域网体系结构

IEEE 802委员会为IEEE 802.1中的体系结构模型开发了一系列局域网标准。这个体系结构模型对应于实用参考模型的最低两层，定义了物理层和数据链路层的功能、这两层之间及与网络层的接口服务，以及与网络互联有关的高层功能。IEEE 802局域网体系结构的参考模型如图1.12所示。

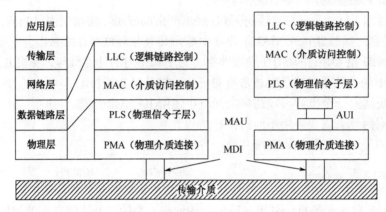

图1.12　IEEE 802局域网体系结构的参考模型

局域网的物理层

对于局域网来说，物理层是必需的，其主要功能体现在机械、电气、功能和规程方面的特性，以建立、维持和拆除物理链路，保证二进制比特信号的正确传输，其中包括信号的编码与译码，同步信号的产生与识别，比特流的正确发送与接收。IEEE 802局域网参考模型定义了多种物理层，以适应不同的网络传输介质和不同的介质访问控制方法。

局域网的数据链路层

由于局域网的种类繁多，其介质访问控制方式也各不相同，为了使局域网中的数据链路层不致过于复杂，在IEEE 802局域网标准中，将其划分为以下两个子层：

▶　LLC子层。LLC子层的主要用途是寻址以及解复用技术中地址的使用。LLC子层接收来自网络层的包，根据需要将它们分割成帧，然后将它们放到MAC子层上进行传输，同时与其对等进程进行联络，以确保提供无差错传输。

▶　MAC子层。MAC子层的主要用途是规定多台计算机如何共享底层的传输介质。当许多结点共用相同的传输介质时，用MAC来确定什么时候一个结点可以发送数据。

1. LLC子层

IEEE 802.2定义了在所有MAC标准之上运行的逻辑链路控制（LLC）子层的功能、特性和协议。LLC子层实现了数据链路层的大部分功能，还有一些功能由MAC子层实现。LLC

还为在使用不同 MAC 协议的局域网之间的帧交换提供了一种手段。

LLC 子层构建于 MAC 数据报服务之上，向上提供 4 种服务类型。

► 类型 1 即 LLC1——不确认的无连接服务。这是一种数据报服务，数据传输模式可以是单播（点对点）方式、多播方式和广播方式。由于数据报服务不需要确认，实现起来也最简单，因而在局域网中得到了广泛应用。

► 类型 2 即 LLC2——面向连接的服务。这是一种虚电路服务，它基于数据链路层的点到点连接提供的数据传输服务，因此每次通信都要经过连接建立、数据传输和连接释放 3 个阶段。当连接到局域网中的结点是一个很简单的终端时，由于没有复杂的高层协议软件，必须依靠 LLC 子层来提供端到端的控制，这就必须采用面向连接服务。这种方式比较适合传输很长的数据文件。

► 类型 3 即 LLC3——带确认的无连接服务，即带有确认的单个帧的无连接传输。这一服务类型目前只用于在令牌总线网中传输某些非常重要且时间性也很强的信息。

► 类型 4 即 LLC4——所有上述类型的高速传输服务，专为城域网所使用。

LLC 子层中的数据单元称为协议数据单元（PDU）。LLC PDU 与 HDLC 类似，包含目标服务访问点（DSAP）地址字段、源服务访问点（SSAP）地址字段、控制字段以及数据字段 4 个字段，如图 1.13 所示。

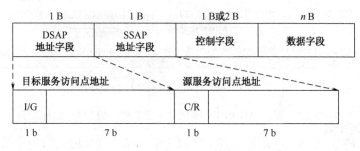

图 1.13 LLC PDU 结构

其中，DSAP 和 SSAP 字段各占 1 字节。DSAP 和 SSAP 是 LLC 所使用的地址，用来标明接收和发送数据的计算机上的协议栈。DSAP 地址字段的第一个比特为 I/G 位，用于指示它是单播地址还是多播地址。该位为 0 表示后面的 7 比特（b）代表单播地址；该位为 1 代表多播地址。SSAP 地址字段的第一个比特为 C/R 位，它不用于寻址，而是用来指示一个帧是命令帧还是响应帧。当该位为 0 时，表示 LLC 帧为命令帧，否则为响应帧。PDU 的控制字段为 1 字节（LLC 帧为 U 帧基本格式）或 2 字节（LLC 帧为 I 帧或 S 帧的扩充格式）。数据字段的长度虽无限制，但实际上受 MAC 帧格式的制约，其字节数应为整数。

2. MAC 子层及 MAC 地址

介质访问控制（MAC）子层位于逻辑链路控制（LLC）子层的下层，为 LLC 子层提供服务，其基本功能是解决共享信道的竞争使用问题。

MAC 子层提供数据帧的无连接传输。MAC 实体接收来自 LLC 子层或直接来自网络层的数据帧。该实体构造一个包含源和目标 MAC 地址和帧校验序列（FCS）的 PDU，其中 FCS 是一个简单的 CRC 校验和。MAC 地址指定了工作站到局域网的物理连接。MAC 实体的主要任务是执行 MAC 协议，该协议控制何时应将帧发送到共享传输介质上。

对于大多数局域网而言，包括以太网和 802.11 WLAN，MAC 地址可采用 6 B（48 b）或 2 B

（16 b）两种中的任意一种。但随着局域网规模越来越大，一般都采用 6B 的 MAC 地址，即表示为 12 个十六进制数，每 2 个十六进制数之间用冒号隔开，如 9C:4E:36:16:1F:E5 就是一个 MAC 地址。MAC 地址与具体的物理局域网无关，即无论将带有这个地址的硬件（如网卡等）接入到局域网的何处，都有相同的 MAC 地址，它由厂商写在网卡的只读存储器 ROM 里。可见 MAC 地址实际上就是网卡地址或网络标识符 EUI-48。当这块网卡插入到某台计算机后，网卡上的标识符 EUI-48 就成为这台计算机的 MAC 地址。MAC 地址固化在网卡中的 ROM 中，可以通过 DOS 命令查看。例如，Windows、Windows Server 2008 等用户可以使用 ipconfig/all 命令查看 MAC 地址，其中用十六进制表示的 12 位数就是 MAC 地址。

　　由于网卡插在计算机中，因此网卡上的 MAC 地址可用来标识插有该网卡的计算机；同样，当路由器用网卡连接到局域网时，网卡上的 MAC 地址可用来标识插有该网卡的路由器的某个端口，如图 1.14 所示。可见，互联网中结点的每一个局域网端口都有一个 MAC 地址。

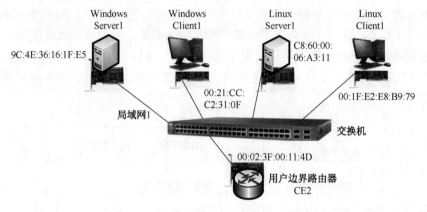

图 1.14　与 LAN 相连的每个网卡都有唯一的 MAC 地址

　　一个结点允许有多个 MAC 地址，其个数取决于该结点局域网端口的个数。例如，安装有多块网卡的计算机，有多个以太网端口的路由器。网络端口的 MAC 地址可以认为就是宿主设备的局域网物理地址。因此，MAC 地址有以下 3 种类型（如图 1.15 所示）：

▶ 单播地址（Unicast Address）—— 单播地址（I/G=0）是永久分配给一个网卡的地址。拥有单播地址的 MAC 帧将发送给网络中一个由单播地址指定的结点。因此，每当网卡从网络上收到一个 MAC 帧时，就先用该卡的 MAC 地址与所接收的 MAC 帧中的 MAC 地址进行比较，若是发给本结点的 MAC 帧则收下，然后进行其他处理；否则就将其丢弃。

▶ 多播地址（Multicast Address）—— 多播地址（I/G＝1）用于识别一组准备接收一个特定 MAC 帧的结点。拥有多播地址的帧将发送给网络中由多播地址指定的一组结点。网卡具体的多播地址由它们的主机进行设置。多播在一些场合中是一种分发信息的方法。

▶ 广播地址（Broadcast Address）—— 广播地址由全 1（FF:FF:FF:FF:FF:FF）的 MAC 地址表示，用来指示所有结点要接收同一个特定的帧。拥有广播地址的 MAC 帧将发送给网络中所有的结点。

　　所有的网卡都能够识别单播和广播两种地址；有些网卡用编码的方法可识别多播地址。显然，只有目的地址才能使用广播地址和多播地址。从概念上讲，广播可以看成以一种特殊形式的多播。也就是说，每个多播地址对应于一组计算机，而广播地址对应于一个包含网络上所有计算机的组。广播和多播在局域网中同样有用，因为它们允许向很多计算机高效传递信息。另外，可以将网卡设置成混杂模式，以便侦听所有传输。系统管理员可以使用混杂模式定位网络中的故障；计算机黑客也可利用此模式截获未加密的账户和其他信息，以便未经授权就可以访问局域网中的计算机。

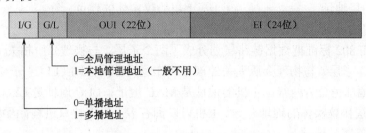

图 1.15　MAC 地址格式及类型

注意：MAC 地址在数据链路层进行处理，而不是在物理层进行处理。

局域网的网络层和高层

在局域网情况下，对于是否需要网络层，有肯定和否定两种答案。从网络层的功能来看，答案是否定的，由于 IEEE 802 网络拓扑结构比较简单，一般不需中间转接，不存在路由选择问题，即在网络层以上存在的路由选择、数据单元交换、流量控制、差错控制等都没有必要存在，只要有数据链路层的流量控制、差错控制等功能就可以了。因此，IEEE 802 标准没有单独设立网络层和更高层。

局域网体系结构与 OSI 的对应关系

由于局域网是分组广播式网络，网络层的路由功能不再需要，因此在 IEEE 802 标准中网络层简化成了上层协议的服务访问点（SAP）。又由于局域网使用多种传输介质，而介质访问控制协议又与具体的传输介质和拓扑结构有关，所以 IEEE 802 标准把数据链路层划分成了 MAC、LLC 两个子层。这使得任何高层协议（如 TCP/IP、SNA 或有关的 OSI 标准）都可以运行在局域网标准之上。局域网的体系结构与 OSI 模型的对应关系如图 1.16 所示。

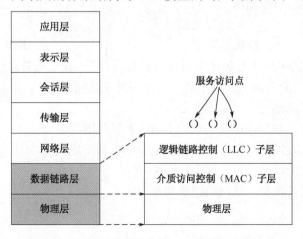

图 1.16　局域网体系结构与 OSI 模型的对应关系

练习

1．IEEE 802 局域网中的地址分为两级，其中 LLC 地址是（   ）。

　　a．应用层地址　　　　　　　　b．上层协议实体的地址

　　c．主机的地址　　　　　　　　d．网卡的地址

【提示】IEEE 802 标准把数据链路层划分成了两个子层。与物理介质相关的部分称作介质访问控制（MAC）子层，与物理介质无关的部分叫作逻辑链路控制（LLC）子层。对应的 IEEE 802 局域网中的地址也分为两级：主机的地址是 MAC 地址；LLC 地址是 LLC 层服务访问点，实际上是主机上层协议实体的地址。一个主机可以拥有多个上层协议进程，因而也就有多个服务访问点。参考答案是选项 b。

2．在 IEEE 802.2 局域网参考模型中，只包括物理层和数据链路层，其中 LLC 通过其 LLC 地址为高层提供服务访问点，这个接口是 (1) 中的哪一项？在 LLC 帧中，广播地址是通过 (2) 中的哪一项表示的？将数据链路层划分成 LLC 和 MAC，主要目的是 (3) 中的哪一项？

（1）a. SSAP　　　　　　b.DSAP　　　　　c. SAP　　　　　d. MAC

（2）a. 全 1 地址　　　　　　　　b. 地址中的 I/G 置 1

　　　c. 地址中的 C/R 置 1　　　　d. 地址中的 C/R 置 0

（3）a. 硬件相关和无关部分分开　　b. 便于实现

　　　c. 便于网络管理　　　　　　　d. 因为下层用硬件实现

【提示】LLC 地址就是 LLC 服务访问点（SAP），它是 LLC 为高层提供服务访问的接口，（1）中的参考答案是选项 c。

IEEE 802 标准局域网中的地址分为两级表示：主机地址是 MAC 地址，LLC 地址实际上是主机中上层协议实体的地址。一个主机中可以同时有多个上层协议进程，因而有多个服务访问点。IEEE 802.2 中的地址字段分别用 DSAP 和 SSAP 表示目标地址和源地址，这两个地址都是 7 位。另外增加 1 位 I/G（单播/多播地址）标识，用来区别是单播地址还是多播地址，当地址全为 1 时表示所有用户，即广播地址。因此，（2）的参考答案是选项 a。

将数据链路层划分成 LLC 子层和 MAC 子层，主要目的是将硬件相关和无关的部分分开，因此（3）的参考答案应该是选项 a。

3．以太网的帧属于（   ）协议数据单元。

　　　a. 物理层　　　b. 数据链路层　　　　c. 网络层　　　　d. 应用层

【提示】以太网中的帧属于数据链路层协议的数据单元，在数据链路层进行帧定界与同步。一般在数据链路层传输的数据单元叫作帧。参考答案是选项 b。

4．以下关于网卡的描述中，错误的是（   ）。

　　a. 网卡覆盖了 IEEE 802.3 协议的 MAC 子层和物理层

　　b. 网卡通过收发器实现与总线同轴电缆的电信号连接

　　c. 网卡通过接口电路与计算机相连接

　　d. 网卡实现与其他局域网的网桥功能

第三节 介质访问控制技术

介质访问控制技术是指控制网络中各个结点之间信息的合理传输，对信道进行合理分配的方法。在局域网中，所有的设备（工作站、终端控制器、网桥等）共享传输介质，所以需要一种方法能有效地分配传输介质的使用权。分配这种使用权的方法称作介质访问控制协议。目前，在局域网中常用的介质访问控制技术主要有：

- ▶ 带冲突检测的载波侦听多址访问（CSMA/CD）；
- ▶ 带冲突避免的载波侦听多址访问（CSMA/CA）。

本节主要介绍适用于总线、星状和树状拓扑网络的 CSMA/CD 协议。

学习目标

- ▶ 熟悉以太网帧如何在物理链路中传输，以及怎样被网卡接收；
- ▶ 掌握"冲突"的概念；
- ▶ 能够解释共享传输介质的访问和操作。

关键知识点

- ▶ 带冲突检测的载波侦听多址访问（CSMA/CD）算法。

介质访问控制方法

共享的传输介质是指连接一系列网络结点的电缆（总线）或集线器。例如总线拓扑结构，当一个结点发送信号时，总线上其他的结点都接收这个信号，如图 1.17 所示。

然而，在网络中很多结点可能会同时发送信号。例如在同一时刻，一个总线或者集线器只能传输一个信号，如图 1.18 所示。如果两个结点同时向外发送信号，这两个信号就会交叠（即冲突）和相互混淆。因此，当出现冲突的时候，网络必须要有办法处理，要么防止冲突，要么正确地操纵它们。

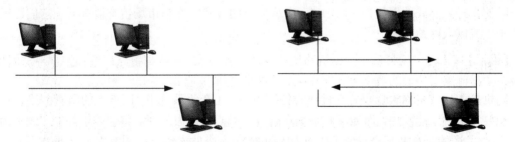

图 1.17 总线上的单一传输   图 1.18 总线上的同时传输

多台相互独立的计算机如何协调访问一个共享介质呢？为了实现对多个结点使用共享传输介质来发送和接收数据，经过多年的研究，人们提出了多种介质访问控制方法：可以加入某种分布式算法以改进受控接入，也可以使用一种随机接入策略，或者采用某种复用技术的改进形式。图 1.19 示出了接入共享介质的控制方法。

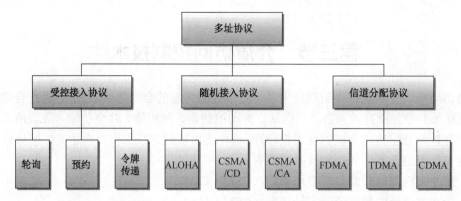

图 1.19　接入共享介质的控制方法

受控接入协议

受控接入协议主要提供了轮询、预约、令牌传递三种机制。

轮询式机制是一种指定一个中心结点来管理网络访问权的介质访问控制方式。中心结点称为主站，它以一些事先安排好的顺序，访问网络中的每一个结点（即用户站），查看它们是否有信息要发送。如有信息要发送，则被询问的用户站立即将信息发给主站。如无信息发送，则接着询问下一个用户站。轮询能保证每一个结点均有一定的访问权。轮询式机制的特点是：介质访问控制权在时间上可预测，所以访问是确定的；可设定访问的优先级；无冲突发生。

预约即通过预约来控制分组的发送，常用于卫星传输。典型的预约系统有一个中心控制器，用以安排分组的发送。

令牌传递机制通常使用一个称为令牌（Token）的比特控制信号，来控制与令牌环网连接的计算机发送数据。环上的结点只有获得令牌才能发送数据帧。令牌有"空"（如 01111111）和"忙"（如 01111110）两种状态，空闲令牌表示没有被占用，否则表示令牌正在携带信息发送。在用于环状总线网络中的令牌传递方式中，令牌沿通信信道传输，有规律地经过每个结点。在一个结点占有令牌期间，其他结点只能处于接收状态。每个结点持有令牌的时间由协议加以控制。常用的令牌传递协议有 IEEE 802.5 令牌环和 IEEE 802.4 令牌总线等，这些都是在 20 世纪 80 年代与 IEEE 802.3 以太网并列的 IEEE 802 局域网技术，其中包括在 20 世纪 90 年代风行一时的光纤分布式数据接口（FDDI）。但从目前的技术发展和市场占有情况看，它们已远远落伍于主流以太网的发展。

随机接入协议

随机接入协议也称为竞争式介质访问控制方式。在竞争系统中，网络上的所有网络设备在它们想要发送时都能发送，而如果两个结点或多个结点同时发送时，将会产生冲突（或称为碰撞）。这时发送的所有帧都会出错（冲突为碎片帧），每个发送结点必须有能力判断冲突是否发生。如果发生冲突，则应等待一个随机的时间间隔后重传以避免再次发生冲突。随机接入协议一般用于总线拓扑结构的网络。

一种典型的竞争式介质访问控制协议是载波侦听多址访问（CSMA）协议。常用的 CSMA 协议有 IEEE 802.3 中以太网采用的 CSMA/CD 协议和 CSMA/CA 协议。在 CSMA/CD 协议中，计算机需要在发送数据帧之前对信道进行预约，表明自己想发送数据，并通过侦听判断是否会有冲突，若有冲突发生则设法避免冲突。

信道分配协议

信道分配协议主要采用了包括频分多址（FDMA）、时分多址（TDMA）和码分多址（CDMA）多路复用技术，是一种扩展的多路复用技术。例如，FDMA 就扩展了频分多路复用技术，其本质是允许独立的结点选择一个不会与其他结点相冲突的载波频率；时分多路复用的扩展叫作 TDMA；CDMA 是码分多路复用技术的一种主要应用，它采用数学方法对传输信号进行编码，允许多个结点同时发送。

CSMA/CD 协议

在以太网中，比较常见的介质访问控制方法是带冲突检测的载波侦听多址访问（CSMA/CD）。这个术语清楚地说明了以太网介质访问控制的主要原理：

▶ 载波侦听——每个结点侦听总线，确定是否有其他结点正在发送数据；
▶ 多址访问——多个结点可能试图同时发送数据；
▶ 冲突检测——每个结点能通过确定自己的传输是否已经被混淆来检测信号冲突。

CSMA/CD 协议的核心技术起源于无线分组交换网，即 ALOHA 技术。

ALOHA 技术

ALOHA 是夏威夷大学 20 世纪 70 年代初研制成功的集中控制式随机访问系统，是随机接入技术的先驱，它允许地理上分散的多个用户通过无线电信道来使用计算机。随后在此基础上，相继出现了许多改进的协议，如 CSMA、CSMA/CD 等协议。

1. 纯 ALOHA

纯 ALOHA 通信协议很简单，网络中的任何结点都可以随时发送数据。数据发送后，发送端侦听信道等待确认。如果得到了确认信息就认为传输成功；如果在一段时间内，例如 200～1500ns 内没有收到确认信息，这个结点就认为有另一个结点或多个结点在同一时刻也在进行数据传输，也就是出现了碰撞（冲突）。冲突导致多路数据信号的叠加，叠加后的信号波形将不等于任何一路发送的信号波形，因此接收结点不可能接收到有效数据信号，这样多个结点此次发送均为失败。这时，发生冲突的多个结点需要各自随机后退一个延迟时间，并再次发送数据，直至发送成功为止。

在纯 ALOHA 协议中，任何帧试图同时使用信道都会产生冲突，即使一个帧的第一位与前一个帧的最后一位重叠，这两个数据帧也会被破坏。因为帧的校验和不能区分信息是全部丢失还是部分丢失，因此只要数据帧遭到一点点破坏，就要重新发送。如图 1.20 所示，假设发送一帧所需的时间为 t，在纯 ALOHA 系统中结点在传输前并不侦听信道，所以它不知道是否在信道中有帧传输，如果在 t_0～t_0+t 时间内，产生了一帧，该帧的尾部就会和阴影帧的头部产生冲突。同样，如果在 t_0+2t～t_0+3t 时间内结点产生了另一帧数据，该帧就会和阴影帧的尾部产生冲突。

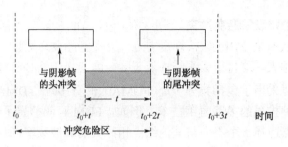

图 1.20　与阴影帧产生冲突的情况

纯 ALOHA 系统只能工作在负载不是很大的场合，当负载稍大时冲突将很频繁，因而其吞吐量较低。只有在没有其他站点发送信息时，一个站点的发送才能成功，故信道利用率很低。人们通过计算得到，ALOHA 控制方式的信道利用率不会超过 18%，所以在实际中不常采用这种方法。

2. 分隙 ALOHA

为了提高纯 ALOHA 系统的信道利用率，可使各站在同步状态下工作，把时间离散化，分为一个个的时间段（称为时隙），每段时间设为一帧数据的发送时间。同时规定，无论帧何时到达，都只能在每个时隙的开始时刻才能发送出去。这样，在分隙 ALOHA 系统中，只有那些在同一时隙开始同时进行传输的帧才有可能发生冲突，故冲突发生的可能性比纯 ALOHA 系统降低了许多。

CSMA 技术

网络结点侦听网络上是否有载波存在的协议被称为载波侦听多址访问（CSMA）协议。CSMA 是 ALOHA 的一种改进协议，其思路是在发送数据之前，每个结点侦听信道状态，相应调整自己要进行的网络操作，降低发生冲突的可能性，提高整个系统的信道利用率。

在 CSMA 方式中，根据每个结点所采用的载波侦听策略，CSMA 可分为以下 3 类。

1. 非持续 CSMA

非持续算法可描述如下：网络中的一个结点在传输数据之前，先侦听传输信道。

（1）若传输信道空闲，则立即发送，否则转（2）。

（2）如果传输信道忙，该结点将不再继续侦听信道，而是根据协议的算法延迟一个随机时间再重新侦听；重复（1）。

由于延迟了随机时间，从而减少了冲突的概率；然而，可能出现的问题是因为延迟而使信道闲置了一段时间，使信道的利用率降低，并增加了发送时延。

2. 1-持续 CSMA

1-持续算法可描述如下：当网络中的一个结点要传输数据时，它先侦听传输信道。

（1）如果传输信道空闲，立即发送，否则转（2）。

（2）若传输信道忙，则继续坚持侦听，并持续等待，直到它侦听到信道空闲时，立即将数据发送出去。

1-持续算法的优缺点与前一种恰好相反：有利于抢占信道，减少信道空闲时间；当多个结点同时都在侦听信道时，必然发生冲突，不利于提高吞吐量。例如，一个结点已经开始发送数据，由于传输时延，数据帧还未到达另一个处于侦听状态的结点处，而这个结点也要发送数据；它这时侦听到的信道状态是空闲的，按规定它可以立即开始发送数据，显然这会导致冲突。传输时延越长，影响就越大，这将造成系统性能下降。即使将传输时延降为 0，也仍然可能发生冲突。例如，在某一时刻有一个结点 A 在传输数据，而另外两个结点 B 和 C 都准备要发送数据，并处于等待状态；当结点 A 的传输一结束，结点 B 和 C 就可能同时争相发送数据，从而导致冲突。

3. *P*-持续 CSMA

P-持续算法采用时隙信道，它吸取了上述两种协议的优点，但较为复杂。P-持续算法可描述为：一个结点在发送之前，首先侦听信道。

（1）如果信道空闲，该结点要不要立即发送数据，由概率 *P* 决定：以 *P* 概率立即发送，而以概率 $Q=1-P$ 把该次发送推迟到下一时隙。

（2）如果下一时隙信道仍然空闲，便再次以 *P* 概率决定立即发送，而以 *Q* 概率把该次发送推迟到再下一时隙。此过程一直重复，直到数据发送成功为止。

P-持续算法的困难在于决定概率 *P* 的值，*P* 值应保证即使在重负载下网络也能有效地工作。通常根据信道上通信量的多少来设定不同的 *P* 值，以提高信道的利用率。

CSMA/CD 协议

CSMA 通过在发送数据前先进行侦听来减小发生冲突的概率，但是由于传播时延的存在，冲突还是不能完全避免。对 CSMA 协议做进一步改进，就出现了带冲突检测的载波侦听多址访问（CSMA/CD）协议。CSMA/CD 采用在数据传输过程中边发送边侦听是否有冲突发生的策略，即信道空闲就发送数据，并继续侦听下去；一旦检测到冲突，冲突双方就立即停止本次帧的发送。这样可以节省剩余的无意义的发送时间，减少信道带宽的浪费。

1. CSMA/CD 协议的发送算法

CSMA/CD 具体发送一个数据帧的工作流程如图 1.21（a）所示。

（1）发送结点侦听总线，若总线忙，则推迟发送，继续侦听。

（2）发送结点侦听总线，若总线空闲，则立即发送。

（3）开始发送信息后，一边发送，一边检测总线是否有冲突产生。

（4）若检测到有冲突发生，则立即停止发送，并随即发送一强化冲突的 32 位长的阻塞信号（Jam Signal），以使所有的结点都能检测到冲突。

（5）发送阻塞信号以后，为了减小再次冲突的概率，需要先等待一个随机时间，再回到上述第（1）步重新开始信道访问。

（6）当因产生冲突而发送失败时，记录重传的次数；若重传次数大于某一规定次数（如 15 次）时，则认为可能是网络故障而放弃发送，并向上层报告。

CSMA/CD 发送算法的一个重要思想，就是当冲突发生时结点在重发前需要等待随机长度的时间间隔（数毫秒）。因为两个结点等待同样长度的时间间隔的可能性很小，所以一般不会发生第二次冲突。

在一个负荷很重的网络中，冲突是经常发生的，而每当冲突发生时就会造成时间的浪费。这也是当网络的负荷增加时其性能会下降的一个原因。

2. CSMA/CD 协议的接收算法

CSMA/CD 协议在接收发送结点发送来的数据帧时，首先检测是否有信息到来；若有信息，则将本结点载波侦听信号置为"ON"，禁止发送任何信息，以免与发送来的帧产生冲突，为接收帧做好准备。当获得帧前序字段的帧同步信号后，一边接收帧一边处理接收到的信号。对接收到的信息进行处理时，首先将前序字段和帧起始定界符（SFD）丢弃，然后处理目的地址字段，判断该帧是否为发往本结点的信息。如果是发给本结点的信息，则将该帧的目的地址、源地址、数据字段的内容存入本结点的缓冲区等候处理。接收帧校验序列（FCS）字段后，对刚才存入缓冲区的数据进行 CRC 校验；若校验正确则将数据字段交高层处理，否则丢弃这些数据。该接收过程的工作流程如图 1.21（b）所示。

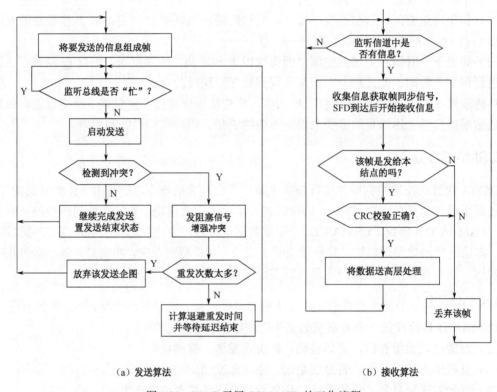

（a）发送算法　　　　　　　　　　　　　　（b）接收算法

图 1.21　MAC 子层 CSMA/CD 的工作流程

若结点发送的数据量较大，需要连续发送多个帧时，传输每一帧都需要使用 CSMA/CD，以保证所有结点对信道的公平竞争。

在连续发送的两个帧之间，结点需等待一个帧间间隙（IFG），IFG 为以太网接口提供了帧接收之间的恢复时间。IFG 设计为 96 位时，10 Mb/s、100 Mb/s 和 1000 Mb/s 以太网的 IFG 分别为 9.6 μs、0.96 μs 和 0.096 μs。实际上，在执行 CSMA/CD 的流程中，当侦听到信道空闲时，还要等待一个 IFG，若此时信道仍然空闲才能发送数据。

3. CSMA/CD 协议的实现

CSMA/CD 协议的实现过程如下：

（1）载波侦听。以太网中每个结点在利用总线发送数据时，首先要侦听总线是不是空闲。以太网的物理层规定发送的数据采用曼彻斯特编码方式。可以通过判断总线电平是否出现跳变来确定总线的忙闲状态，如图 1.22 所示。如果总线上已经有数据在传输，总线的电平将会按曼彻斯特编码规律出现跳变，那么就可以判定此时为总线忙。如果总线上没有数据在传输，总线的电平将不发生跳变，那么就可以判定此时为总线空闲。如果一个结点已准备好发送的数据帧，并且此时总线处于空闲状态，那么这个结点就可以启动发送。

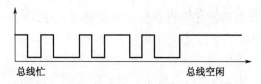

图 1.22　总线电平跳变与总线忙闲状态的判断

（2）冲突检测。从物理层来看，冲突是指总线上同时出现两个或两个以上的发送信号，它们叠加后信号波形将不等于任何结点输出的信号波形。例如，总线上同时出现了结点 A 与结点 B 的发送信号，它们叠加后的信号波形将既不是结点 A 的信号，也不是结点 B 的信号。另外，由于两路信号发送时间没有固定的关系，两路波形的起始比特在时间上也可以不同步。因此，从电子学的角度看，冲突检测可以有比较法和编码违例判决法两种。

▶　比较法是指发送结点在发送帧的同时，将其发送信号的波形与总线上接收到的信号的波形进行比较。当发送结点发现这两个信号波形不一致时，表示总线上有多个结点在同时发送数据，冲突已经发生。当总线上同时出现两个或两个以上的发送信号时，它们叠加后的信号波形将不等于任何一个结点发送的信号波形。

▶　编码违例判决法是指检查从总线上接收到的信号波形。接收到的信号波形不符合曼彻斯特编码规律，就说明已经发生了冲突。当总线上同时出现两个或两个以上的发送信号，它们叠加后的信号波形将不符合曼彻斯特编码规律。

（3）随机延迟重传。检测到冲突之后，通信双方都要各自延迟一段随机时间实行退避，再继续侦听载波。计算延迟重传时间间隙的算法可采用二进制指数后退算法。实质上就是根据冲突的状况，估计网络中的信息量而决定本次应等待的时间。当发生冲突时，延迟随机长度的间隔时间是前次等待时间的 2 倍。计算公式为

$$t = R \times A \times 2^N \tag{1-2}$$

式中：N 为冲突次数，R 为随机数，A 为计时单位，t 为本次冲突后等待重传的间隔时间。具体来说，结点尝试争用信道，连续遇到冲突，退避等待时间（时隙个数）的策略为：

第 1 次冲突，等待时间为 0 或 1；

第 2 次冲突，等待时间随机选择 0～3 中之一；

第 3 次冲突，等待时间随机选择 0～7（即 2^3-1）中之一；

……

在发生 i 次冲突后，等待的时隙数从 0～(2^i-1)（$0 \leqslant i \leqslant 15$）个时隙中随机挑选。但是，当达到 10 次冲突后，随机等待的最大时隙数就被固定为 $2^{10}-1=1\ 023$，不再继续增加。如果发生了 15 次冲突，系统将发出请求发送失败报告。

二进制指数后退算法可以动态地适应试图发送的结点数的变化，使随机等待时间随着冲突产生次数按指数递增，不仅可以确保在少数结点冲突时的时间延迟比较小，而且可以保证在很多结点冲突的情况下，能在较合理的时间内解决冲突问题。而采用二进制指数后退算法的不足是：一个没有遇到过冲突或者遇到冲突次数少的结点，比一个遇到过多次冲突而等待了很长时

间的结点更有机会得到访问权。

根据上述分析，在共享介质的以太网中，任何一个结点发送数据都要通过 CSMA/CD 方式去竞争总线访问权，从准备发送到成功发送的发送等待时延是不确定的。因此以太网所使用的 CSMA/CD 协议也称为一种随机竞争式介质访问控制方式。CSMA/CD 协议可以有效地控制多结点对共享总线的访问，简单并且容易实现。

CSMA/CA 协议

虽然 CSMA/CD 在电缆介质上工作得很好，但是它在无线局域网（WLAN）中却存在不足，这是因为 WLAN 中所用的发射机有一个受限的发射半径 δ。也就是说，离发射机的距离超过 δ 的接收方将无法收到信号，因而无法检测载波。为了保证所有结点能正确共享传输介质，WLAN 采用了一种改进的接入协议——冲突避免的载波侦听多址接入（CSMA/CD）。WLAN 使用的 CAMS/CA 并不依赖于所有结点都能接收全部的传输，而是在发送一个分组之前先从预期的接收方触发一个很短的传输过程，即：如果发送方和接收方都发送一个报文分组，那么处在这两个结点任何一个结点范围内的所有其他结点都将知道一个分组的传输即将开始，如图 1.23 所示。

图 1.23　CSMA/CD 协议工作过程

在图 1.23 中，结点 3 发送一个短的报文分组宣告它准备向结点 2 发送一个分组，而结点 2 也发送一个短的报文作为响应，宣告它已经做好接收分组的准备。在结点 3 范围内的所有结点将收到初始宣告，而结点 2 范围内所有结点会接收响应报文。这样即使结点 1 不能收到信号或侦听到载波，它也知道一个分组传输过程即将发生。

使用 CSMA/CD 时控制报文也可能发生冲突，但却很容易解决。例如，在图 1.23 中，如果决定结点 1 和结点 3 试图同时向结点 2 发送一个分组，其控制报文就有可能发生冲突。结点 2 将能够检测到这种冲突，并不做出响应。当这种冲突发生时，发送结点应用随机退避算法，然后重发控制报文即可。因为控制报文比分组要短许多，所以发生第二次冲突的可能性也小了很多。最终，两个报文中总有一个能正确到达，接着结点 2 发送一个响应报文。

局域网通信协议

与人们用语言交流思想一样，局域网要使不同硬件实体之间的信息交流得以实现，必须有一种统一的语言，网络通信协议就是这个语言。局域网常用的通信协议主要有 NetBEUI、IPX/SPX 和 TCP/IP 三种。

NetBEUI/NetBIOS

网络基本输入输出系统（NetBIOS）协议是 IBM 公司于 1983 年开发的用于实现 PC 之间

通信的协议，主要用于数十台计算机的小型局域网。NetBIOS 是一种在局域网上的应用程序可以使用的应用程序接口（API）。它为应用程序提供了请求低级服务的统一命令集，几乎所有的局域网都是在 NetBIOS 协议的基础上工作的。

网络基本输入输出系统扩展用户接口（NetBEUI）协议是 Microsoft 公司于 1985 年推出的 NetBIOS 协议的增强版本。NetBEUI 曾被许多操作系统采用，如 Windows for Workgroup、Windows 98/ME、Windows NT 等。NetBEUI 可实现网卡的自动连接，在网络上的计算机能自动利用其功能与其他计算机进行通信。

NetBEUI 是一种本地网络协议，不具备路由和网络层寻址功能，这既是它的最大优点，也是它的最大缺点。NetBEUI 适宜由不超过 200 台计算机组成的本地网络，它占用内存少，基本上不需要做配置。由于 NetBEUI 不支持路由，只能在一个网段上工作。若要使用路由器实现网络之间的互联，不能采用 NetBEUI 协议，因此它永远不会成为企业网络的主要协议。但在组建一个单一网段的局域网且不需要连接因特网时，NetBEUI 协议则是一种最好的选择。

IPX/SPX

网际包交换/顺序包交换（IPX/SPX）协议是 Novell 公司操作系统 NetWare 采用的一种通信协议集。与 NetBEUI 形成鲜明区别的是，IPX/SPX 协议比较庞大，在复杂环境下具有很强的适应性。这是因为在设计 IPX/SPX 时就考虑了网段问题，因此它具有强大的路由功能，适用于大型网络。当用户端接入 NetWare 服务器时，IPX/SPX 及其兼容协议是最好的选择。但在非 Novell 网络环境中，一般不使用 IPX/SPX 协议。

Microsoft 公司将 IPX/SPX 协议移植到了 Windows 操作系统中，并将其更名为"IPX/SPX 兼容协议"。在 Windows 操作系统中，通过 NWLink 协议实现 IPX/SPX 协议和网络基本输入输出系统（NetBIOS）协议。当网络从 Novell 平台转向 Windows 平台或多个操作平台共存时，IPX/SPX 及其兼容协议能够提供一个很好的传输环境。

TCP/IP

TCP/IP 是目前最成熟且广泛应用的计算机网络通信协议集，它包括 100 多个协议。该协议集采用 4 层的层级结构，每一层都呼叫它的下一层所提供的网络来完成自己的需求。传输控制协议（TCP）和网际协议（IP）是其中最基本、最重要的两个协议，分别对应计算机网络体系结构的传输层（又称运输层）和网络层。TCP/IP 定义了电子设备如何连入因特网，以及数据如何在它们之间传输的标准。通俗地讲，TCP 负责发现传输的问题，一旦有问题就发出信号，要求重新传输，直到所有数据安全、正确地传输到目的地；而 IP 是给因特网的每一台计算机规定一个地址。有了 TCP/IP 可以实现异种计算机的互联和异构计算机网络的互联。在规划互联性和扩展性兼备的网络时，TCP/IP 是最佳选择。

在组建局域网时，具体选择哪一种网络通信协议，主要取决于局域网的规模、局域网之间的兼容性，以及是否便于进行网络管理等因素。通常，为便于互联互通，绝大多数局域网都选用 TCP/IP。

典型问题解析

【例 1-1】关于 IEEE 802.3 的 CSMA/CD 协议，下面结论中错误的是哪一项？

　　　a．CSMA/CD 是一种解决访问冲突的协议

　　　b．CSMA/CD 协议适用于所有 802.3 以太网

　　　c．在负载较小时，CSMA/CD 协议的通信效率很高

　　　d．这种协议适合传播非实时数据

　　【解析】CSMA/CD 协议是一种解决访问冲突的协议，可以有效地实现多结点共享传输介质的访问控制，在 CSMA/CD 协议的基础上形成了 IEEE 802.3 标准。

　　CSMA/CD 协议用来保证每个结点都能"公平"地使用公共传输介质，但随着局域网规模的不断扩大，结点数不断增加，每个结点平均分配的带宽越来越少，冲突和重发现象将大量发生，从而导致通信效率急剧下降，传输时延增大，服务质量下降。可见，在网络规模较小时，CSMA/CD 协议的通信效率很高，而负载变大时，则通信效率会降低。

　　快速以太网的协议是 IEEE 802.3u，该标准在 MAC 子层使用 MSCA/CD 方法，提供 10 Mb/s 与 100 Mb/s 的自动协商功能。快速以太网支持全双工和半双工两种模式，这是它与经典以太网的一个很大区别。经典以太网只能以半双工模式工作，不能同时收发数据，主机之间需要争用共享的传输介质，因此就出现了 CSMA/CD 方法。而在全双工模式下，主机有两个通道，一个用于接收数据，另一个用于发送数据。支持全双工模式的快速以太网的拓扑结构一定是星状的，这种连接方式不存在争用问题，因此不需要采用 CSMA/CD 方法。千兆以太网也有两种工作模式，在全双工模式下不需要 CSMA/CD 方法。万兆以太网只有全双工工作模式，不需要采用 CSMA/CD 方法。

　　参考答案是选项 b。

　　【例 1-2】CSMA/CD 协议可以利用多种侦听算法来减少发送冲突的概率。下面关于侦听算法的描述中，正确的描述是哪一项？

　　　a．非持续侦听算法有利于减少网络空闲时间

　　　b．持续侦听算法有利于减少冲突的概率

　　　c．P-持续侦听算法无法减少网络的空闲时间

　　　d．持续侦听算法能够及时抢占信道

　　【解析】以太网采用的侦听算法有三种：非持续侦听算法、1-持续侦听算法、P-持续侦听算法。对于每一种算法在发送数据前都侦听信道。如果信道上有别的站点发送的载波信号，则说明信道忙，否则说明信道是空闲的。

　　对于非持续侦听算法，如果侦听到信道是空闲的，就立即发送；如果信道是忙的，则后退一个随机时间，再继续侦听。由于随机时延后退，从而减小了冲突的概率；然而可能出现的问题是因为后退而使信道空闲一段时间，这使信道的利用率降低，而且增加了发送时延。

　　对于 1-持续侦听算法，如果侦听到信道是空闲的，就立即发送；如果信道忙则继续侦听，直到信道空闲后立即发送。这种算法的优缺点与前一种恰好相反：有利于抢占信道，减少信道空闲时间。但是由于多个站点都在侦听，信道必然发生冲突。

　　对于 P-持续侦听算法汲取了以上两种算法的优点，如果侦听到信道空闲，就以概率 P 发送，以概率 (1-P) 延迟一个时间单位，一个时间单位等于网络延迟传输 t；若信道忙，则继续侦听直到信道空闲。

　　综上所述，非持续侦听算法能减少冲突的概率，但介质利用率较低，1-持续侦听算法介质利用率较高，但增加了冲突的概率；P-持续侦听算法是一种折中算法。

　　参考答案是选项 d。

【例 1-3】两个站点采用二进制指数后退算法进行避让，3 次冲突之后再次冲突的概率是
（　　）。

　　a. 0.5　　　　b. 0.25　　　　c. 0.125　　　　d. 0.0625

【解析】以太网采用截断二进制指数退避算法来解决碰撞问题。这种算法让发生碰撞的站
在停止发送数据后，不是等待信道变为空闲后就立即再发送数据，而是推迟一个随机的时间。
这样做是为了使得重传时再次发生冲突的概率减小。具体的退避算法如下：

（1）确定基本退避时间，一般取为争用期 $2t$。

（2）从整数集合 $[0,1,\cdots,(2^k-1)]$ 中随机地取出一个数，记为 r。重传应退后的时间为 r 倍的
争用期。上面的参数 k 按下面公式计算：$k = \min[$重传次数$,10]$。可见，当重传次数不超过 10
时，参数 k 等于重传次数，但当重传次数超过 10 时，k 就不再增大而一直等于 10。

（3）当重传次数达 16 次仍不能成功时，则表明同时打算发送数据的站太多，以至连续发
生冲突，则丢弃该帧，并向高层报告。

例如，在第一次重传时，$k=1$，随机数 r 从整数（0，1）中选择一个数。因此，重传的站
可选择重传推迟时间为 0 或 $2t$，在这两个时间内随机选择一个。

如果再发生碰撞，则在第 2 次重传时，$k=2$，随机数 r 就从整数{0，1，2，3}中选择一
个数。因此，重传推迟时间为 0、$2t$、$4t$、$6t$，在这四个时间中选择一个。

第 3 次重传，$k=3$，随机数 r 就从整数{0，1，2，3，4，5，6，7}中选择一个数。因此，
重传推迟时间为 0、$2t$、$4t$、$6t$、$8t$、$10t$、$12t$、$14t$，在这 8 个时间中选择一个。

如果 3 次重传后还继续有冲突产生，那么 $k=4$，最后就是从 16 个时间中选择一个，概率
是 0.0625。

依此类推，当重传次数达 16 次仍不能成功时，则表明同时打算发送数据的站太多，以至
连续发生冲突，则丢弃该帧，并向高层报告。

参考答案是选项 d。

练习

1. 以太网可以采用非持续型、持续型和 P-持续型 3 种侦听算法。下面关于这 3 种算法的
描述中正确的是哪一项？（　　）

　　a．持续型侦听算法的冲突概率低，但可能引入过大的信道时延
　　b．非持续型侦听算法的冲突概率低，但可能浪费信道带宽
　　c．P-持续型侦听算法实现简单，而且可以达到最好的性能
　　d．非持续型侦听算法可以及时抢占信道，减小发送时延

【提示】非持续型以太网在转发数据帧之前先侦听信道，如果信道空闲，则立即发送，否
则后退一个随机时间。由于随机时延后退，从而减小了冲突的概率，但是后退会使信道空闲一
段时间，这使得信道利用率低，浪费了带宽，因此选项 b 是正确的，d 是错误的。

持续型以太网在侦听到信道忙时，会继续侦听，直到信道空闲后才发送。如果多个站点同
时在侦听信道将会发生冲突。可见，持续型侦听算法有利于抢占信道，减小发送时延，但冲突
概率高。因此选项 a 是错误的。

P-持续型算法吸取了持续型和非持续型的优点，但较为复杂，概率 P 的选择不是一个简
单的问题而且比较困难，因此选项 c 是错误的。

2. 以太网的 CSMA/CD 协议采用持续型算法，与其他侦听算法相比较，这种算法的主要特点是下面描述中的哪一项？（ ）

  a. 传输介质利用率低，冲突概率也低 b. 传输介质利用率高，冲突概率也高

  c. 传输介质利用率低，但冲突概率高 d. 传输介质利用率高，但冲突概率低

【提示】本题考查对 CSMA/CD 协议的理解。该协议采用持续型监听算法，其主要特点是传输介质利用率高，冲突概率也高。参考答案是选项 b。

3. 在 CSMA/CD 以太网中，数据速率为 100 Mb/s，网段长为 2 km，信号速率为 200 m/μs，则此网络的最小帧长是（ ）比特。

  a. 1 000 b. 2 000 c. 10 000 d. 200 000

【提示】为了检测冲突，传输时延≥2 倍传播时延，由 $X/100000000 \geq 22 \times 2000/200000000$，计算得出 $X=2000$。参考答案是选项 b。

4. 在以太网中发生冲突时采用退避机制，（ ）优先传输数据。

  a. 冲突次数最少的设备   b. 冲突中 IP 地址最小的设备

  c. 冲突域中重传计时器首先过期的设备 d. 同时开始传输的设备

5. 在 CSMA/CD 以太网中，有两个结点正在试图发送长文件，在发出每一帧后，采用二进制避退算法竞争信道，竞争 n 次成功的概率是多少？每个竞争周期的平均竞争次数为多少？

6. 某个采用 CSMA/CD 技术的电缆总线局域网，总线长度为 4 km，均匀分布了 100 个结点，总线传输速率为 5 Mb/s，帧平均长度 1 000 B，试计算每个结点每秒发送的平均帧数的最大值。

补充练习

1. 在一台连接到局域网的 Windows PC 上，打开"控制面板"。选择"网络"（Windows 7）或"网络和拨号连接"来建立局域网连接。选择并观察所安装的网络构件的性能，并尽可能多地记下关于这台计算机的网络配置（不要做任何改动）信息。然后根据 OSI 模型整理记录。

2. 描述介质访问控制（MAC）的两个主要方法。

3. 简述 CSMA/CD 的工作过程。

4. CSMA/CD 协议中的冲突域是指什么？

本 章 小 结

局域网（LAN）是指在一个适中的地理范围内，把若干独立的通信设备连接起来，实现资源共享和数据通信的计算机网络。局域网具有区域限定、线路专用、数据速率高和误码率低等特点。

常用的局域网拓扑结构比较多，主要有：将结点连接到一条共享电缆上的总线网络，这种结构目前基本上已被星状网络所取代；将结点连接到一台共享的布线设备（如集线器或交换机）上的星状网络，这种网络配置灵活，且易于管理；每个结点都与其他所有结点相连形成的网状网络，网状网络在城域网和广域网中较为常见；网络云是一种提供传输服务且收费的专有系统。网络云的实际结构可采用上述任何一种拓扑结构，但其细节对网络服务的用户来说是不可见的。电话系统和因特网是两种广泛使用的网络云。

　　IEEE 802 是主要的局域网标准，该标准所描述的局域网通过共享传输介质通信。IEEE 802 标准对局域网的标准化起着重要作用。目前，尽管高层软件和操作系统不同，但由于低层采用了标准协议，所以几乎所有的局域网均可实现互联互通。

　　按照 IEEE 802 标准，局域网的体系结构由物理层、介质访问控制子层和逻辑链路控制子层组成。其中，介质访问控制子层和逻辑链路控制子层相当于 OSI 模型的数据链路层。由于局域网中传输数据采用带地址的"帧"格式，不存在中间变换，所以不要求路由选择，不需要对应 OSI 模型的网络层功能。

　　介质访问控制方式是指控制网络中各结点之间信息的合理传输、对信道进行合理分配的方法。目前，在局域网中常用的介质访问控制方式主要为 CDMA/CD、CSMA/CA。以太网结点需要竞争访问共享介质，这意味着其结点不能以常规的速度发送或接收数据。

　　在局域网中，常用的通信协议有 NetBEUI、IPX/SPX 和 TCP/IP 3 种。在组建局域网时，具体选择哪一种网络通信协议主要取决于局域网的规模、局域网之间的兼容性，以及是否便于网络管理等因素。

小测验

1．一个以同轴电缆作为传输介质的以太局域网，可称为（　　）。
　　a．星状网络　　　　b．星环网络　　　　c．总线网络　　　　d．环状网络
2．一个以非屏蔽双绞线（UTP）作为传输介质的以太局域网，可称为（　　）
　　a．星状网络　　　　b．星环网络　　　　c．总线网络　　　　d．环状网络
3．在 CSMA/CD 中，CD 是指下面哪一种以太网结点的功能？（　　）
　　a．访问物理介质　　　　　　b．检测帧冲突
　　c．检测结点失败　　　　　　d．判断电信号
4．以下关于术语"共享介质""多路访问"与"冲突"的描述中，错误的是（　　）。
　　a．传统的以太网是用一条作为总线的同轴电缆连接多个结点
　　b．连接多个结点的同轴电缆被称为"共享介质"
　　c．同一时刻有两个或两个以上结点同时利用同轴电缆发送数据的现象称为"冲突"
　　d．对应的物理层协议是 10Base-T
5．以下关于以太网物理地址的描述中，错误的是（　　）。
　　a．以太网物理地址又叫作 MAC 地址
　　b. 48 位的以太网物理地址允许分配的地址数达到 2^{47} 个
　　c．网卡的物理地址写入主机的 EPROM 中
　　d．每一块网卡的物理地址在全世界是唯一的
6．以下关于网卡的描述中，错误的是（　　）。
　　a．网卡覆盖了 IEEE 802.3 协议的 MAC 子层与物理层
　　b．网卡通过收发器实现与总线同轴电缆的电信号连接
　　c．网卡通过接口电路与计算机连接
　　d．网卡实现与其他局域网连接的网桥功能
7．以太网的 CSMA/CD 协议使用 1-持续型算法的特点是下面描述中的哪一项？（　　）
　　a．能及时抢占信道，但增加了冲突的概率

　　　　　b．能及时抢占信道，并减少了冲突的概率

　　　　　c．不能及时抢占信道，并增加了冲突的概率

　　　　　d．不能及时抢占信道，但减少了冲突的概率

　　【提示】CSMA/CD 的基本原理为在发送数据之前检测信道是否空闲，空闲则发送；否则等待。发送后进行冲突检测，发现冲突后取消发送。有如下 3 种监听算法。

　　（1）非持续型监听算法：空闲，发送；忙，等待 N 再监听。该算法减小了冲突的概率，但信道的利用率降低，增加了发送时延。

　　（2）1-持续型监听算法：空闲，发送；忙，继续监听。该算法有利于抢占信道，减少信道空闲时间，但容易发生冲突。

　　（3）P-持续型监听算法：空闲，以概率 P 发送；忙，继续监听。该算法汲取以上两种算法的优点，有效平衡冲突与信道利用率，但较为复杂。

　　参考答案是选项 a。

　　8．以太网协议中使用了二进制指数后退算法，这个算法的特点是（　　　）。

　　　　　a．容易实现，工作效率高　　　　　　b．在轻负载下能提高网络的利用率

　　　　　c．在重负载下能有效分解冲突　　　　d．在任何情况下均不会发生阻塞

　　【提示】在 CSMA/CD 算法中一旦检测到冲突并发送阻塞信号后，为了降低再次冲突的概率，需要等待一个随机时间，然后使用 CSMA 方法试图传输。为了保证这种退避操作能够维持稳定，采用了一种称为"二进制指数退避算法"，其规则如下：

　　（1）对每个数据帧，当第 1 次发生冲突时设置一个参量 $L=2$。

　　（2）退避间隔取 $1\sim L$ 个时间片中的一个随机数，1 个小时间片等于两站之间的最大传播时延的 2 倍。

　　（3）当数据帧再次发生冲突时将参量 L 加倍。

　　（4）设置一个最大重传次数，超过该次数，则不再重传并报告出错。

　　二进制指数退避算法按后进先出（LIFO）的次序控制，即未发生或很少发生冲突的数据帧具有优先发送的概率，而发生过多次冲突的数据帧发送成功的概率更小。从规则可以看出在重负荷时这种方法仍能保证系统的稳定性，有效地分解冲突。

　　参考答案是选项 c。

　　9．画出局域网参考模型，简述其各层的主要功能。

　　10．在局域网中，数据链路层中的两个子层是什么？它们都有哪些主要功能？

　　11．逻辑链路控制（LLC）子层向上可提供哪几种操作类型？

　　12．简述介质访问控制（MAC）子层的功能和介质访问控制方法。

第二章　计算机的连接

组建局域网最基本的工作是运用传输介质、网络接口卡（简称网卡，又称网络适配器）等把计算机连接起来，在计算机之间建立一条传输数据信息的物理通路。传输介质与网络设备是局域网的硬件基础，正是它们的共同作用，实现了网络通信和资源共享。传输介质一般包括双绞线、同轴电缆、光纤和无线传输介质，而网络设备则可分为物理层设备（如中继器、集线器等）、数据链路层设备（如网桥、交换机等）、网络层设备（如路由器、第三层交换机等）和传输层设备（如网关、防火墙等）。网络接口卡可实现数据链路层的大部分功能，是网络通信的主要部件之一。网络接口卡的性能直接影响网络功能和网络运行应用软件的效果。

本章将深入探讨物理层构件，包括网络接口卡、传输介质的技术细节。每一种传输介质（铜缆、光缆或无线电波）都有自己独特的长处和弱点，因此也不存在一种连接计算机的最好方式。由于非屏蔽双绞线（UTP）电缆和光缆是大多数新建网络所采用的主要传输介质，本章将依据综合布线系统的技术规范和要求，重点讨论在一个网络中连接网络设备的电缆、连接器和光缆的安装与施工技术。

第一节　网络接口卡

网络接口卡（NIC）简称网卡，它为计算机与网络的物理硬件之间提供连接。网卡是插入到与网络相连的个人计算机（PC）或工作站内的硬件。如果网络包含专用服务器、互连设备或外设，则网络硬件不包括网卡。

学习目标

▶ 掌握使用 UTP 电缆接入网络的基本方法；

▶ 熟悉网卡的基本特性；

▶ 了解外围部件互连（PCI）总线带来的性能改进。

关键知识点

▶ 网卡提供计算机和网络之间的接口。

网卡连接

网卡的基本功能是通过网络中计算机与网络电缆系统（通信传输系统）之间的接口，实现计算机系统信号与网络环境的匹配和通信连接，接收计算机传来的各种控制命令，并且加以解释执行。从逻辑上讲，网卡处理地址识别、CRC 计算、帧的识别（例如，检查帧中的目的地址，并忽略那些不是发给本机的帧）。同时，网卡还将计算机连接到网络并处理数据通信的细节问题（即发送和接收帧）。从物理上讲，一块网卡由一块电路板构成，电路板的一侧有一个插头，正好与计算机的总线相配；另一侧有一个连接器，能适配于某种指定局域网的插头。大多数计算机都安装有一块网卡，但网卡又是独立于计算机的其他部件，而且用户可以在不做其他改变的情况下选择替换网卡。

网卡与网络相连的方式有许多种，一种双绞线网络中常用的网卡连接方法如图 2.1 所示。

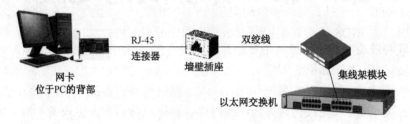

图 2.1　网卡连接方法

在图 2.1 中，网卡通过双绞线和 RJ-45 连接器连接到墙上的网络插座；在墙的另一面，由一根独立的双绞线将线路引到布线室；在那里，双绞线被端接到集线架或转接板上；集线架和转接板都属于绝缘层剥离连接器（IDC）。IDC 的含义是：当导线被卡接到电接触点时，其绝缘层被剥离铜芯。IDC 既简化了安装，又使连接非常可靠。然后，连接至以太网交换机。

集线架和转接板使得许多独立的工作站电缆管理起来更加简单。转接板将每根终接后的导线接到集线器、以太网交换机的端口上。要将一个工作站移至不同的网段，只需将转接板重新连接到不同的端口或设备上即可。在许多小型网络中，每个工作站的双绞线可以直接接到以太网交换机上，其交换机就是网络的中心结点。

选用网卡需要考虑的事项

随着计算机网络技术的发展，为了满足各种应用环境和应用层次的需求，出现了许多不同类型的网卡，网卡的划分标准也呈现多样化。根据数据位的不同，网卡分为 8 位、16 位、32 位和 64 位。目前 8 位网卡已经淘汰。一般而言，客户计算机常采用 16 位或者 32 位网卡，服务器计算机上采用 64 位或者 128 位网卡。

网卡主要是以适应何种主机总线类型来分类的。当前，各种计算机提供的总线类型主要有：工业标准体系结构总线（ISA Bus）、扩充的工业标准体系结构总线（EISA Bus）、外围部件互连总线（PCI Bus）、微通道体系结构总线（MCA Bus）等。目前，通用串行总线（USB）已经广泛应用于鼠标、键盘、打印机、扫描仪等各种设备，USB 网卡也已经广泛应用，但一般只用于普通网络客户端。

按数据传输速率划分，主要有 10 Mb/s、100 Mb/s、10/100(Mb/s)（自适应）和 1 000 Mb/s 网卡。

根据不同的局域网协议，网卡又分为以太网网卡、令牌环网卡、ARCNET 网卡和 FDDI 网卡几种。以太网网卡上的接口分为 BNC 接口（用于细缆连接）、RJ-45 接口（用于双绞线连接）、AUI 接口（用于 D 型 15 针连接器，通过粗缆收发器连接到粗缆上）。网卡可以是单独一种接口（称为单口网卡）的，也可以是两种接口（称为二合一网卡）的，或者 3 种接口都有（称为三合一网卡，现已很少见）的，比较新的网卡提供了光纤接口。

按有无物理上的通信线缆分类，可分为有线网卡和无线网卡两种。无线网卡用于插入可移动的计算机的扩展槽中。无线访问点（AP）设备，通过无线传输协议使移动计算机接入无线网络。

因此，选用网卡时，应考虑以下因素：

► 所支持的计算机总线——主要根据主机的总线类型选择不同的网卡。

► 网线选择——根据不同类型、规模、数据速率的网络选用不同的网线接口。

► 易于安装——网卡应能够自动安装、自动配置。许多网卡都支持即插即用，系统引导时，由 BIOS 检查并配置网卡参数，如中断号、内存地址、I/O 地址和 DMA 通道。

► 驱动程序对操作系统的支持——网卡应能够支持流行的操作系统，支持多种网络通信协议，如 TCP/IP 等。

► 网卡对网管的支持——网卡应支持简单网络管理协议（SNMP）或基于 SNMP 的管理。

► 缓存能力——网卡能否提供足够容量的缓冲区 RAM。这对服务器虽不重要，但对工作站来说至关重要。

表 2.1 示出了选择网卡时需要考虑的一些因素。

表 2.1　选择网卡时需要考虑的因素

考 虑 因 素	选　　项
局域网	以太网、百兆以太网、千兆以太网、万兆以太网等
所支持的计算机总线	MCA、ISA、EISA、PCI、NuBus、VME
RAM 缓冲器大小	16 KB、32 KB、64 KB、128 KB 等
总线规格	16 b、32 b、64 b、128 b 等
数据速率	10 Mb/s、100 Mb/s、1000 Mb/s
所支持的介质类型	同轴电缆、UTP、STP、光纤、无线
所支持的操作系统	Windows 10/7，2008/2012/2016，UNIX/Linux，Mac OS 等
处理器	Pentium II、Pentium III、Pentium IV，Core i7 等

PC 内的网卡连接

网卡插接在与计算机总线（也称 I/O 总线或扩展总线）相连的母板扩展槽内，该总线将网卡之类的适配卡连接到 CPU 和 RAM。数据出入网卡的传输速率是网卡性能的一个关键要素。总线越宽，能同时传输的数据就越多。网卡性能的另一个关键要素是数据出入网卡所采用的传输方式。

在传输数据时，网卡应尽可能少地占用计算机的 CPU。网卡采用如下 4 种数据传输技术：

► 直接存储器存取（DMA）——在不需要 CPU 干预的情况下，对存储器进行信息传输；由系统 DMA 控制器实现此传输；DMA 也称为标准 DMA。

► 总线控制 DMA——这种模式由 PCI 网卡支持；实际上在进行传输前，PCI 卡就已控制了系统总线。

► 共享存储器——网卡将数据存储在共享的 RAM 上，CPU 也可访问共享存储器空间。

► 可编程 I/O——网卡将数据存储在 I/O 寄存器上；由于 CPU 必须等待，所以这通常是最慢的一种方式。

网卡的安装

目前，许多主机板上都集成了网卡，无须考虑安装问题。由于 USB/PCMCIA 接口网卡都支持热插拔，网卡的安装比较简单，可以在不关闭计算机电源、不影响计算机使用的情况下进行操作。但对于独立网卡，在主机板上安装时需要注意：计算机能否提供一个与网卡总线类型相匹配的扩展槽；网卡的主要参数；网卡是否基于即插即用功能；网卡是否需要进行跳线设置。以 PCI 接口网卡为例，安装时应遵循以下步骤：

▶ 断开计算机电源，打开机箱，用螺丝刀将 PCI 插槽后面机箱上相对应的挡板去掉；

▶ 将网卡小心插入机箱对应的 PCI 插槽；

▶ 用螺丝刀将网卡固定好，然后盖好机箱，上好机箱螺丝钉；

▶ 将双绞线的水晶头插入网卡上的 RJ-45 接口。

对于支持即插即用功能的网卡，Windows 7/10，Windows Server 2008/2016 内置了若干流行网卡的驱动程序。如果所安装的网卡是著名厂家的非最新产品，一般无须手工安装驱动程序，计算机会自动完成安装。对于著名厂家的最新产品或非主流产品，则需要手工安装驱动程序。在商用环境下，最好不要使用操作系统内置的网卡驱动程序，应该使用网卡生产厂家提供的驱动程序，以便能够更好地激活包括增强功能在内的所有功能。

网卡总线体系结构

以前最常用的 PC 总线是 ISA 总线。现在，较新的计算机都采用了 PCI 总线。PCI 总线可为网卡和桌面系统的其他外设提供较高的吞吐量。PCI 网卡用以连接以太局域网。PCI 网卡已确立了在服务器与桌面系统中的首选地位。PCI 网卡以其高性能、易使用及增强的可靠性，在以太网中得到了广泛应用。

桌面系统的总线体系结构决定了 CPU、存储器与外设之间数据交换的快慢。为了获得最佳的系统性能，总线应与微处理器性能相匹配。ISA 总线和 EISA 总线曾一度成为桌面总线标准，它们是为早期的微处理器及应用程序而设计的。然而，目前处理速度较快的处理器（如 Intel Pentium Ⅳ、Core i7 等）已很常见，带宽密集型应用程序（如基于 Windows 的程序、多媒体、图像应用程序等）的数量也在激增；所以，现在的总线必须既能支持多任务操作系统，又能支持小型计算机系统接口（SCSI）设备、局域网网卡及功能强大的视频卡。

例如，Pentium 处理器采用 32 或 64 位数据通道，处理速率高达 4 Gb/s（500 MB/s）。为了与基于 Pentium 处理器的计算机相匹配，为 PCI 总线设计的最大吞吐量为 528 MB/s。与此相比，ISA 总线只能提供不超过 16 位的数据通道，最大传输率为 16.5 MB/s。PCI 总线可提供高达 66 MHz 的时钟速率，而 ISA、EISA 的时钟速率不超过 8.25 MHz。此外，PCI 规范的新级别要求采用 64 位数据通道，以便更好地与 Pentium 级的微处理器的性能相匹配。

任何系统的总体性能，其中一个关键要素是正在执行的各种任务对 CPU 的占用情况。由于 PCI 构件是为总线控制设备设计的，所以与较早的技术相比有其显著的优势。在总线可控情况下，PCI 设备可以无须系统 CPU 干预而通过请求总线控制来启动对系统存储器的数据传输。这使得在网络传输时，CPU 可以集中处理其他的计算任务，以提供速率更快、实时性更强的系统性能。由于基于 ISA 的设备不是总线控制设备，因而它们需要占用主机 CPU 来传输数据，这在多任务操作环境中是相当不利的。因为它在并行执行同样多的应用任务时，需要更多的 CPU 时钟周期。

尽管高速以太网（1 000 Mb/s）网卡在网络安装中有其优点，但对于标准为 10/100（Mb/s）的以太网连接来说，高性能、可靠的 10/100（Mb/s）的 PCI 网卡仍有一定的需求。

练习

1. 通过网卡发送和接收数据时，不中断计算机的 CPU 是很重要的。讨论这是为什么。
2. 讨论总线速度为什么很重要。
3. 按照网卡的总线接口类型，可以将网卡分为哪几种类型？
4. 下列网卡中属于即插即用类型的是（　　　）。
   a. USB 总线网卡　　b. PCI-X 总线网卡　　　c. PCMCIA 总线网卡　　d. ISA 总线网卡
5. 下列属于笔记本计算机专用的网卡是（　　　）。
   a. PCI-E 总线网卡　　b. PCI 总线网卡　　　c. PCI-X 总线网卡　　　d. PCMCIA 总线网卡
6. 下面关于网卡功能表述错误的是（　　　）。
   a. 数据的封装与解封　　b. 链路管理　　　c. 数据的加密和解密　　d. 编码译码

补充练习

通过 Web 查找 3 种不同厂家的 100/1000（Mb/s）以太网网卡，比较它们性能。

第二节　线缆性能及选用

从数据通信的角度看，通信系统至少包含信源、传输通道和信宿 3 个子系统。其中，传输通道的重要组成之一就是各种传输介质。传输介质是网络中传输数据、连接各网络结点的实体。在构建局域网时，应根据需要选择合适的传输介质和网络设备。网络传输介质的选择必须满足网络对速率、安全性、灵活性和局域网协议等的基本需求。本节主要介绍铜缆和光缆等有线传输介质的关键性能，以便在组网时恰当选用。

学习目标

▶ 了解同轴电缆、双绞线和光纤的物理特性；
▶ 了解双绞线网络的优点与局限性；
▶ 掌握光缆是如何传输数据信号的；
▶ 了解光缆最适用于计算机网络的地方在哪。

关键知识点

▶ 物理介质的选择对于网络运行是非常重要的；
▶ 双绞线是局域网中使用最多的传输介质；光缆可为长距离通信提供很大的带宽。

同轴电缆

同轴电缆是局域网中较早使用的传输介质，主要用于总线拓扑结构的布线，目前仍可用于计算机网络之中，但在新建计算机网络中已很少使用。

物理性能

同轴电缆是早期局域网的主要传输介质。近几年,同轴电缆已让位于 UTP 和光纤。10Base-5（粗电缆）已不再使用,10Base-2（细电缆）也只用在已含有这类同轴电缆的网络中。

同轴电缆有许多不同的类型,通常分为基带传输电缆和宽带传输电缆两类。基带电缆有一个实芯或多股铜线的中心导体。此导体周围是塑料绝缘层,包含在网状铝层、铜屏蔽层或外层导体之内；最外层包着的外套通常是由 PVC 或耐火塑料制成的。

传输方式

在基带同轴电缆系统中,信号不用进行调制,数字信号占据电缆的整个带宽。因此,在任一时刻基带电缆上都只有一个工作信道。而在宽带同轴电缆系统中,单根电缆上同时有多个工作信道。

同轴电缆的传输距离

IEEE 802.3（以太网）局域网标准规定,宽带电缆的最大传输距离为 1 800 m。

基带系统（如数据网）通常传输的距离是 1～3 km。然而,对于以太网来说,任意两台通信设备之间的最大距离不能超过 2.8 km。这主要不是电缆物理结构的问题,而是考虑到介质访问控制（MAC）层帧协议和以太网收发算法中的定时问题。

同轴电缆的带宽

基带系统与宽带系统的另一个显著差别是带宽。许多基带设备的运行速率为 10 Mb/s 左右；另一些基带设备的速率较高,如令牌环速率为 16 Mb/s；而较新的以太网配置则可以更高的速率（100 Mb/s 和 1 Gb/s）运行。此外,宽带系统由于每条电缆上可有多条信道,故可提供更高的带宽容量。

同轴电缆拓扑

同轴电缆既可用于点对点方式,又可用于广播方式。在总线拓扑结构（如 10Base-2 以太网）中,通常在单根电缆上"挂接"多台设备。根据应用程序和所需的数据速率,宽带系统可以支持成千上万台连接的设备。基带系统通过分段,其一根电缆可支持 100 台以上的设备。

同轴电缆的安全性

从同轴电缆系统中截取和窃听来自远端的信号是很困难的。任何对同轴总线进行窃听的行为都会破坏或干扰网络数据流。

同轴电缆的抗噪声性能

与 UTP 相比,同轴电缆提供了相当好的抗噪声性能。其外层网状防护层可有效地将所有外部电信号接地,从而保护了内部导体上的信号。

安装同轴电缆时应注意的因素

安装同轴电缆比安装双绞线困难得多；因此 UTP 发展得很快，而同轴电缆目前则用得越来越少。

双绞线

迄今为止，应用最为广泛的传输介质是双绞线。双绞线将导线缠绕在一起，以减少整个电缆长度内的噪声和邻近干扰。双绞线可分为屏蔽双绞线（STP）和非屏蔽双绞线（UTP）。STP 双绞线有网状或金属箔静电防护层，增强了介质的抗噪声性能。

双绞线特性

双绞线是由两根粗约 1 mm 的具有绝缘层的铜导线按一定密度螺旋状互相绞缠在一起构成的线对。所谓线对（Pair）是指一个平衡传输线路的两根导体，一般指一个双绞线线对。把一对或多对双绞线放在一个绝缘套管中便构成了双绞线电缆。双绞线电缆中的各线对之间按一定密度逆时针地绞合在一起，绞距为 3.8114 cm；外面包裹绝缘材料。

常见的双绞线电缆绝缘外皮里面包裹着 4 对共 8 根线，每两根为一对相互缠绞。为了方便布线，常用含 25 对双绞线合并在一起的多对双绞线电缆。UTP 是大多数本地网计算机系统采用的主要电缆，也是高速数据传输应用系统普遍选用的传输介质。

双绞线的传输方式

通过采用各种编码与调制技术，双绞线既可支持模拟传输，又可支持数字传输。在综合语音和数据通信应用中，双绞线上的数字传输通常采用脉码调制（PCM）方式。

双绞线的传输距离

在不用中继器的情况下，双绞线的安装通常限制在每段 100 m 以内。使用中继器补偿衰减（信号损耗）则可将线路延伸，以满足大多数实际应用的需要。然而，随着网段长度的增加，其数据传输速率会下降。所以，数据传输速率越高，传输距离就越短。

双绞线的带宽

与其他传输介质一样，双绞线的带宽与传输距离是相互影响的。在局域网环境下，较短间距内使用中继器可以增加最大带宽，并使传输速率从 10 Mb/s 提高到 100 Mb/s，或者 1 Gb/s 以上。

双绞线拓扑

双绞线常用于点对点环境，但也可用于模拟多点广播配置。使用交换机的星状拓扑是双绞线技术实现中最广泛采用的配置。

双绞线的安全性

在常见的局域网传输介质中，双绞线的安全性最差；这是由于它不具有屏蔽特性，而且很容易插入正在进行信号广播的 UTP 集线器。加密有助于对数据进行较高级别的保护，但这与限制对网络访问的做法不同。

双绞线的抗噪声性能

在所有的物理导体中，双绞线的抗噪声性能最差。这种介质既产生噪声又吸收噪声，并且对电磁干扰（EMI）和射频干扰（RFI）都很敏感。若双绞线的长度远小于信号的有效波长，则可获得较好的抗噪声性能。

双绞线的安装

双绞线的安装很方便。大多数情况下将双绞线从桌面系统接至中心配线室即可；双绞线电缆的两端通常采用 RJ-45 连接器，这使得它很容易与转接板或集线器的端口插接。

双绞线电缆的选用

双绞线电缆作为最常用的综合布线系统传输介质，有许多品种类型可以选用。环境、电缆长度、安装质量、连接数量和设备类型等因素都可能改变实际电缆系统的性能。尽管低级别线缆可以支持一些高速应用，但通常会增加衰减与串扰。

为了确保网络正常运行并适应更为高速的应用，如快速以太网（100 Mb/s），大多数新建网络都选用安装 5e 类 UTP 电缆和构件。仅靠 5e 类 UTP 电缆本身并不能保证有效的传输，有效传输还需要由兼容的连接器及转接板来保证。若 5e 类 UTP 电缆同低级别构件以很差的工艺一起安装，则网络性能可能只相当于 3 类或 4 类 UTP 电缆的网络。

5e 类 UTP 电缆和构件无论是操作性还是经济性都相当好，所以即使因为安装了新的设备而建成更高速的网络（如高速以太网）时，其电缆布线体系结构仍可以适当保留。

光缆

光缆由能传输光波的超细玻璃纤维制成，外包一层比玻璃纤维折射率低的材料。光纤分布式数据接口（FDDI）标准和光缆主干技术的应用，促进了光纤介质的普及。光缆的高抗噪声能力和日益增加的带宽使人们增加了对光缆的使用。

光纤特性

光纤内信号传输是通过在玻璃纤维或塑料纤维（又称为波导）内传输已进行信号编码的光束来实现的。每一根光纤都有高折射率的玻璃或塑料纤芯，纤芯外围是折射率较低的镀层材料，这个镀层的外面是加强的保护层。

光纤的种类很多，根据光在光纤中的传播方式，光纤分为单模光纤和多模光纤：

▶ 单模光纤——其纤芯直径极细（约为 8 μm），用激光传输代表二进制信息的光信号；

▶ 多模光纤——其纤芯直径较大，传输发光二极管（LED）产生的光信号。

多模光纤的纤芯直径较大（常为 62.5 μm），允许光沿不同路径传输多路信号。其中每条路径都可看作一个传输的模。构成光脉冲的光子虽然具有相同的工作波长，但根据首次出现反射的位置，光子可经不同的路径通过波导。相比之下，单模光纤的纤芯直径约为 8 μm，光子通过波导时仅有一条路径。

光缆可包含多条光纤。一些光缆在玻璃纤维之间加有钢或复合耐压材料，以便在光缆悬挂时提供支撑力；还有些光缆含有耐拉材料（Kevlar），其目的是在拖拉光缆时光纤不至于受力而断裂。

光纤的传输方式

光纤信道中的光源可以是发光二极管（LED）或注入型激光二极管（ILD）。这两种器件在有电流通过时能够发出光脉冲，光脉冲通过光导纤维传播到达接收端；接收端有一个光检测器，它遇光时可产生电信号；这样就形成一个单向的光传输系统。

LED 主要用于多模光纤的数据传输环境，ILD 则是单模光纤的理想光源。与 ILD 相比，LED 成本较低，对温度变化不太敏感，而且使用寿命也较长。在光纤的另一端，用作收发器的光检测器将光脉冲转换成电信号。常用的光电二极管器件有 PIN 型和 APD 型两种。尽管近来的新技术发展已使一根光纤上可同时双向传输多个信号，但通常情况下，光纤的传输仍是单向的。局域网中的双向传输通常要用两根光纤。

光纤的传输距离

影响光纤传输距离的因素有：
- ▶ 带宽；
- ▶ 是否设置中继器；
- ▶ 使用单模光纤还是多模光纤。

在不设置中继器的情况下，多模光纤可传输 5～10 km。在这个范围内，光纤可以支持高达 100 Mb/s 的传输速率。对于较短距离（如 1 km），高达 1 Gb/s 的传输速率已经实验成功。单模光纤虽然在短距离数据传输中不常用，但在传输距离超过 100 km 时它工作得很好。在这些较大的地理范围内，数据速率常为 200 Mb/s。

对于光纤，人们所担心的主要是在抽头、连接器、接线板与接合处的信号衰减。信号的衰减与接头 / 接合处所采用的技术有密切关系。

光纤拓扑

光纤大多以点对点方式或环状方式连接，也可以多点配置。但是，因为多点配置费用较高，且其拓扑的灵活性较低，所以不太实用。目前，办公楼里大部分配置使用的光纤一般作为多层结构楼房中各层之间的干线，有时光纤也用作单个楼层的馈线，如图 2.2 所示。而对

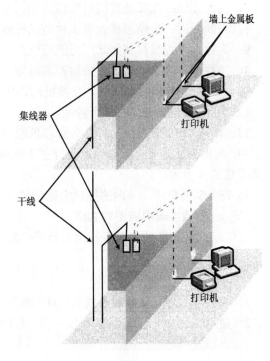

图 2.2　多楼层光纤布线示意图

于不太稳定的工作站环境的配置，常常通过多路复用器和交换机连接双绞线来实现。

光纤的安全性和抗噪声性能

一般而言，光纤可以防止入侵和窃听。由于很难窃听和插入，因而可防止大多数入侵者侵入光缆系统。

光纤的一个最大优点是几乎不受噪声干扰的影响。而且，光波也不受无线电波和磁场的影响。

安装光纤应考虑的因素

在安装方面，光纤显示出众多很好的特性。光纤中不存在导体间电短路的危险，而且即使将光纤完全浸入水中，信号也不会受到影响。光纤本身比其他介质都要轻，这一点对安装也有利。此外，光纤较难安装和端接，需要专业化的安装，而且安装后还需要进行大量的测试。

练习

1．判断正误：光缆提供了很高的抗噪声性能。
2．判断正误：在光缆中，光纤镀层用来反射沿着玻璃纤芯传输的光。
3．判断正误：玻璃纤芯用来产生数字信息传输所用的光信号。
4．判断正误：多模光纤的玻璃直径比单模光纤的大。
5．判断正误：与单模光纤相比，多模光纤能在更长的距离上传输信息。
6．判断正误：LED 是单模光纤的光源。
7．判断正误：光缆通常同时传输多个信号。
8．判断正误：光缆通常含有多种玻璃纤维，以增加光在物理网络中的传输速度。
9．为什么双绞线得到如此广泛的应用？
10．"数据传输速率越高，传输距离越短"这句话的含义是什么？
11．在基于 UTP 的网络中，交换机的作用是什么？
12．列出双绞线电缆的 3 个特性。
13．画出由 10 个工作站和 2 台打印机组成的双绞线星状拓扑以太网图。
14．画出由连接 4 个工作组的光纤主干组成的网络图，其中每个工作组都有使用以太网和 UTP 电缆的 4 个用户。
15．关于单模光纤，下面的描述中错误的是（　　）。
　　a．芯线由玻璃或塑料制成　　　　　　　b．比多模光纤芯径小
　　c．光波在芯线中以多种反射路径传播　　d．比多模光纤的传输距离远

补充练习

1．观察细 STP（屏蔽双绞线）、UTP 和光缆，讨论它们的性能。
2．使用 Web 或产品目录，查找光缆、UTP 和 STP 的传输性能。

第三节　线缆的制作及布线

在局域网的施工和维护中，通信线缆的制作及布线是非常重要的一个环节。同时，了解网络将来运行的环境对网络工程也是很重要的，在安装物理设备之前，应该进行适当的规划设计。

本节介绍通信线缆的制作及布线技术，包括网线的制作和相应的工具、信息插座的制作等。

学习目标

▶　了解网络现场勘查的目的和作用；

▶　掌握各种线缆最适用于什么场合；

▶　了解选择传输介质时需要考虑的要素；

▶　熟悉带宽与距离之间的关系；

▶　了解适用于局域网布线、安装的主要标准。

关键知识点

▶　物理介质的选择、安装对于网络运行是非常重要的。

电缆布线常用工具

网络布线施工中要采用多种工具来完成。布线施工常用工具按其用途可以分为电缆布线安装工具、光缆布线安装工具等，如网线工具、布线工具等；其中最常用的也是最简单的工具是网线工具。

电缆布线安装工具又可分为双绞线专用工具和同轴电缆专用工具两类。双绞线网线制作工具主要有剥线工具、端接工具、压接工具、铜缆线布线工具包、工具箱等；同轴电缆网线的制作材料及工具主要包括：同轴电缆、中继器、收发器、收发器电缆、粗同轴电缆网线附件（N系列接头、N系列终端匹配器、N系列端接器）、细同轴电缆附件（BNC电缆连接器、BNC T形接头、BNC桶形接头、BNC终端匹配器）、同轴电缆网线压线钳等。下面主要介绍目前应用最多的双绞线网线制作工具。

网线钳

在双绞线网线制作中，最简单的方式只需一把网线钳，如图2.3所示。它具有剪线、剥线和压线三种用途。在选用网线钳时要注意选择种类，因为针对不同的线材，会有不同规格的网线钳，一定要选用双绞线专用的网线钳才可用来制作以太网双绞线电缆。三种常见的剥线钳如图2.4所示。

图2.3　网线钳　　　　　　　　　　　　　　　　图2.4　剥线钳

打线钳

信息插座与模块是嵌套在一起的。网线的卡入需用一种专用的卡线工具，称为打线钳，如图 2.5 所示。多对打线工具通常用于配线架网线芯线的安装。

打线保护装置

由于把网线的 4 对芯线卡入信息模块的过程是比较费力的，而且信息模块容易划伤手，于是专门设计开发了一种打线保护装置，这样不但可以方便地把网线卡入信息模块中，还可以起到隔离手掌、保护手的作用，如图 2.6 所示。注意，上面嵌套的是信息模块，下面的部分才是保护装置。

图 2.5　打线钳　　　　　　图 2.6　打线保护装置

网络电缆测试仪

网络电缆测试仪主要用于对双绞线或同轴电缆进行测试和故障诊断，包括对电缆故障点定位，以及测试电缆长度、环路损耗、传输时延等。每一根网线做好之后，必须通过测试。图 2.7 所示是一款网络电缆测试仪，能够快速、准确地测试高性能的 5e 类和 6 类电缆链路，可对高速铜缆提供全面的测试，验证解决方案。

图 2.7　网络电缆测试仪

制作双绞线网线

制作网线是组建局域网的最基础和最重要的工作之一，是必须熟练掌握的一项入门技术。由于目前局域网大部分都由双绞线作为传输介质，因此双绞线网线制作的好坏，对网络的传输速率和稳定性等具有很大的影响。

双绞线的线序

一根 UTP 电缆包含 4 对导线，其中每对导线绞合在一起以消除来自其他导线和设备的电磁干扰的影响。由于一对导线内传输的是同一个信号，因此可以将此线对看作单根导体。所有8 根导线实际上是完全一样的，唯一不同的是每对导线绞合的数量和绝缘层的颜色。每个线对的颜色，其中一根为单色，另一根为白色间以同颜色条纹。TIA/EIA 布线标准给每个线对都分配了编号，具体如表 2.2 所示。

表 2.2　TIA/EIA 568-A、568-B 线序

双绞线的线序	1	2	3	4	5	6	7	8
TIA/EIA 568-A	绿白	绿	橙白	蓝	蓝白	橙	棕白	棕
TIA/EIA 568-B	橙白	橙	绿白	蓝	蓝白	绿	棕白	棕

整个网络布线应使用同一种线序。在实际应用中，大多数布线都使用 TIA/EIA 568-B 标准，通常认为该标准对电磁干扰的屏蔽较好。对于 568-B 标准的线序编号，布线安装人员使用了一个无意义的单词——BLOGB（或 BLOGBR），意思是蓝（BL）、橙（O）、绿（G）、棕（BR）。

根据网线两端连接的网络设备，双绞线又分为直通、叉接和全反 3 种线序，如表 2.3 所示。

表 2.3　双绞线的线序

线　　序	连接方式	应　用　场　合
直通线（平行线）	568-A—568-A 568-B—568-B	一般用来连接两个不同类型的设备或端口。如：计算机—集线器、计算机—交换机、集线器—集线器（UPLink 端口）、路由器—交换机、路由器—集线器、交换机—交换机（UPLink 端口）
叉接线	568-A—568-B	一般用来连接两个性质相同的设备或端口。如：计算机—计算机、集线器—集线器、交换机—交换机、路由器—路由器
全反线	一端的顺序是 1—8，另一端的顺序是 8—1	主要用于主机的串口与路由器或交换机的 Console 端口连接，不用于以太网的连接

注意：10 Mb/s 网线指需要使用双绞线的两对线收发数据，即 1（橙白）、2（橙）、3（绿白）、6（绿），其中 1、2 用于发送，3、6 用于接收，4、5、6、7、8 是双向线。而 100 Mb/s 和 1 000 Mb/s 网线需要使用 4 对线，即 8 根芯全部用于传递数据。

UTP 转接电缆

大多数采用 UTP 线缆的网络，其物理配置是通过一根一根地转接电缆来完成的。这些转接电缆用来将计算机连接到建筑物的永久网络线缆系统，或者连接到集线器或交换机等设备上。基于 UTP 线缆的局域网使用以下两类电缆：

▶　叉接电缆——将两个网卡直接相连；

▶　转接电缆（转接线）——将一台设备用一根永久安装的电缆连接起来，或者连接到集线器或交换机。

叉接电缆直接连接两台计算机。这样，用一段一定长度的 UTP 电缆，可构成世界上最简单的总线网络。这在大多数局域网中是不常用的，但对于一个小型的家庭/办公室网络或者两台计算机之间的临时连接则很有用。

如果一台计算机要给另一台计算机发送数据，则发送方网卡的输出，必须与接收方网卡的输入相连。这正是叉接电缆所要做的事情。其中一根线对从网卡 A 的输出端"交叉"连接到

网卡 B 的输入端；同时，另一根线对从网卡 A 的输入端"交叉"连接到网卡 B 的输出端。这种配置如图 2.8 所示。为简明起见，图中只简单地画出了两根导线。

由图 2.8 可见，每根导线必须与两端连接器的不同引脚相连。否则，一根导线连接的将是两个输入端或两个输出端，将使通信无法进行。因此，叉接电缆两端的连接器必须具有不同的引脚输出排列。

转接电缆的使用方法较为简单，因为它可将一台计算机连接到集线器或交换机（或者与集线器或交换机相连的另一根电缆）上。由于这些连网设备内置了交叉转接功能，转接电缆就不必再交叉连接了。这一点可从图 2.9 中看出。因此，转接电缆两端的连接器使用相同的引脚输出排列。

图 2.8　叉接电缆　　　　　　　　图 2.9　转接电缆

RJ-45 连接器

UTP 电缆两端以 RJ-45 插拔式连接器端接，RJ-45 连接器如图 2.10 所示。其中"RJ"是"已注册（R）插口（J）"的意思，表示它已在 FCC 注册过。

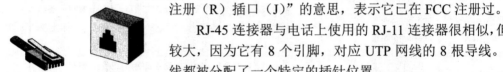

图 2.10　RJ-45 连接器

RJ-45 连接器与电话上使用的 RJ-11 连接器很相似，但 RJ-45 较大，因为它有 8 个引脚，对应 UTP 网线的 8 根导线。每根导线都被分配了一个特定的插针位置。

TIA/EIA 规定了两种 RJ-45 连接器的引脚排列结构，称为 568-A 和 568-B，如图 2.11 所示。

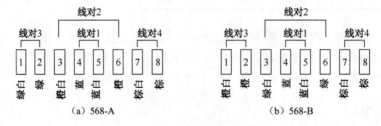

（a）568-A　　　　　　　　　（b）568-B

图 2.11　RJ-45 的引脚输出排列

以太网只用绿色和橙色两个线对，但 TIA/EIA 标准也规定了蓝色和棕色线对的位置，为的是可能用于其他系统（如电话）。

如果仔细观察这两个引脚排列图，就会发现：绿色和橙色线对的位置在两个规范中正好相反。这说明两种排列结构可用如下的方法来制作电缆：

▶　对于叉接电缆，其一个连接器用 568-A 结构，而另一个连接器用 568-B 结构。

▶　对于转接电缆（直通线），两个连接器使用相同的引脚排列结构——均为 568-A 或均为 568-B。

可见，叉接电缆和转接电缆是不一样的。不可以用转接电缆将两个网卡直接相连，也不可以用叉接电缆将一台计算机连接到集线器或交换机。

双绞线的制作步骤

制作 RJ-45 网线插头是组建局域网的基本技能，而制作方法也并不复杂。究其实质就是把双绞线的 4 对 8 芯网线按一定的规则制作到 RJ-45 插头中。所需材料为双绞线和 RJ-45 插头，使用的工具为一把专用的网线钳。以制作最常用的遵循 568-B 标准的直通线为例，制作步骤与方法如下：

第 1 步，用双绞线网线钳把双绞线的一端剪齐，然后把剪齐的一端插入到网线钳用于剥线的缺口中，并顶住网线钳后面的挡位；然后稍微握紧网线钳慢慢旋转一圈，让刀口划开双绞线的保护胶皮并剥除外皮，如图 2.12 所示。

注意： 网线钳挡位离剥线刀口的长度通常恰好为水晶头的长度，这样可以有效地避免剥线过长或过短。如果剥线过长往往会因为网线不能被水晶头卡住而容易松动，如果剥线过短则会造成水晶头插针不能跟双绞线完好接触。

第 2 步，剥除外包皮后会看到双绞线的 4 对芯线，用户可以看到每对芯线的颜色各不相同。将绞在一起的芯线分开，按照橙白、橙、绿白、蓝、蓝白、绿、棕白、棕的颜色一字排列，并用网线钳将线的顶端剪齐，如图 2.13 所示。

图 2.12 双绞线插入剥线缺口

图 2.13 排列芯线

第 3 步，按照 568-B 线序排列每条芯线，使其分别对应于 RJ-45 插头的 1、2、3、4、5、6、7、8 针脚，并使 RJ-45 插头的弹簧卡向下，然后将正确排列的双绞线插入 RJ-45 插头中。在插的时候一定要将各条芯线都插到底部。由于 RJ-45 插头是透明的，可以观察到每条芯线插入的位置，如图 2.14 所示。

第 4 步，将插入双绞线的 RJ-45 插头插入网线钳的压线插槽中，用力压下网线钳的手柄，使 RJ-45 插头的针脚都能接触到双绞线的芯线，如图 2.15 所示。

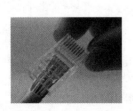
图 2.14 将双绞线的芯线插入 RJ-45 插头

图 2.15 将 RJ-45 插头插入压线插槽

第 5 步，完成双绞线一端的制作工作后，按照相同的方法制作另一端即可。注意双绞线两端的芯线排列顺序要完全一致，如图 2.16 所示。

在完成双绞线的制作后，建议使用网线测试仪对网线进行测试。将双绞线的两端分别插入网线测试仪的 RJ-45 接口，并接通测试仪电源。如果测试仪上的 8 个绿色指示灯都顺利闪烁，说明制作成功。如果其中某个指示灯未闪烁，则说明插头中存在断路或者接触不良的现象。此时应再次对网线两端的 RJ-45 插头用力压一次并重新测试，如果依然不能通过测试，则只能重新制作，如图 2.17 所示。

图 2.16　制作完成的双绞线　　　　　图 2.17　使用测试仪测试网线

注意：实际上在目前的 100 Mb/s 带宽的局域网中，双绞线中的 8 条芯线并没有完全用上，而只有第 1、2、3、6 线有效，分别起着发送和接收数据的作用。因此在测试网线的时候，如果网线测试仪上与芯线线序相对应的第 1、2、3、6 指示灯能够被点亮，则说明网线已经具备了通信能力，此时可不必关心其他的芯线是否连通。

制作信息插座

信息插座的类型

信息插座由信息模块、面板和底座组成。信息插座所使用的不同面板决定着信息插座所适用的环境，而信息模块所遵循的通信标准决定着信息插座的适用范围。根据信息插座所使用的面板有墙上型、桌上型和地上型 3 种类型。根据信息插座所采用的信息模块有 RJ-45 信息模块、光纤插座模块和转换插座模块之分。

RJ-45 信息模块插座一般用于工作区双绞线的端接，通常与跳线进行有效连接。它的应用场合主要有：端接到不同的面板（如信息面板出口）、安装到表面安装盒（如信息插座）、安装到模块化配线架中。图 2.18 所示是一个 RJ-45 信息模块的示意图，以及它端接到信息面板后的外形图。

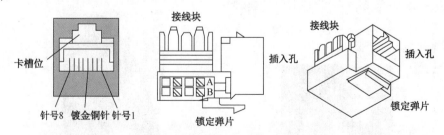

图 2.18　RJ-45 信息模块示意图

屏蔽双绞线和非屏蔽双绞线电缆的端接方式相同。它们都利用 RJ-45 信息模块插座上的接线块通过线槽来连接双绞线电缆，底部的锁定弹片可以在面板等信息出口装置上固定 RJ-45 信息模块插座。但屏蔽双绞线在线对外有一根贯穿整个电缆的漏电线，模块插座的屏蔽层与电缆的屏蔽层通过漏电线相连，这样可以在从连接器开始的整个电缆上为电缆导线提供保护，将电磁干扰产生的噪音导入地下。目前，信息模块一般均可满足 5 类或 5e 类传输标准要求，适用于宽带终端接续。

5e 类屏蔽与非屏蔽 RJ-45 信息模块满足 5e 类传输标准要求，分屏蔽与非屏蔽两个系列，采用扣锁式端接帽作为保护，适用于设备间与工作区的通信插座连接，如图 2.19 所示。这类信息模块可应用于 ISDN、ATM155/622（Mb/s）、1 000 Mb/s 以太网等工作区的终端连接和快捷式配线架的连接。

图 2.19　5e 类屏蔽与非屏蔽 RJ-45 模块

一种常用的 6 类 RJ-45 信息模块如图 2.20 所示。它采用独特的阻抗匹配技术，可以保证系统传输的稳定性；还采用了斜位式绝缘位移技术，可保证连接的可靠性；采用了阻燃、抗冲击 PVC 塑料，以使系统具有兼容性能。该信息模块主要应用于 2.4 Gb/s、1 000 Mb/s 以太网等工作区的终端连接和快捷式配线架的连接。它比超 5 类模块有更大的传输带宽，更好的传输性能，适用于数据传输量大、对网络的可靠性要求高的布线场所。

图 2.20　6 类 RJ-45 信息模块

信息模块的跳线规则

通常，在网络中不是直接拿网线的水晶头插到集线器或交换机上，而是先把来自集线器或交换机的网线与信息模块连在一起后埋在墙上，这就涉及信息模块芯线的排列顺序问题，即跳线规则。

交换机或集线器到网络模块之间的网线接线方法一般按 EIA/TIA 568 标准进行，有 A、B 两种端接方式（IBM 公司的产品通常采用端接方式 A，AT&T 公司的产品通常采用端接方式 B），主要区别为 TIA 568-A 模块和 TIA 568-B 模块的内部固定联线方式不同。

通常情况下，信息模块上会同时标注 TIA 568-A 和 TIA 568-B 两种芯线颜色线序，应当根据布线设计时的规定，与其他连接设备采用相同的线序。

信息模块的制作步骤

了解了信息模块的跳线规则后，就可以利用打线工具制作信息模块了。下面介绍具体的制作步骤：

第 1 步，用剥线工具在离双绞线一端约 130mm 处把双绞线的外包皮剥去。

第 2 步，如果有信息模块打线保护装置，则可将信息模块嵌入保护装置之上。

第 3 步，把剥开的 4 对双绞线芯线分开，但为了便于区分，此时最好不要拆开各芯线线对，而应在卡相应芯线时再拆开。按照信息模块上所指示的芯线颜色线序，两手平拉上一小段对应的芯线，稍稍用力将导线一一置入相应的线槽内。

第 4 步，全部芯线都嵌入好后即可用打线钳一根根地把芯线进一步压入线槽中（也可在第 3 步操作中完成一根即用打线钳压入一根，但效率较低），确保接触良好；然后剪掉模块外多余的线段。

第 5 步，将信息模块的塑料防尘片沿缺口穿入双绞线，并固定于信息模块上，压紧后即完成了模块制作的全过程；然后把制作好的信息模块放入信息插座中。

信息模块制作好后当然也可以测试一下连接是否良好，此时可用万用表进行测量。把万用表的挡位置于×0 的电阻挡，把万用表的一个表针与网线另一端的相应芯线接触，另一万用表笔接触信息模块上卡入相应颜色芯线的卡线槽边缘（注意不是接触芯线），如果阻值很小，则证明信息模块连接良好；否则再用打线钳压一下相应芯线，直到通畅为止。

综合布线的规划与设计

在确定具体的网络应使用何种物理介质时，需要事先知道各种线缆的性能和其他相关因素。

- ► 物理结构特性—— 介质的物理结构特性包括导体数目、导体成分、保护导体使用的绝缘体类型等。
- ► 传输方式—— 表明局域网中源计算机和目的计算机之间的信息传输方式。
- ► 传输距离—— 指出两个结点间的最大可能距离。由于传输与带宽有关，所以不能单独考虑传输距离的限制。
- ► 带宽—— 在固定时间内能传输的数据量。对于目前局域网中最常见的数字设备而言，带宽用比特每秒（b/s）表示，有时也可用字节每秒（B/s）表示。
- ► 拓扑结构—— 主要考虑的是传输介质是否广泛适用于点对点传输或广播传输。由于特定的物理特性和施工的限制，一些传输介质只能用于特定的拓扑结构。
- ► 安全性—— 根据应用程序的需要，在网络中建立了不同级别的安全性能，如对设施、网络和数据的访问。在物理层中，存在的主要问题是对网络介质的非法窃听。
- ► 抗噪声性能—— 在网络中，抗噪声性能是指抵抗干扰（静态）对物理线缆上信号完整性破坏的能力。噪声源多种多样，如无线电波、附近的电线、闪电和不可靠的连接等。
- ► 安装因素—— 安装要考虑许多因素，每类介质都应按照对建筑物内布线的合适程度进行估计，主要考虑安装的方便性，以及抽头、接头和连接器的特性。
- ► 费用因素—— 费用可能是最难评估的因素。切记，线缆本身只占全部费用的一小部分，而安装所耗的劳动力费用、正在进行的管理费用及维护费用都很大。对于不同的施工方案和场所，安装费用相差很大，以至几乎无法确立任何基准。最好的解决办法是从每个工件的线缆供应商那里获取最新报价。

现场勘查

在规划线缆的安装时，首先要完成的是现场勘查。网络设计者应该同建筑监理及用户一起亲临现场，确定所有设备、主机、工作站、PC、电话和其他所有需要与线缆相连的设备的位置。尤其要注意地板槽和不可接入区域的位置和布局。所有的线缆路径和接头位置都应在平面设计图或总体蓝图中明确地标明。

线缆的选用

计算机网络中最常见的线缆类型对于某些应用来说是最适合的。下面介绍通常在何处可以找到这些线缆和各类双绞线的应用情况。

同轴电缆在较早的计算机网络设备中很常见。尽管在新组建的局域网中已很少使用，但在计算机网络中仍存在大量已安装的同轴电缆。同轴电缆在工作区域的设备连接中使用得越来越少，这主要是因为高质量双绞线性能的提高以及光纤的使用。

光纤主要用于局域网主干、广域计算机连接和话音通信。然而，抽头、分离设备和耦合器的改进，使得光纤可进一步用于建筑内部和局域网的桌面设备。目前，大多数单位的线缆系统已经部分地采用了光纤，但这些光纤的性能指标应符合工业标准。

UTP 已成为局域网安装所选用的常用传输介质。无论是通过集线器还是交换机进行连接，通常都采用 UTP 布线；专用小交换机（PBX）和传统的电话系统也都使用双绞线。

布线安装施工建议

随着局域网数据速率的不断提高，高素质的网络物理设备施工人员也越来越重要。一个小小的缺陷，如转接电缆做得很糟糕，就可使 100 Mb/s 的快速以太网慢得像"蜗牛爬行"似的。局域网的性能有赖于合格的线缆安装，因此安装时应考虑如下几点：

► 安装足够将来所需的线缆，尤其是在一座新的大楼内。在已完工的墙体、天花板或楼板内增加线缆，其成本几乎总是更高一些。

► 遵照当地的建筑规范，了解本地或国家的指导方针。例如，NEC 对线缆安装的防火安全做出了许多规定。研究和了解各种相应的综合布线系统计划。

► 选择一家有经验、信誉好的承包商。承包商应熟悉所有可用的建筑规范，且熟悉你所要达到的网络指标和选定的综合布线系统计划。由于光缆安装要求技术人员经过良好的培训而且应有实践经验，所以许多机构都聘请专家来安装光纤网络。

► 测试布线设备，确保其满足性能标准。

► 确保材料质量，要使用与局域网类型相适应的线缆和连接器。对于双绞线网络，不要使用未经绞合的电缆（如电话线）。对于穿过周围有空隙的地方，如位于吊顶以及用于散热、通风和空气调节的空气回流孔等上面的区域，要使用通风管道级线缆。通风管道级线缆的外面有一层特殊的防火套，且不会产生有毒烟雾。

► 在所有线缆上贴上标记，保存对线缆、设备和连接器做有标记的布线计划。

► 在制作双绞线的接头时，不要剥去过多的电缆外层护套；另外，两端去绞合不宜超过必要的长度（约 1.3 cm），否则会因产生过多的串音而降低性能。

► 为降低电磁干扰（EMI）和射频干扰（RFI），数据线应尽可能与电源线垂直走线。铜缆与电源线并排走线时，其间距应为 1.5～2 cm。数据线应远离大功率电源线。

► 使用挂钩来支撑天花板内线缆的重量。

► 线缆要捆扎好，但不宜捆得太紧。不管是铜缆还是光缆，线缆上过大的压力会改变其传输特性。

▶ 线缆的弯曲不宜小于其规定的最小弯曲半径。双绞线打结将导致其绞合模式变形，从而增加干扰。光缆弯曲得太厉害，可能会折断光纤，或者使之变形，从而因改变光缆的折射率而引起信号衰减。

▶ 铜缆转接线要尽量短，以免引入噪声。

▶ 确保各系统良好接地，并可防浪涌电压和雷电，必要时配备不间断电源（UPS）。

练习

1. 讨论各种标准是如何用于局域网的安装和维护的。
2. 列出至少 3 种常见的线缆标准。
3. 试分别按照 ANSI/TIA/EIA 568-A 与 ANSI/TIA/EIA 568-B 标准制作 RJ-45 水晶头。
4. 试分别按照 ANSI/TIA/EIA 568-A 与 ANSI/TIA/EIA 568-B 标准压接信息模块。
5. 压接信息模块时应注意哪些要点？
6. 工作区信息模块的安装主要涉及哪些器件的安装？
7. 信息插座的安装有哪几种方式？各有什么要求？
8. 试分别画出 ANSI/TIA/EIA 568-A 和 ANSI/TIA/EIA 568-B 的线序方式。
9. 如何对缆线进行正确标识？

补充练习

1. 访问下列标准组织的 Web 站点：
    a. 美国国家标准协会（ANSI）：http://web.ansi.org/default.htm
    b. 电子工业协会（EIA）：http://www.eia.org/
    c. 电信工业协会（TIA）：http://www.tiaonline.org/
    d. 国际电信联盟（ITU）：http://www.itu.ch/
2. 研究下列各种介质的带宽以及单位带宽的最大传输距离：
    a. 5e/6/7 类 UTP 电缆　　　b. 多模光缆　　　c. 单模光缆

第四节　光缆的安装施工

　　遵循光纤布线标准，合理利用成熟的光缆布线技术和正确的光纤布线方法，快速、准确地实施光缆布线是综合布线系统工程中最细致、最精确的工作。由于光纤的特殊性，光缆布线技术从理论到实践都与电缆布线技术有着本质上的区别。与电缆布线相比，光缆布线技术有更严格的操作规程，在布线过程中的极微小的差错都有可能导致布线的失败或故障，严重时还会危及人身安全。本节主要介绍光缆的安装施工，以及光纤的接续、检测等技术。

学习目标

▶ 了解光缆布线安装测试工具的使用方法；

▶ 掌握光缆的基本连接技术，以及光纤的接续与测试方法；

▶　了解光缆施工的主要过程。

▶　光缆布线的施工质量直接影响网络的性能。

光缆布线安装测试工具

在光缆布线过程中，一般需要如下一些工具：光缆牵引设备、光纤剥线钳、光纤固化加热炉、光纤接头压接钳、光纤切割器、光纤熔接机、光纤研磨盘、组合光纤工具，以及各种类型、各种接头的光纤跳线等。当然，一般小规模通信网络不需要这些工具，因为在小规模通信网络中通常不需要进行光缆敷设，但在较大的综合布线系统工程中则需要考虑光缆施工的相关工具和测试仪器。如果条件许可，还需要带上专用的现场标签打印机和热缩设备，用于电缆、配线架、终端信息点的标注。通常是在工程进行到最后阶段才会用到这些专业而昂贵的设备。

在进行光纤终接安装时，需要的工具比较多。为便于使用，通常将光纤施工布线工具放置在一个多功能工具箱中。图 2.21 所示是一个光纤施工工具箱，箱内工具包括：光纤剥线钳、钢丝钳、大力钳、尖嘴钳、组合套筒扳手、内六角扳手、卷尺、活动扳手、组合螺丝刀、蛇头钳、微型螺丝刀、综合开缆刀、简易切割刀、应急灯、镊子、清洗球、记号笔、剪刀、开缆刀、洒精泵瓶等。现场进行光纤终接时，还需要光纤接头研磨加工工具，如图 2.22 所示。图 2.23 所示是 OptiFiber 光缆测试仪，它集成了适用于局域网光缆布线故障诊断和认证测试平台的光时域反射仪（OTDR）。OptiFiber 的主要特点有：1 m 的死区是定位故障的精度；创新的 ChannelMap 信道图；自动 OTDR 分析；自动 OTDR 端口质量检查；单键完成损耗/长度认证测试；FiberInspector Pro 提供端口洁净度视频图像；支持 LinkWare 电缆测试报告管理软件等。

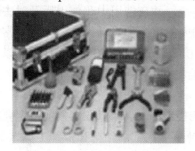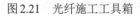

图 2.21　光纤施工工具箱　　图 2.22　光纤接头研磨加工工具　　图 2.23　OptiFiber 光缆测试仪

光缆的连接

光缆的连接方法主要有永久性连接、应急连接和活动连接 3 种。

永久性连接（又叫热熔）

永久性连接是用放电的方法将两根光纤的连接点熔化并连接在一起。一般用在长途接续、永久或半永久固定连接。其主要特点是连接衰减在所有的连接方法中最低，典型值为 0.01～0.03 dB/点。但连接时，需要专用设备（熔接机）和专业人员进行操作，而且连接点也需要专用容器的保护。

应急连接（又叫冷熔）

应急连接主要是用机械和化学的方法，将两根光纤固定并黏结在一起。这种方法的主要特点是连接迅速可靠，典型的连接衰减为 0.1～0.3 dB/点。但连接点长期使用后会不稳定，衰减也会大幅度增加，所以只能短时间内应急使用。

活动连接

活动连接是利用各种光纤连接器件（如插头和插座），将站点与站点或站点与光缆连接起来的一种方法。这种方法灵活、简单、方便、可靠，多用于建筑物内的计算机网络布线。其典型衰减为 1 dB/接头。

光纤的接续与测试

光纤接续

光纤接续有熔接、活动连接和机械连接 3 种方法，在工程中大都采用熔接法。采用这种熔接方法的接点损耗小、反射损耗大、可靠性高。光纤熔接的过程和步骤如下：

▶ 开剥光缆，并将光缆固定到接续盒内。注意不要伤到束管，开剥长度取 1 m 左右，用卫生纸将油膏擦拭干净，将光缆穿入接续盒；固定钢丝时一定要压紧，不能有松动，否则有可能造成光缆打滚折断纤芯。

▶ 分纤，将光纤穿过热缩管。将不同束管、不同颜色的光纤分开，穿过热缩管。剥去涂覆层的光纤很脆弱，使用热缩管，可以保护光纤熔接头。

▶ 打开熔接机电源，采用预置的 42 种程式进行熔接，并在使用中和使用后及时去除熔接机中的灰尘，特别是夹具、各镜面和 V 形槽内的粉尘和光纤碎末。光纤有常规型单模光纤和色散位移单模光纤，工作波长也有 1 310 nm 和 1 550 nm 两种。所以，熔接前要根据系统使用的光纤和工作波长来选择合适的熔接程序。如没有特殊情况，一般都选用自动熔接程序。

▶ 制作光纤端面。光纤端面制作的好坏将直接影响接续质量，所以在熔接前一定要做出合格的端面。用专用的剥线钳剥去涂覆层，再用蘸有酒精的清洁棉在裸纤上擦拭多次，用力要适度。然后用精密光纤切割刀切割光纤，对 0.25 mm（外涂层）光纤，切割长度为 8～16 mm；对 0.9 mm（外涂层）光纤，切割长度只能是 16 mm。

▶ 放置光纤。将光纤放在熔接机的 V 形槽中，小心压上光纤压板和光纤夹具，要根据光纤切割长度设置光纤在压板中的位置；关上防风罩，只需 11 s 即可自动完成熔接。

▶ 移出光纤用加热炉加热热缩管。打开防风罩，把光纤从熔接机上取出，再将热缩管放在裸纤中心，放到加热炉中加热。加热器可使用 20 mm 微型热缩套管及 40 mm 和 60 mm 一般热缩套管；20 mm 热缩管需 40 s，60 mm 热缩管为 85 s。

▶ 盘纤固定。将接续好的光纤盘到光纤收容盘上，在盘纤时，盘圈的半径越大，弧度越大，整个线路的损耗越小；所以一定要保持一定的半径，使激光在纤芯里传输时避免产生一些不必要的损耗。

▶ 密封和挂起。野外接续盒一定要密封好，防止进水。接续盒进水后，由于光纤及光纤熔接点长期浸泡在水中，可能会先出现部分光纤衰减增加。套上不锈钢挂钩并挂在吊线上，至此光纤熔接完成。

光纤测试

光纤在架设、熔接完工后要进行测试，常用的仪器主要是 OTDR 测试仪。为了测试准确，OTDR 测试仪的脉冲大小和宽度要选择适当，可按照厂方给出的折射率 n 值的指标设定。

在判断故障点时，如果光缆长度预先不知道，可先放在自动 OTDR 挡，找出故障点的大致地点后，再放在高级 OTDR 挡。将脉冲大小和宽度选择小一点，但要与光缆长度相对应，盲区减小至与坐标线重合；脉宽越小越精确，当然脉冲太小时曲线显示出现噪波，所以要恰到好处。再就是加接探纤盘，目的是为了防止近处有盲区不易发觉。

在判断断点时，如果断点不在接续盒处，将就近处接续盒打开，接上 OTDR 测试仪，测试故障点距测试点的准确距离，利用光缆上的米标可以很容易找出故障点。利用米标查找故障时，对于层绞式光缆还有一个绞合率问题，那就是光缆的长度和光纤的长度并不相等，光纤的长度大约是光缆长度的 1.005 倍，利用上述方法可成功排除多处断点和高损耗点。

光缆施工

光缆施工大致分为准备工作、路由工程、光缆敷设、光缆接续和工程验收几个步骤。

准备工作

首先检查设计资料、原材料、施工工具和器材是否齐全。然后，组建一支高素质的施工队伍。这一点至关重要，因为对于光纤施工的要求比电缆施工严格得多，任何施工中的疏忽都将可能造成光纤损耗增大，甚至断芯。

路由工程

光缆敷设前首先要对光缆经过的路由做认真勘察，了解当地道路的建设和规划情况，尽量避开坑塘、打麦场、加油站等这些潜在的隐患。路由确定后，对其长度做实际测量，精确到 50 m 之内。此外，还要加上布放时的自然弯曲和各种预留长度，预留长度应包括插入孔内弯曲、杆上预留、接头两端预留、水平面弧度增加等其他特殊预留。为了使光缆在发生断裂时方便再接续，应在每百米处留有一定余量，余量长度一般为 5%~10%。根据实际需要的长度订购光缆，并在绕盘时注明。

然后，画出路径施工图。在预先栽好的电杆上编号，并说明每根电杆或地下管道出口电杆的号码以及管道长度，同时定出需要留出余量的长度和位置。这样可有效地利用光缆的长度，合理配置，使熔接点尽量减少。

两根光纤的接头处最好安设在地势平坦、地质稳固的地点，避开水塘、河流、沟渠及道路，最好设在电杆或管道出口处，架空光缆接头应落在电杆旁 0.5~1 m 处，这一工作称为"配盘"。合理的配盘可以减少熔接点。另外在施工图上还应说明熔接点位置，以便当光缆发生断点时，能迅速用仪器找到断点进行维修。

光缆敷设

同一批次的光纤，其模场直径基本相同；这样光纤在某点断开后，两端间的模场可视为一致，因而在此断开点熔接可使模场直径对光纤熔接损耗的影响降到最低。所以，应要求光缆生产厂家用同一批次的裸纤，并按要求的光缆长度连续生产；在每盘上顺序编号，并分别标明 A（红色）、B（绿色）端，不得跳号。架设光缆时需按编号沿确定的路由顺序布放，并保证前一盘光缆的 B 端应和后一盘光缆的 A 端相连，从而保证接续时两光纤端面模场直径基本相同，使熔接损耗值达到最小。

架空光缆可用 72.2 mm 的镀锌钢绞线作为悬挂光缆的吊线。吊线与光缆要良好接地，要有防雷、防电措施，并有防震、防风的机械性能。架空吊线与电力线的水平和垂直距离应为 2 m 以上，离地面最小高度为 5 m，离房顶最小距离为 1.5 m。架空光缆的挂式有 3 种：吊线托挂式、吊线缠绕式和自承式。自承式不用钢绞吊线，光缆下垂，承受风荷力较差，因此常采用吊线托挂式。

架空光缆布放，由于光缆的卷盘长度比电缆长得多，长度可能达几千米，故受允许的额定拉力和弯曲半径的限制，在施工中特别注意不能猛拉和发生扭结现象。一般光缆可允许的拉力约为 150～200 kg，光缆转弯时弯曲半径应大于或等于光缆外径的 10～15 倍，施工布放时弯曲半径应大于或等于 20 倍。为了避免光缆放置于路段中间，应在离电杆约 20 m 处，反方向向两端架设；先架设前半卷，再把后半卷光缆从盘上放下来，按"8"字形方式放在地上，然后布放。

在光缆布放时，严禁光缆打小圈及折、扭曲，并要配备一定数量的对讲机；采取"前走后跟，光缆上肩"的放缆方法，能够有效地防止背扣的发生；还要注意用力均匀，牵引力不超过光缆允许的 80%，瞬间最大牵引力不超过 100%。另外，架设时，在光缆的转弯处或地形较复杂处应有专人负责，严禁车辆碾压。架空布放光缆使用滑轮车时，应在架杆和吊线上预先挂好滑轮（一般每 10～20 m 挂一个滑轮）；在光缆引上滑轮、引下滑轮处应减小垂度，以降低所受张力。然后在滑轮间穿好牵引绳，牵引绳系住光缆的牵引头，用一定牵引力让光缆爬上架杆，吊挂在吊线上。光缆挂钩的间距为 40 cm，挂钩在吊线上的搭扣方向要一致，每根电杆处要有凸形滴水沟，每盘光缆在接头处应留有杆长加 3 m 的余量，以便接续盒地面熔接操作，并且每隔几百米要有一定的盘留。

光缆接续

常见的光缆有层绞式、骨架式和中心束管式 3 种，纤芯的颜色按顺序分为本、橙、绿、棕、灰、白、黑、红、黄、紫、粉红、青绿等色，这称为纤芯颜色的全色谱。有些光缆厂家用蓝色替换色谱中的某颜色。多芯光缆把不同颜色的光纤放在同一束管中成为一组，这样一根多芯光缆里就可能有好几个束管。正对光缆横截面，把红束管看作光缆的第一束管，顺时针依次为白一、白二、白三……最后一根是绿束管。光纤接续，应遵循的原则是：芯数相等时，相同束管内的对应色光纤对接；芯数不同时，按顺序先接芯数大的，再接芯数小的。

工程验收

工程验收是综合布线系统工程中的最重要的工作之一。工程验收是施工方将该工程向业主移交的正式手续，也是业主对整个布线工程的认可（主要是功能和质量方面）。验收依据可参考《综合布线系统工程验收规范》（GB 50312—2007）。综合布线工程验收工作实际上是贯穿于整个施工过程的，而不只是指布线工程竣工后的工程电气性能测试及验收报告。

练习

1．光缆布线系统施工的一般要求有哪些？
2．管道光缆敷设时应注意哪些事项？
3．光缆连接的类型有哪些？
4．预端接光纤布线系统的特点是什么？
5．光纤转换器的功能是什么？
6．光纤连接技术的特点是什么？
7．简述光纤端接技术。

补充练习

将各种不同的光缆和光纤（单模和多模）带到课堂上相互传看，使每位同学都有机会认识各种光缆。

本 章 小 结

本章讨论了目前组建计算机网络时,连接计算机等网络终端设备所需的网络组件和传输介质。在此基础上，比较具体地讨论了综合布线，包括电缆线缆的制作方法、布线技术，光缆的安装施工技术，以及光纤的接续、检测等。

在有线网络中使用的主要传输介质是铜缆和光缆。不能说哪一种物理传输介质是最好的，因为它们各有特点，都是经常使用的传输介质。大多数局域网都采用 UTP 铜缆，这是因为它成本低、安装简单，而且可靠性高。但光缆具有独一无二的优越性，通常可以解决物理位置相隔很远时的连接问题。因此，物理介质的选择，应在速率、安全性、灵活性、简单性和成本等因素之间寻求平衡。

若要将计算机连接起来，并不是一件容易的事情，需要遵照综合布线系统的规范要求进行综合布线施工，即按照工作区、设备间、进线间、配线子系统、干线子系统、建筑群子系统及管理系统（称为一区、两间、三个子系统及管理）进行布线安装与施工。

小测验

1．转接电缆不能用于（   ）：
　　a. 将一台计算机连接到一个交换机端口　b. 将一台计算机与另一台计算机直接相连
　　c. 通过其上行链路口将两台交换机相连　d. 将交换机连接到转接板
2．是什么使得叉接电缆不同于转接电缆？（　　　）
　　a. 叉接电缆在其两端的连接插孔上都使用 TIA/EIA 568-A 引脚排列，而转接电缆的两个连接插孔都使用 TIA/EIA 568-B 引脚排列

  b. 叉接电缆的一个连接插孔采用 568-A 结构，而其另一个连接插孔采用 568-B 结构；转接电缆的两个连接插孔使用相同的引脚输出结构

  c. 叉接电缆两端均使用两个连接器，一个用于信号输入，另一个用于信号输出；转接电缆两端均使用一个连接器

  d. 叉接电缆在每个 RJ-45 连接器上端接所有的 4 个线对，而转接电缆只端接其中 2 个线对

3．在 UTP 电缆中，为什么每一对导线要绞合？（　　　）

  a. 为了消除干扰   b. 为了清楚地标识哪两根线构成一对

  c. 为了简化安装   d. 以上都是

4．在有空气间隙的地方必须安装通风管道级线缆，这是因为（　　　）。

  a. 它更轻   b.其外套更坚韧，不怕通道内尖锐边缘的切削

  c. 冷却和加热时其性能不变 d.燃烧时不产生有毒气体

5．聪明的局域网管理人员会要求可靠的线缆连接，其关键原因是什么？（　　　）

  a. 整洁的外观有助于证明昂贵的系统对上层管理来说是值得的

  b. 可靠的线缆连接更经久耐用 c. 不可靠的线缆连接会降低网络性能

  d. 可靠的线缆连接可使网络数据速率高于局域网协议规定的最大速率

6．一个网络管理人员想将 100 Mb/s 的以太网升级到 1000 Mb/s 以太网，其一半计算机采用 100 Mb/s 网卡，另一半采用 100/1000（Mb/s）网卡，而且网络布线采用 5e 类 UTP 电缆。要完成这个升级，下列哪些项项目是必需的？（　　　）

  a. 换成 6 类双绞线电缆   b. 将 100 Mb/s 交换机换成 1 000 Mb/s 交换机

  c. 将 100 Mb/s 网卡换成 1 000 Mb/s 网卡

  d. 将交换机和网卡换成 1 000 Mb/s 或 100/1000（Mb/s）的设备

7．光纤分为单模光纤和多模光纤，这两种光纤的区别是（　　　）。

  a. 单模光纤的数据传输速率比多模光纤低 b. 多模光纤比单模光纤的传输距离更远

  c. 单模光纤比多模光纤的价格更便宜 d. 多模光纤比单模光纤的纤芯直径粗

8．判断正误：ISA 总线比 PCI 总线速度快。

9．判断正误：光缆的安全性能没有 STP 电缆好。

10．判断正误：数据传输速率（在 PC 内部）与时钟速率成反比。

11．判断正误：ISA 网卡使用总线控制。

12．判断正误：5 类 UTP 电缆不支持 1 000 Mb/s 以太网。

13．为什么 5e 类 UTP 电缆在局域网中得到如此广泛的应用？

14．在有大量电噪声干扰的建筑物中安装线缆，最好选择何种线缆？

15．如果需要将一台计算机与网络相连，但是交换机和计算机间的距离比规范所允许的距离要长，应该怎么办？

16．将 5e 类 UTP 电缆与墙上插座相连时应采用哪种连接器？

17．说出 5e 类双绞线电缆中各导线的颜色。

18．TIA/EIA 568 标准规定了双绞线电缆上的 RJ-45 连接器的两种引脚排列结构，它们之间的区别是什么？

第三章　以太局域网

技术的发展总是与某一历史时段的特定应用需求密切相关，以太网技术的发展也是如此。在 20 世纪 70 年代，当一些"个人"计算机首次在 Xerox 公司的帕罗·阿尔托研究中心组成网络时，网络技术在许多方面都是不够完善的。为了更好地共享数据和资源，Xerox 公司与 Intel 公司、美国数字设备公司联合开发了以太网。

自 1985 年 10 Mb/s 以太网问世以来，局域网技术得到了迅速发展。IEEE 802 委员会颁布了一系列以太网标准，也淘汰了一些不合时宜的标准，而其中最重要的幸存者是 IEEE 802.3（以太网）标准；和 IEEE 802.11（无线局域网）标准；另外，蓝牙（WPAN，无线个域网）、RFID、ZigBee 等技术标准也得到了广泛的部署。目前，以太网已可以划分为两大类：第一类是经典以太网，它使用带冲突检测的载波侦听多址访问技术解决了共享传输介质问题；第二类是交换式以太网，它使用了一种称为交换机的网络设备连接不同的计算机。重要的是，虽然它们都称为以太网，但有很大不同。经典以太网是指以太网的原始形式，运行速度为 3～10 Mb/s；而交换式以太网是真正成就了以太网的以太网，可运行在 100 Mb/s、1 000 Mb/s 和 10 000 Mb/s 等高速率上，分别以快速以太网、千兆以太网和万兆以太网的形式出现。

实际上，现在使用的只有交换式以太网。目前大多数局域网采用交换机作为核心设备，组成交换局域网以提高数据传输速率。据估计，现在的局域网中以太网占 2/3 以上，而在以太网中使用双绞线连接的又占大多数。现在，标准的以太网设备很便宜，网卡、交换机和线缆都已成为普通产品。

本章将按经典以太网、交换式以太网、快速以太网、千兆以太网和万兆以太网的顺序，讨论它们的相关技术。由于以太网标准和 IEEE 802.3 标准几乎完全一致，除了一些微小的差别，通常交互使用"以太网"和"IEEE 802.3"这两个术语。

第一节　经典以太网

以太网自 20 世纪 70 年代问世以来，是最具生命活力的局域网技术，现在已经有超过 75% 的局域网都是以太网。以太网之所以流行，是因为它速度快、价格便宜，并且应用相当简单。以太局域网能以 10 Mb/s、100 Mb/s、1 Gb/s 或 10 Gb/s 的数据速率工作，具体的速率取决于所使用的网络接口卡（NIC）和电缆的类型。标准的以太网设备通常是很便宜的，而网络接口卡、集线器和电缆也都很容易采购。大多数以太局域网使用便于安装的双绞线电缆来连接计算机、外设和集线器。

本节介绍经典以太网技术的基本知识，包括以太网的物理层结构和 IEEE 802.3 以太网帧格式。

学习目标

▶　了解以太网的物理层结构；

- ▶ 熟悉 10Base-2，10Base-5 和 100Base-T 以太网网络配置；
- ▶ 掌握 IEEE 802.3 以太网的帧格式，熟悉以太网帧的每个字段的结构和功能。

关键知识点

- ▶ 星状以太网是当今使用最普遍的局域网；
- ▶ 以太网帧使信息能够在以太网网卡之间传输。

经典以太网简介

以太网是由施乐公司（Xerox）的 Robert Metcalfe 和他的同事在 Palo Alto 研究中心（PARC）于 20 世纪 70 年代中期联合开发的，是最早的一种局域网。虽然以太网的概念最初由 PARC 提出，但却起源于 20 世纪 60 年代后期到 70 年代早期夏威夷大学的 ALOHA 网络。此后，经过不断发展，1980 年美国 DEC、Intel、Xerox 公司合作共同提出了以太网规范——《The Ethernet, A Local Area Network, Data Link Layer and Physical Specification》，即著名的以太网蓝皮书，也称为 DIX 1.0 以太网规范。1982 年 DIX 以 2.0 版作为终结，完成了基于同轴电缆传输的 10 Mb/s 局域网的 DIX 以太网标准，但 DIX v2.0 标准并未被国际标准化组织所接受。IEEE 成立了 802.3 委员会并发布了一种与 DIX v2.0 标准在技术上十分接近的 IEEE 802.3 标准。据说，IEEE 本来想将 DIX v2.0 作为它的标准，但是 DEC、Intel、Xerox 联盟想继续保留其专利权。为避免发生任何侵权专利的行为，IEEE 对 DIX v2.0 进行了修改，于 1985 年首次发布了 IEEE 802.3 标准，用于粗同轴电缆；1989 年 ISO 以标准号 ISO 8802-3 采纳了 IEEE 802.3 标准，至此，IEEE 802.3 标准正式得到国际认可。简言之，以太网标准定义了多个网络结点如何使用共享的传输介质相互传输信号。

以太网采用的通用标识格式如图 3.1 所示。例如，使用 UTP 电缆的 10 Mb/s 基带以太网命名为 10Base-2，其中 "Base" 表示采用基带传输，最后一项表示当采用同轴电缆作为传输介质时每段的最大长度或表示传输介质类型。

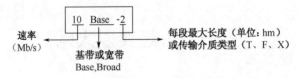

图 3.1 以太网的通用标识格式

经典以太网一般指数据传输速率为 10 Mb/s 的以太网，虽然这种以太网现在已不常用，但目前的快速以太网、千兆以太网都是以 10 Mb/s 以太网的技术原理为基础的。

经典以太网的物理层

经典以太网的物理层结构如图 3.2 所示，其中包括 MAU、AUI 和 PLS 三部分。

介质连接单元（MAU）

MAU 也称为收发器，包括物理介质连接（PMA）子层和介质相关接口（MDI），在计算机和传输介质之间提供机械和电气接口。物理层的各个部分只有 MAU 与介质有关。MAU 的主要功能如下：

▶ 连接传输介质。MDI 实际上是连接传输介质的连接器，传输介质不同，MDI 也不同。例如，UTP 以太网的 MDI 为 RJ-45 连接器。

▶ 信号发送与接收。发送时将曼彻斯特编码信号向总线发送，提供发送驱动；接收时从总线上接收曼彻斯特编码信号。

▶ 冲突检测，即检测总线上发生的数据帧冲突。

▶ 超长控制。当发生故障时，结点有可能向总线连续不断地发送无规律的数据使其他结点不能正常工作。为此，对发送数据帧的长度要设置一个上限，当检测到某一数据帧超过此上限时，就认为该结点出现故障，自动禁止该结点的发送。

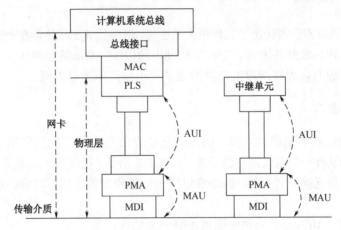

图 3.2　经典以太网的物理层结构

物理信号子层（PLS）

PLS 的主要功能如下：

▶ 编码解码。发送时，把由 MAC 层送来的串行数据编为曼彻斯特编码并通过收发器电缆传输到 MAU；反之，接收连接单元接口（AUI）送来的曼彻斯特编码信号并进行解码，然后以串行方式传输至 MAC 层。

▶ 载波侦听。确定信道是否空闲，将载波侦听信号传输给 MAC 部分。

连接单元接口（AUI）

AUI 连接 PLS（子层）和 MAU，AUI 上的信号有 4 种：发送和接收的曼彻斯特编码信号，冲突信号和电源信号。

IEEE 802.3 标准定义的各种以太网物理层参数如表 3.1 所示。其中，每一种可选用的传输介质由 3 个参数予以标识。通过这 3 个参数分别规定了数据传输速率、传输技术和最大段长度。例如，最初的标准规定了 10Base-5 标准使用粗（10 mm）同轴电缆，拓扑为总线结构，传输速率为 10 Mb/s，采用基带传输曼彻斯特编码，并且最大网段长为 500 m，单个网段最多可支持 100 个结点。这种电缆系统要求使用收发器将网卡连接到同轴电缆上。

表 3.1　IEEE 802.3 定义的各种物理层参数

	10Base-5	10Base-2	10Base-T	10Base-F
传输介质	粗同轴电缆	细同轴电缆	双绞线	光纤
最大段长/m	500	185	100	2 000
每段结点个数	100	30	1 024	1 024
拓扑结构	总线	总线	星状	点到点链路

总线以太网结构

自从以太网问世以来已经经历了几种很大的变化，最明显的变化体现在介质和布线上。早期，以太网最初作为一种总线解决方案，它使用同轴电缆以 10 Mb/s 的速率工作。将若干以太网工作站连接到一个单独的以太网网段上，就构成了一个最简单的以太网。

粗缆以太网结构

最初的以太网被称为粗缆以太网，因为其传输介质是一根笨重的同轴电缆，正式术语为 10Base-5 以太网，即第一代以太网布线方案，如图 3.3 所示。粗缆以太网通常使用外部收发器。网卡通过称为连接单元接口（AUI）的特殊电缆与外部收发器连接。这样，收发器就连接到物理网络电缆上了。

下列指标适用于 10Base-5 同轴电缆以太网网络结构：

- ► 收发器之间的距离应是 2.59 m 或其倍数。
- ► 每个网段不能超过 500 m。
- ► 5/4/3 规则：发送器和收发器之间顺序相连的网段不能超过 5 个，连接网段的中继器不能超过 4 个，包含以太网结点的网段不能超过 3 个。
- ► 每个网段最多能接入 100 个结点。
- ► 通常使用 RG-8 同轴电缆。
- ► 网段的两端都必须终结，其中一端必须使用接地终结器。

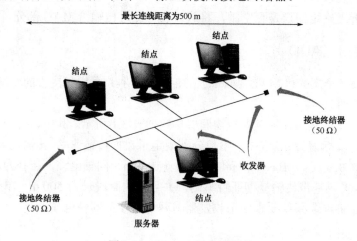

图 3.3　10Base-5 以太网结构

　　同轴电缆网的连接比较简单，为建造以太网提供了一种廉价的选择。然而，目前同轴电缆已被双绞线和光纤取代。尽管它对电磁干扰（EMI）和射频干扰（RFI）有良好的抗干扰性，但同轴电缆体积庞大，在建筑物中的线路管道或其他地方安装起来相当困难。

细缆以太网结构

　　第二代以太网布线系统采用比粗缆以太网细软的细同轴电缆，一种典型的细缆以太网结构如图 3.4 所示，它包括 4 个网络结点和 1 个单独的服务器。这种细缆以太网通常称为 10Base-2。

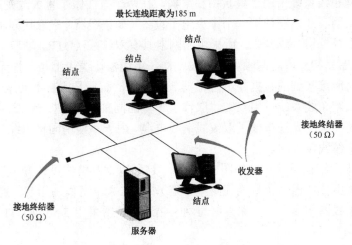

图 3.4　10Base-2 以太网结构

　　细缆以太网的布线方案与粗缆以太网有明显的不同。细缆以太网不必使用 AUI 电缆来连接计算机与收发器，而是将收发器直接集成到了网卡中，并用一条细同轴电缆从一台计算机连接到另一台计算机。收发器是将从工作站结点中获得的需要传输的数字信号转换为适合物理线缆传输的设备。细同轴电缆通过 T 形连接器与网卡相连，如图 3.5 所示。

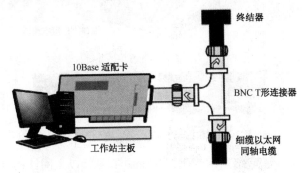

图 3.5　10Base-2 适配器与线缆

下列技术指标适用于 10Base-2 同轴电缆以太网结构：

▶ 通常使用 RG-58A/U 同轴电缆。

▶ 5/4/3 规则：发送器和接收器之间顺序相连的网段不能超过 5 个，连接网段的中继器不能超过 4 个，包含以太网结点的网段不能超过 3 个。

▶ 每个网段最多只能接入 30 个结点。

▶ 结点间的最小距离是 0.5 m。

▶　　每个网段两端必须端接一个接地终结器。

细缆以太网既有优点也有缺点。主要优点是组网费用较低，也容易安装，不需要外部收发器。其缺点是网络容易出故障，如果用户拔掉网络的一段进行重新布线或移走一台计算机，整个网络就会停止工作。

星状以太网结构

第三代以太网布线系统采用了星状拓扑结构，在两个方面做了重大改变：

▶　　星状以太网布线系统使用一个中央电子设备（如集线器）来取代同轴电缆，将连接到网络上的计算机分隔开来。所采用的网卡具有双绞线（UTP）端口，可以与中心设备（如集线器）相连。与同轴电缆总线一样，集线器在逻辑上是一种无源设备；也就是说，它对所接收到的数据并不进行判断和改动，而只是原封不动地转发出去。

▶　　星状以太网布线系统采用双绞线取代了笨重的同轴电缆，进一步发展为达到高于1GB的传输速度采用光纤替代了双绞线铜线电缆。由于不使用同轴电缆，第三代网络技术常称为双绞线以太网。

10Base-T 以太网结构设计示例如图 3.6 所示。这种以太网结构设计方案当今最为流行。该结构包括 1 台以太网集线器（也称为线路集中器），它与 8 个工作站相连。通过 RJ-45 连接器将电缆的一端与集线器相连，另一端直接与网卡相连。通常采用 5/5e 类 UTP 电缆连接这种类型的网络。

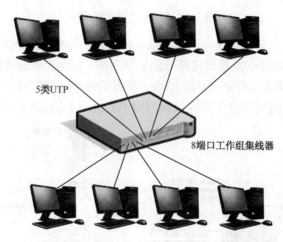

图 3.6　10Base-T 以太网结构设计示例

与 10Base-2 和 10Base-5 网络结构相比，10Base-T 星状以太网结构有以下优点：

▶　　容易向网络中添加结点或删除结点；

▶　　容易检修、查找网络故障，因为被怀疑可能发生故障的结点能够很容易地与集线器断开连接。

由于以太网集线器的端口有限，一台集线器只能接入一定数目的计算机，当需要扩大网络规模时，可通过增加集线器的方式提供更多的物理端口。以太网集线器与集线器的连接如图 3.7 所示。

许多集线器的端口都是既可以连接计算机也可以连接集线器的。通常在端口下面有一个开关，负责在计算机连接和集线器连接之间进行切换。将开关拨到一个位置，表示该端口连接计算机；拨到相反的位置，则表示该端口连接集线器。

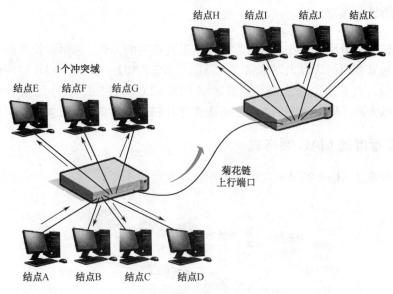

图 3.7　以太网集线器到集线器的连接

当两个或更多集线器连接在一起时，这种结构还表示一个单冲突域。如果从结点 A 向集线器发送一个帧，集线器将向其每一个端口转发这个帧，也包括与第二个集线器相连的上行端口。第二个集线器收到这个帧后，也会向其每一个端口转发这个帧。

随着网络规模的扩大，需要越来越多的集线器，以便更多的结点接入到网络中。有时还必须接入服务器，以提供在单纯的对等网络中不能实现的服务，如图 3.8 所示。在此图中，服务器接入集线器的方式与其他台式计算机的接入方式（通过网卡和 UTP 电缆）是相同的。

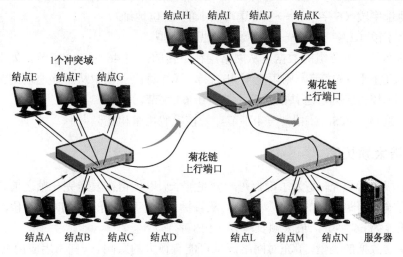

图 3.8　以太网客户机/服务器模型网络结构

注意，在图 3.8 中所有结点都接在同一个冲突域中。不管一个帧从哪里来或到哪里去，所有的结点都能收到这个帧。这样，随着网络数据流量不断增加，必然会出现一个瓶颈而导致网络性能降低。换句话说，就是这个广播网络所有结点共享的 10 Mb/s 带宽不够用了。在这种情况下，可使用以太网交换机将流量分隔在独立的冲突域内，以提高网络的性能。

以太网帧格式

帧是数据链路层分组；帧格式指的是对分组进行组装的方式，包括帧长度和每个字段的含义等，为了更加具体地讨论以太网帧格式，下面对 IEEE 802.3 和 DIX v2.0 这两种帧格式分别进行分析和讨论。在分析之前，需要注意区别 DIX v2.0 和 IEEE 802.3 这两个术语。尽管称 IEEE 802.3 为以太网，但以太网的 MAC 帧格式与 IEEE 802.3 的 MAC 帧格式有所不同。

DIX v2.0 标准的 MAC 帧格式

DIX v2.0 标准的 MAC 帧格式如图 3.9 所示。

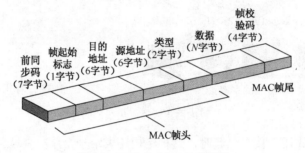

图 3.9　DIX v2.0 MAC 帧格式

MAC 帧包含下列字段：

▶　前同步码字段——7 字节的"10101010"，用来使局域网中的所有结点同步。

▶　帧标志（也称帧起始标志）字段——10101011。

▶　目标地址（DA）字段（6 字节）——接收端网卡的 48 位地址。

▶　源地址字段（6 字节）——发送端网卡的 48 位地址。

▶　类型字段（2 字节）——说明数据分组的类型。

▶　数据字段——分组的数据是从网络层往下传的，占 46～1500 字节。如果封装后数据的长度小于 46 字节，则填充至 46 字节。（注意：一帧中从目标地址到帧校验序列，包括帧校验序列，总共的长度不能少于 64 字节。）

▶　帧校验码（FCS）字段——4 字节。帧校验码用来检错。

最小和最大帧长度

对数据字段进行填充，是为了确保每一帧足够长，以使得在发送完一帧之前该帧的目标地址字段能够传输到相距最远的结点。因此，从目标地址字段的开头到 FCS 字段的结束计算，总的最小帧长度为 64 字节，最大帧长度为 1 518 字节。

根据所发送数据的类型，填充对网络流量可能有很大的影响。一些常用应用软件，如 UNIX Visual Editor（vi），是面向字符的，因此每敲击一次键盘，就发送一个单独的字符。这样，在最坏情况下，承载一个 1 字节的独立帧，其数据字段需要填充 45 字节的额外数据。像文件传输协议（FTP）之类的应用程序通常是传输数据块，因而不存在填充问题。

广播地址和多播地址

通过设置目的地址中的一个控制位，可以将以太网帧发送给一组结点，允许发送"多播"帧给一组结点，也允许发送"广播"帧给所有结点。世界上任何一个以太网结点都可以进行这样的发送，当然，如果目的结点和源结点不在同一个局域网中，网络层必须对这些帧进行路由处理。

类型字段及分复用

以太网帧中的类型字段提供了复用和解复用功能，以便允许在一台指定的计算机上同时运行多种协议。例如，在因特网（Internet）上使用的协议要通过以太网来发送 IPv4 和 IPv6 数据报。这两种报文都被分配了一个唯一的以太网类型值，IPv4 数据报的十六进制值为 0x0800，IPv6 数据报的十六进制值为 0x08DD。因此，在以太网帧中传输一个 IPv4 数据报时，发送方为类型字段分配的值为 0x0800。当帧到达它的目的地址时，接收方检查该类型字段，并使用这个值来确定哪个软件模块应该处理这个帧。利用帧类型字段进行分复用的过程如图 3.10 所示。

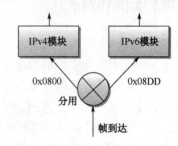

图 3.10　利用帧类型字段进行分复用的过程

IEEE 802.3 的 MAC 帧格式

1993 年，IEEE 组织开发了自己的 CSMA/CD 协议，称为 IEEE 802.3 标准。这个协议采用了与 DIX v2.0 MAC 帧略微不同的帧格式。从此以后，IEEE 802.3 MAC 方案被广泛采用，术语"IEEE 802.3"现在几乎完全等同于"以太网"。

IEEE 802.3 的 MAC 帧格式如图 3.11 所示，它由 IEEE 802.2 逻辑链路控制（LLC）标准定义。这种帧格式与 DIX v2.0 MAC 帧格式的不同之处在于用长度字段取代了类型字段。在这种情况下，类型字段的功能由长度字段之后新增加的一个 8 字节 LLC 报头字段来完成。这个新增加的额外头部称为逻辑链路控制/子网附着点（LLC/SNAP）头部，大多数称其为 SNAP 头部。

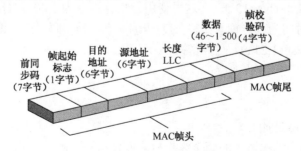

图 3.11　IEEE 802.3 的 MAC 帧格式

IEEE 802.3 的 MAC 帧的总长度保持与 DIX v2.0 MAC 帧相同：1514 字节。因此，IEEE 将最大载荷长度从 1 500 字节缩短到了 1 492 字节。在图 3.11 中，最大载荷长度 1500 字节的前 8 字节为 SNAP 头部。

为了使 IEEE 802.3 标准与 DIX v2.0 两种帧格式能够兼容，需要辨识类型和长度的区别。

判断帧中的一个字段是长度字段还是类型字段的方法是：该字段中的值大于帧的最大长度（1 518 字节），则表示类型字段并适用 DIX v2.0 帧格式；如果这个值小于 1 500，则这个字段可以解释为分组的长度并适用 IEEE 802.3 标准，即 IEEE 802.3 帧格式。

目前，网络设备对 IEEE 802.3 的支持远远超过了对 DIX v2.0 的支持，通常所安装的任何以太网均基于 IEEE 802.3 标准。因此，在许多场合，都把 IEEE 802.3 局域网称为以太网，本书对这两个术语也不加区别地使用。但应该意识到在技术上 IEEE 802.3 并不是以太网，只有 DIX v2.0 才是。当需要严格区分其概念时，可将其分别称为 DIX v2.0 以太网和 IEEE 802.3 以太网。实际上，以太网的 IEEE 标准并不是很成功，大多数的网络实例依然使用最初的 DIX v2.0 帧格式。

典型问题解析

【例 3-1】以太网帧格式中"长度"字段的作用是（   ）。

    a. 表示数据字段的长度　　　b. 表示封装的上层协议类型

    c. 表示整个帧的长度　　　　d. 既可表示数据字段的长度也可表示上层协议类型

【解析】长度字段说明数据字段的长度，其最大值为 1 500 字节。IEEE 802.3 同时用长度字段指示上层协议的类型，此时长度字段的值在 1 501～65 535 之间。参考答案是选项 d。

【例 3-2】IEEE 802.3 规定的最小帧长为 64 字节，这个帧长是指（   ）。

    a. 从前导字段到校验和的长度　　　　b. 从目标地址到校验和的长度

    c. 从帧起始标志到校验和的长度　　　d. 数据字段的长度

【解析】IEEE 802.3 规定的最小帧长度为 64 字节，这个帧长是指从目标地址到校验和的长度。由于前导字段和帧起始标志是在物理层上加上的，所以不包括在帧长中。参考答案是选项 b。

【例 3-3】以太网的最大帧长为 1 518 字节，每个数据帧前面有 8 个字节的前导字段，帧间隔为 9.6μs，对于 10Base-5 网络来说，发送这样的帧需要多长时间？（   ）

    a. 1.23 s　　　b. 12.3 ms　　　c. 1.23 ms　　　d. 1.23 μs

【解析】10Base-5 是以太网的技术标准。每个帧加上前导字段为（1 518＋8）字节，共传输的比特长度为（1 518＋8）×8＝12 208。而 10Base-5 以太网的数据速率是 10 Mb/s，传输速率为 10 Mb/s=10×1000×1000 b/s=10^7 b/s（这里使用的换算进率为 1 000，标准情况下为 1 024）。发送一帧所需的传输时间为：传输的比特长度/传输速率＋帧间隔时间，即 12 208 b÷10^7 b/s＋9.6 μs×10^{-6}＝1 230.4 μs≈1.23 ms。参考答案是选项 c。

练习

1．前同步码的作用是什么？

2．如果在接到同一集线器上的两个客户机之间发送一个帧，网络中共有多少设备能收到这个帧？

3．画一个包含 50 台计算机的以太网，使用 12 端口的集线器。

4．在第 3 题的网络中有多少个冲突域？

5．画一个包括 3 个网段的细缆网结构图。第一个和最后一个网段包括 10 个结点；中间网段不包括任何结点，只用作网络扩展连接。

6．以太网帧的源地址字段指的是什么？

7．以太网帧的目的地址字段指的是什么？

8．以太网 v2（第 2 版）帧和 IEEE 以太网帧的格式有什么不同？

9．FCS 字段的作用是什么？

10．在一个 IEEE 802.3 以太网帧中，最大的载荷长度是多少？

11．接收方如何知道一个以太网帧使用的是 IEEE 802.3 标准？

12．在使用 LLC/SNAP 头部时，它被放在哪里？

13．如何使用以太网头部中的类型字段？

14．以太网的数据帧封装如图 3.12 所示，包含在 TCP 段中的数据部分最长应该是（　　）字节。

目的MAC地址	源MAC地址	协议类型	IP头	TCP头	数据	CRC

图 3.12　以太网数据帧封装

　　a．1 434　　　　　　b．1 460　　　　　　c．1 480　　　　　　d．1 500

【提示】以太网数据帧格式最多为 1 518 字节，其中目的 MAC 地址占 6 字节，源 MAC 地址占 6 字节，协议类型占 2 字节，CRC 占 4 字节，数据域可达 1 500 字节。数据域中的 IP 头和 TCP 头最少各占 20 字节，所以 TCP 段中的数据部分最长为 1 500–20–20（字节）＝1 460（字节）。参考答案为选项 b。

补充练习

1．使用 Web 搜索引擎，寻找 5/4/3 规则和同轴电缆以太网的相关信息，并将搜索到的信息列出。

2．通过 Web 或产品目录，学习以太网集线器相关知识，列出 3 个厂家的产品。总结所找到的信息，包括每个端口的平均费用及每类产品可实现的功能。

第二节　交换式以太网

交换式以太网是以交换式集线器或交换机为中心构成的一种星状拓扑结构网络。从单根长电缆的总线以太网开始，以太网的发展非常迅速。随着网络规模的扩大和数据流量的增加，经典以太网所能提供的性能无法满足不断增长的用户需求。与基于集线器的网络解决方案相比，交换式以太网更利于提高网络的性能。目前，局域网交换技术在高性能局域网中占据重要的地位。

学习目标

▶　掌握交换式以太网的基本概念；

▶　熟悉端口转发表的建立与维护方法，掌握以太网交换机的工作原理；

▶　了解冲突域和广播域之间的区别，以及广播流量必须最小化的原因。

关键知识点

▶　交换机将网络分割成不同的冲突域，由此改善网络性能。

交换式以太网的基本概念

在共享传输介质的以太网中，所有结点共享一条公用传输介质，因此不可避免会发生冲突。也就是说，连接到以太网集线器的所有结点都共享相同的带宽，因此一台集线器（或一组互连的集线器）构成了一个冲突域。在一个小型网络中，这意味着网络中的每个结点都可接收到所发送的每一帧。以太网冲突域的原理示意图如图 3.13 所示。

在图 3.13 中，结点 A 要给结点 G 发信息。首先，A 向集线器发送一个帧；然后集线器将此帧向其每一个端口转发。因此所有与该集线器相连的结点都会收到此帧。但是，只有网卡地址与此帧的目的地址相匹配的结点（在本例中是结点 G）才会处理这个帧，并将其内容向上一层传递。集线器在逻辑上等同于单根电缆的经典以太网，不能增加容量。随着以太网规模的不断扩大，网中结点数量不断增加，网络通信负荷随之加重，因此网络效率就会急剧下降。最终，网络将饱和。为了克服网络规模与网络性能之间的矛盾，人们提出将共享介质方式改变为交换方式，由此促进了交换式以太网的研究与发展。

交换式以太网的核心部件是以太网交换机（也称为第 2 层交换机），是类似于集线器的电子设备。与集线器相同之处，它们都提供多个端口，每个端口连接一台计算机，并允许计算机之间彼此发送帧。与集线器不同之处在于设备的运行方式：集线器是属于物理层的桥接设备，而交换机是属于数据链路层的桥接设备。可以认为集线器是模仿共享传输介质，而交换机是模仿每网段只有一台计算机的桥接设备。交换式局域网中网桥的概念释义如图 3.14 所示。

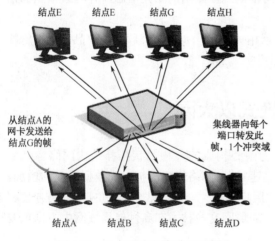

图 3.13　以太网冲突域原理示意图

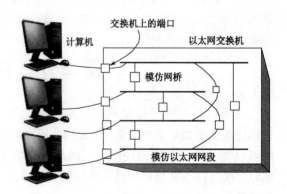

图 3.14　交换式局域网中网桥的概念释义

网桥是一种转发设备，用来连接相似的局域网。从网络的结构看，网桥是属于 DCE 级的端到端的连接；从网络的层次看，网桥是在逻辑链路层对数据帧进行转发；从网络的功能看，网桥与中继器在第 1 层、路由器在第 3 层的功能相似。因此，图 3.14 只是一个概念性解释，其实交换机中并不包含单独的网桥。在实际的交换机中，包含一个连接各个端口的智能接口和一个可为各接口提供同时传输的中央结构单元，如图 3.15 所示。智能接口包含处理器、存储器以及实现其功能所必要的其他硬件，接口所实现的功能包括：接收进入的帧、查询转发表以及中央结构单元发送帧到正确的输出接口。接口也接收来自中央结构单元的帧，并将其转发往对应端口。最重要的是，由于接口拥有存储器，能在输出端口繁忙时缓存到来的帧。因此，如果计算机1和计算机2同时向计算机3发送帧，那么在其他接口繁忙期间，接口1或接口2会将帧暂存起来。使用交换式局域网代替集线器的主要优点在于其并行性。集线器在某一时刻只能支持一个传输，而交换机可以允许在同一时刻进行多个传输。简单地说，交换机处理的是帧而不是信号，而且使用了中央结构单元提供的并行内部路径，一台交换机有 N 个端口连接 N 台计算机，同一时间可进行 $N/2$ 个传输。

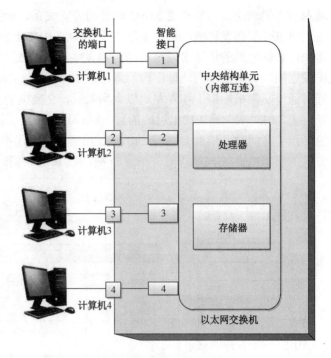

图 3.15　交换机结构示意图

交换式以太网技术是在多端口网桥的基础上于 20 世纪 90 年代初发展起来的，实现 OSI 模型的下两层，与网桥有着千丝万缕的关系，甚至被称为"许多联系在一起的网桥"；因此现在的交换式以太网技术并不是什么新标准，只是已有技术的新应用而已，是一种改进了的局域网桥；与传统的网桥相比，它能提供更多的端口（4～48 个）、更好的性能、更强的管理功能以及更便宜的价格。实际上，交换机有多种型号，最小型的交换机是较廉价、提供 4 个连接端口的独立设备，可以连接一台计算机、一台打印机以及另外两台设备（如扫描仪、备份磁盘）。企业使用的大型交换机可连接数以千计的计算机和其他设备。现在某些局域网交换机也实现了 OSI 参考模型第 3 层的路由选择功能。

以太网交换机的工作原理

在实际交换机中，有一块连接所有端口的高速背板，背板上有若干插槽，每个插槽可连接一块插入卡；卡上有若干 RJ-45 连接器，用于通过双绞线电缆连接计算机。连接器接收计算机发来的帧。插入卡判断目的地址，如果目的结点是同一卡上的主机，则把它转发到相应的连接器端口；否则就转发给高速背板。背板根据专用的协议进一步转发，送达目的结点。这样，在一帧一帧传输的基础上，以太网交换机可以将任何两个接在以太网中的设备（或网段）连接起来。结果，交换机就将流量分隔在单个工作组之内了。只要某些流量留在本工作组，就可以提高网络的整体性能。如果所有流量的目的地址是其他工作组，则交换机将转发它们，网络的整体性能就得不到改善。

例如，一台以太网交换机的结构与工作原理示意图如图 3.16 所示。图 3.16 中的交换机有 6 个端口，其中端口 1、4、5、6 分别连接结点 A、B、C 与 D。交换机的"端口号/MAC 地址映射表"记录端口号与结点 MAC 地址的映射关系。如果结点 A 与结点 D 同时要发送数据，它们可以分别在发送帧的目的地址字段（DA）中填上目的地址。例如，结点 A 要向结点 C 发送帧，该帧的目的地址字段写入结点 C 的 MAC 地址"9C:4E:36:16:1F:E5"。结点 D 要向结点 B 发送帧，该帧的目的地址字段写入结点 B 的 MAC 地址"00:21:CC:C2:31:0F"。结点 A、D 同时通过交换机端口 1 和 6 发送以太网帧时，交换机的交换控制机构根据"端口号/MAC 地址映射表"的对应关系，找出对应的输出端口号，它可以将结点 A 发送的帧转发到端口 5，发送给结点 C。同时，结点 D 发送的帧转发给端口 4，连接在端口 4 的结点 B 可以接收到结点 D 发送的帧。结点 A 向结点 C、结点 D 向结点 B 可以同时发送数据帧，而且相互不干扰。

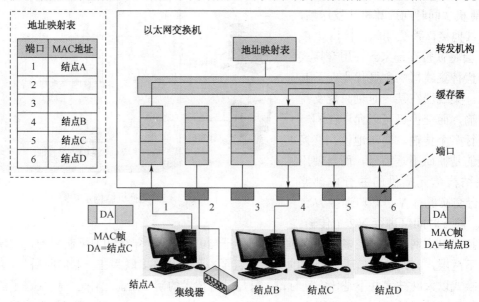

图 3.16　以太网交换机的结构与工作原理示意图

交换机端口可以连接单一的结点，也可以连接集线器、交换机或路由器。在图 3.16 中，2 号端口并没有连接一台计算机，而是连接了一个 12 端口的集线器。当帧到达集线器时，它们按通常的方式竞争以太网，包括冲突和二进制指数后退。竞争成功的帧被传到集线器，继而到达交换机，而在交换机中的处理与任何其他输入帧一样。交换机不知道它们是经过竞争才到达这里的。一旦进入交换机，它们就被发送到高速背板上的正确输出线。也有可能帧的目的地址是连接到集线器的一根线，在这种情况下，帧早已被交付给目的主机，因此交换机就把它丢弃。

可见，以太网交换机的工作原理很简单。简言之，它检测从以太网端口发来的数据包的源结点和目的结点的 MAC 地址，然后与系统内部的动态映射表进行比较；若数据包的 MAC 地址不在映射表中，则将该地址加入映射表中，并将数据包发送给相应的目的端口。

按照交换方式常用的以太网交换机有以下两种类型：

▶　存储转发交换机——读出所有的帧，对每一帧进行检错，然后将其发送到目的结点。

▶　直通交换机——不对帧进行检错，而是一读出目的地址就将此帧发送到相应的目的结点。所以，直通交换机比存储转发交换机的速度快得多。

在以太网交换中，MAC 层地址决定了数据帧应发向哪个交换机端口。因为端口间的帧传输彼此屏蔽，因此结点不用担心自己发送的帧在通过交换机时是否会与其他结点发送的帧产生冲突。在以太网交换中，发送端口与接收端口之间建立了一种虚拟连接。这种专用连接只有当两个结点之间进行帧传输时才能保持。

如果一个结点向交换机发送帧，而交换机端口处于"忙"状态，则该结点会暂时将这些数据帧存入其缓存器（以太网的帧有 1518 字节，端口缓存器的大小根据厂家的不同而有所不同，为几百帧至几千帧）。当交换机端口处于"闲"状态时，结点会向该端口发出先前存入缓存器中的帧。这种工作机制通常很有效，但是若缓存器被填满，就可能会丢失帧。图 3.17 所示是采用标准集线器实现的以太网和采用交换式集线器（交换机）实现的以太网的比较。

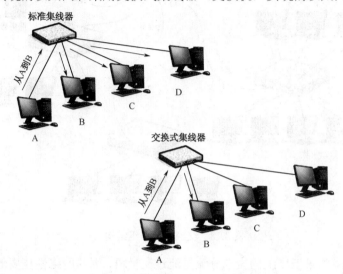

图 3.17　采用标准集线器和交换式集线器实现的以太网比较

当在接入交换机上的不同结点间发送数据流时，使用交换机能够提高网络的性能。例如，在客户机 A 向客户机 C 发送信息的同时，客户机 B 可向客户机 D 发送信息，网络的性能就会扩大一倍。换句话说，接入交换机的每个结点都可以使用全部带宽，而不是各个结点共享带宽。如果以太网的传输速率是 10 Mb/s，则每个结点的数据传输速率都可达到 10 Mb/s；类似地，如果以太网的传输速率是 100 Mb/s，则每个结点的数据传输速率都可达到 100 Mb/s，依此类推。

交换式以太主干网

如图 3.18 所示，采用交换机组建交换式以太主干网可提高网络性能。在图 3.18 中，每个集线器都接在交换机的端口上。在基于集线器的连接结构中，用户被划分为不同的逻辑工作组。当在同一工作组（即接入同一个集线器）的两个用户之间发送信息时，帧的传输是独立于其他工作组的。交换机并不会将该帧传向其他集线器。

注意，图 3.18 中服务器占据了一个独立的端口，这说明了另一项重要的技术——端口交换（或称设备交换）。当集线器被接在交换机端口上时，多个用户就被接在同一个交换机端口上，因为它们都接在同一个集线器上，这通常称为段交换。当网络中存在一个要被多个网段访问的设备（如服务器或共享打印机）时，给这种设备分配一个单独的端口是很重要的。假如将服务器仍接在一台集线器上，则其大流量会降低接到此集线器的其他设备的性能。

许多交换机提供不同速率的端口，例如 10/100（Mb/s）以太网交换机。在上面的例子中，服务器接在了 100 Mb/s 的端口上，而工作组共享 10 Mb/s 带宽。交换机交换带宽的计算方法是：端口数×相应端口速率（全双工模式再乘以 2）。例如，一台交换机有 24 个 100 Mb/s 全双工端口和两个 1 000 Mb/s 全双工端口，如果所有的端口都工作在全双工模式，那么这台交换机的交换带宽 S 为：

$$S = 24 \times 2 \times 100 \text{ Mb/s} + 2 \times 2 \times 1\ 000 \text{ Mb/s} = 8\ 800 \text{ Mb/s} \tag{3-1}$$

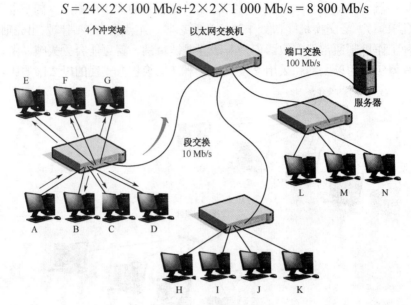

图 3.18　交换式工作组结构

值得注意的是，如果工作组的大部分流量流过交换机，则其网络性能要低于流量仅仅在工作组内部流动的情况。即使是几个工作组处在不同的冲突域中，发送给另一个工作组中某一台计算机的流量也会影响那个工作组中所有计算机的性能，如图 3.19 所示。

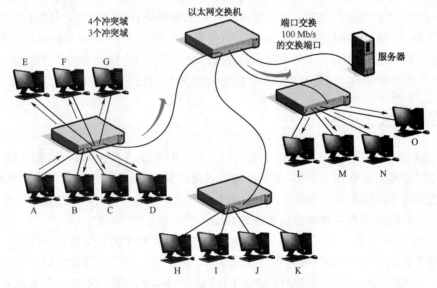

图 3.19　工作组到工作组的流量

注意，以太网交换机有一个整体的带宽限制，因此不可能在理论极限状态下运行。在购买交换机硬件时应考虑到这一点。例如，如果 24 个端口中每个端口速率为 100 Mb/s，第 25 个端口的速率为 1 Gb/s，那么交换机硬件就需要具有处理速率为 3.4 Gb/s 的数据流的能力。

交换式以太主干网与路由器的连接

对大多数网络来说，需要与外部网络相连。不管是与一个网络相连还是与多个网络相连，都可以使用网桥和路由器进行连接。将一个交换式以太网与另一个网络相连的网络结构，如图 3.20 所示。

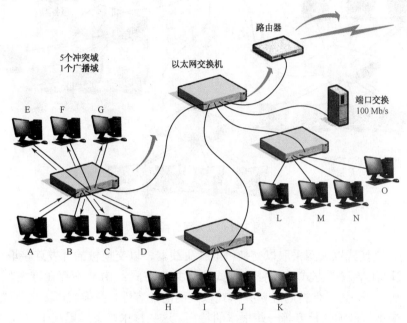

图 3.20　以太网交换机与路由器

在图 3.20 中，结点 A 正在向外部网络的目的结点发送数据，其帧地址是路由器的 MAC 地址。在建立和发送此帧之前，发送端计算机先要确定默认路由器的 MAC 地址。此帧被发送到集线器后，以广播方式发送到每个集线器端口。基于以太网目的地址（MAC 地址）的交换机将这个帧发送给路由器的网卡。路由器接收到这个帧后，处理帧内部的数据包，并将数据包发送给相应的网络。

广播域

如前所述，帧内可以包含特殊的"广播"地址，它告诉所有结点应处理此帧。在有些情况下需要发送广播帧。例如，有一个结点要发送一个包，但是只知道包地址，不知道帧（MAC）地址，这个结点就会广播一条消息，向这个包地址对应的结点询问其帧（MAC）地址。在 TCP/IP 网络中，通常由地址解析协议（ARP）完成这项任务。

广播帧与 MAC 帧不同，MAC 帧有一个特定的网卡地址。当接收到 MAC 帧的特定网卡地址后，交换机会相应地进行一次交换处理；而当接收到具有广播地址的帧时，典型的第 2 层交换机只能将这个帧传输至所有的端口。

广播域是网络中转发广播帧的那部分网络。虽然交换机将网络分割成不同的冲突域，但交换机的所有端口均可形成一个广播域。以太网广播域如图 3.21 所示。广播流量会明显降低局域网的可用带宽，因而管理者试图尽量将广播流量降到最小。一个通用的方法是采用路由器将网络分割成不同的广播域。路由器之所以能够做到这一点，是因为它不会将广播帧转发给所有端口。然而，广播约束的一种新的方法是使用虚拟局域网（VLAN）。

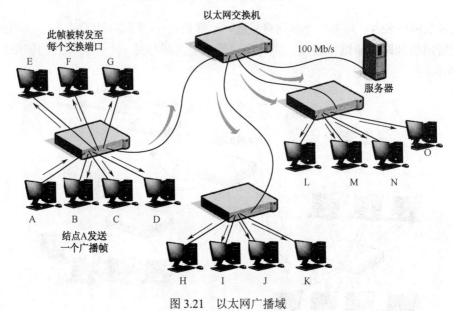

图 3.21　以太网广播域

综上所述，交换式以太网采取以交换机取代集线器，以交换机的并发连接取代共享总线，以全双工方式取代半双工方式，以独占方式取代共享方式；由于不存在冲突域，无须采用 CSMA/CD 控制方法。为了保持与经典共享式以太网的兼容性，交换式以太网保留了经典以太网的帧结构、最小与最大帧长度等一些根本的特征。这些技术极大地提高了局域网的性能，使得交换式以太网得到了广泛应用。

练习

1. 交换机和集线器的区别是什么？
2. 画一个包含 3 个冲突域和 1 个广播域的网络结构图。
3. 探讨目前以太局域网的实现成本。
4. 做一个专题网络组网练习，考察集线器与交换机之间的不同之处。
5. 假设一个网络包括 3 个速率为 100 Mb/s 的网段，它们由两个网桥连接，且每个网段有一台计算机。如果两台计算机向第三台计算机方式数据，发送者可达到的最高速率和最低速率是多少？
6. 用于连接以太网的网桥类型是（　　　　）。

　　a. 源路由网桥　　　b. 透明网桥　　　c. 翻译网桥　　　d. 源路由透明网桥

【提示】透明网桥（或者生成树网桥）以混杂方式工作，它接收 LAN 上传输的每一帧。在 IEEE 802 委员会内部，支持 CSMA/CD 和令牌总线的人选择了透明网桥，令牌环的支持者则倾向于源路由网桥。参考答案是选项 b。

补充练习

1. 网桥能将 WiFi 网络连接到以太网吗？用交换机可以吗？说明理由。

2. 使用 Web 搜索引擎，查询交换式以太网技术的最新发展，并将搜索到的信息列出。

第三节　快速以太网

交换式以太网一经问世，交换机就变得越来越受欢迎，10 Mb/s 以太网倍受压力。起初，10 Mb/s 速率似乎很完美，但随着以太网用户大量带宽的需要，中继器、集线器和交换机连成了迷宫。即使有了以太网交换机，一台计算机的最大带宽还是受制于连接到交换机端口的电缆。在这种情况下，IEEE 于 1992 年召集 IEEE 802.3 委员会决定制订快速以太网方案。快速以太网与 10 Mb/s 以太网完全相同，只是前者的传输速率是后者的 10 倍。快速以太网也称为 100Base-T，它使用非屏蔽双绞线（UTP）以 100 Mb/s 的速率发送以太网帧。快速以太网的帧格式与 IEEE 802.3 以太网的帧格式相同。

学习目标

▶ 掌握快速以太网物理层及其技术标准；
▶ 了解经典以太网与快速以太网的关系。

关键知识点

▶ 快速（100 Mb/s）以太网与 10 Mb/s 以太网完全相同，只是速率更高。

快速以太网的特性

为了提高网络传输速率，IEEE 于 1995 年 5 月发布了 IEEE 802.3u 标准，把以太网的数据传输速率从 10 Mb/s 提高到 100 Mb/s。100 Mb/s 以太网的概念最早出现于 1992 年，最终在 3 年后通过了两种 100 Mb/s 以太网标准：即快速以太网（IEEE 802.3u）标准，也称为 100Base-T 标准，以及 100VG Any LAN（IEEE 802.12）标准。通常将以这两个标准运行的网络系统称为快速以太网。其中，100VG Any LAN 是一种与快速以太网竞争的技术，于 1995 年 6 月作为 IEEE 标准通过，与 100Base-T 相比，其目前市场占有率较小。

100Base-T 是由 10Base-T 发展而来的，在物理层同样采用星状拓扑结构，支持双绞线和光纤。下面从 MAC 层和物理层两个方面介绍 100Base-T 所具有的特性。

100Base-T 的 MAC 层

100Base-T 保持了与 10 Mb/s 以太网同样的 MAC 层，使用同样的介质访问控制协议（CSMA/CD）和相同的帧格式，使用同样的基本运行参数：最大帧长 1 518 B，最小帧长 64 B；重试上限 15 次，后退上限 10 次；时槽 512 位时，阻塞信号 32 位，帧间间隙（IFG）96 位。

由于 100Base-T 的传输速率是传统以太网的 10 倍，因此，100Base-T 512 位时的时槽变为 5.12 μs，使得 100Base-T 冲突域的最大跨距差不多减小至 1/10，即减小到约 200 m。

快速以太网的数据速率提高至 10 倍，而最小帧长没变，故以太网计算冲突时槽的公式为：

$$\text{Solt} \approx 2s/(0.7c) + 2t \tag{3-2}$$

式中：s 表示网络的跨距（最长传输距离）；$0.7c$ 为 0.7 倍光速（信号传输速率）；t 为发送结点

的物理层时延，由于包括发送和接收两次，所以取时延的两倍值。

所以，计算快速以太网跨距计算公式为：

$$s \approx 0.35c \, (L_{min}/R-2t) \tag{3-3}$$

式中，L_{min} 为最小帧长度；R 为数据传输速率。

100Base-T 的物理层

100 Mb/s 的数据传输速率使得 100Base-T 的物理层结构发生了较大变化，主要体现在以下几个方面。

（1）100Base-T 以太网物理层与 10Base-T 的物理层结构有所不同，如图 3.22 所示，图左侧是 10Base-T 的物理层体系结构，图右侧是 100Base-T 的物理层体系结构。

100Base-T 以太网物理层及其主要功能如下：

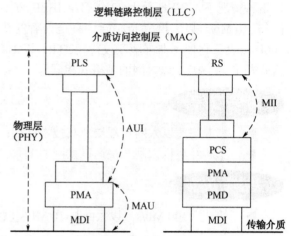

图 3.22 以太网物理层结构

► 介质无关接口（MII）—— MII 是指介质访问控制子层与物理层连接的接口。在逻辑上 MII 与 10Base-T 以太网的 AUI 接口对应。"介质无关"表明在不对 MAC 硬件重新设计或替换的情况下，任何类型的物理层设备都可以正常工作。MII 包括一个数据接口，以及一个 MAC 和 PHY 之间的管理接口。数据接口包括分别用于发送器和接收器的两条独立信道。每条信道都有自己的数据、时钟和控制信号；MII 数据接口总共需要 16 个信号。管理接口是个双信号接口，一个是时钟信号，另一个是数据信号。通过管理接口，上层能监视和控制物理层。

► 协调子层（RS）—— 对于 10/100Base-TX 来说，需要协调子层（RS）将 MAC 层的业务定义映射成 MII 接口的信号。

► 收发器—— MII 和 RS 使 MAC 层可以连接到不同类型的传输介质上。对于物理层又可分成：物理编码（PCS）子层、物理介质连接（PMA）子层、物理介质相关（PMD）子层和介质相关接口（MDI）4 部分，以形成收发器。PCS 子层的主要功能是 4B/5B 编码、解码、碰撞检测和并/串转换。PMA 子层用于产生和接收线缆中的信号，完成链路监测、载波检测、NRZI 编译码和发送时钟合成、接收时钟恢复的功能。PMD 子层提供与线缆的物理连接。例如，100Base-TX 的 PMD 子层采用 ANSIX 3.263 规定的 TP-PMD 规范为基础修改而成，以完成数据流的扰码、解扰，MLT-3 编解码，发送信号波形发生和双绞线驱动，以及接收信号自适应均衡和基线漂移校正。介质相关接口（MDI）是指物理层与实际物理介质之间的接口，它规定了 PMD 和传输介质之间的连接器，如 100Base-TX 的 RJ-45 连接器。

（2）100Base-T 标准包括 4 个不同的物理层标准，支持多种传输介质。

（3）不再采用统一的曼彻斯特编码，不同的物理层标准使用不同的编码方式，因此编码解码功能也在与传输介质相关的收发器中实现。

（4）增加了 10/100（Mb/s）自动协商功能。

（5）定义了Ⅰ类和Ⅱ类两种类型的中继器。

快速以太网的物理层标准

100Base-T 快速以太网的 4 个不同的物理层标准，如表 3.2 所示。快速以太网仍然使用与 10Base-T 中的连接器类型，并仍然支持 512 位的冲突域，但有一个明显的速度区别。快速以太网的速度是 10Base-T 的 10 倍，这种成 10 倍增长的直接含义是当发送速率从 10 Mb/s 增到 100 Mb/s 时，帧发送时间减少到原来的 1/10。为了使介质访问控制协议（CSMA/CD）能正常工作，必须将最小帧的长度增加到原来的 10 倍，或将结点之间的最大长度减小到原来的 1/10。

表 3.2　快速以太网的物理层标准

标　　准	传输介质	特　　性	最大段长	拓扑结构
100Base-TX	2 对 5 类 UTP	100 Ω	100 m	星状
	2 对 STP	150 Ω		
100Base-FX	一对多模光纤（MMF）	62.5/125（μm）	2 km	星状
	一对单模光纤（SMF）	8/125（μm）	40 km	
100Base-T4	4 对 3 类 UTP	100 Ω	100 m	星状
100Base-T2	2 对 3 类 UTP	100 Ω	100 m	星状

100Base-T4

100Base-T4 是针对 3 类音频级布线而设计的。它使用 4 对双绞线，3 对线用于同时传输数据，第 4 对线用于冲突检测时的接收信道；信号频率为 25 MHz，因而可以使用数据级 3、4 或 5 类非屏蔽双绞线，也可使用音频级 3 类缆线；最大网段长度为 100 m，采用 ANSI/TIA/EIA 568 布线标准。100Base-T4 采用 8B/6T-NRZI 编码法。8B/6T-NRZI 编码法采用 8 位二进制/6 位三进制编码，三进制编码对应着 3 种电平信号。6 位三进制可表示 729 种码（3^6=729），其中的 256 种表示 8 位二进制码。100 Mb/s 的数字信号用 8B/6T 编码后电信号的速率为 100 Mb/s×6/8=75 MBaud，它又以循环发送的方式分别送到 3 对线上传输，每对线上电信号的波特率仅为 25 MBaud，因此可以使用 3 类 UTP 传输。

100Base-T2

随着数字信号处理技术和集成电路技术的发展，只用 2 对 3 类 UTP 电缆就可以传输 100 Mb/s 的数据，因而针对 100Base-T4 不能实现全双工的缺点，IEEE 制定了 100Base-T2 标准。100Base-T2 采用 2 对音频或数据级 3、4 或 5 类 UTP 电缆，一对用于发送数据，另一对用于接收数据，可实现全双工操作；采用 ANSI/TIA/EIA 568 布线标准、RJ-45 连接器，最长网段为 100 m。100Base-T2 采用了非常复杂的 PAM5 的 5 级脉冲调制方案。

100Base-TX

100Base-TX 使用两对 5 类 UTP 双绞线，一对用于发送数据，另一对用于接收数据；最大网段长度为 100 m，采用 ANSI/TIA/EIA 568 布线标准。100Base-TX 采用 4B/5B 编码法，可以 125 MHz 的串行数据流传输数据；使用 MLT-3（3 电平传输码）波形法可将信号频率降低到 41.6 MHz（$125/3 \approx 41.6$）。4B/5B 编码法是取 4 位的数据并映射到对应的 5 位中，再使用非归零 NRZ 码传输。100Base-TX 是 100Base-T 中使用最广泛的物理层标准。

100Base-FX

100Base-FX 使用多模（62.5 μm 或 125 μm）或单模光纤，连接器可以是 MIC/FDDI 连接器、ST 连接器或廉价的 SC 连接器；最大网段长度根据连接方式不同而变化。100Base-FX 采用 4B/5B 编码机制，可以工作在 125 MHz 并提供 100 Mb/s 的数据传输速率。例如：对于多模光纤的交换机-交换机连接或交换机-网卡连接，最大允许长度为 412 m。如果是全双工链路，则可达到 2 000 m。100Base-FX 主要用于高速主干网上的快速以太网的集线器，或远距离连接，或有强电气干扰的环境，或要求较高安全保密链接的环境。100Base-FX 在校园网中常用于互连配线室和建筑物。

10/100（Mb/s）自动协商模式

100Base-T 问世以后，在以太网 RJ-45 连接器上，可能出现 5 种以上不同的以太网帧信号，即 10Base-T、10Base-T 全双工、100Base-TX、100Base-TX 全双工或 100Base-T4 帧信号中的任意一种。为了简化管理，IEEE 推出了速率自动协商模式。速率自动协商具有以下两种功能：

▶ 与其他结点网卡交换工作模式相关参数；

▶ 自动协商和选择共有性能最高的工作模式。

例如，当两个结点接入一台以太网交换机时，作为本地主机网卡支持 100Base-TX 与 10Base-T4 两种模式，而作为另一个与之通信的结点网卡也支持 100Base-TX 与 10Base-TX 两种模式，则自动协商功能自动选择两块网卡都以 100Base-TX 模式工作。IEEE 自动协商模式技术避免了由于信号不兼容可能造成的网络损坏。协议规定自动协商过程需要在 500 ms 内完成。

自动协商是在链路初始化阶段进行的。一个 100Base-T 设备（网卡或集线器）初始启动时，将速率模式设置为 100 Mb/s，并产生一个快速连接脉冲（FLP）序列来测试链路容量。如果另一端设备接收到 FLP 并能辨识其中的内容，则说明该设备也是一个 100Base-T 设备，它就会向对方发送响应脉冲信号。这时，双方都知道对方是一个 100Base-T 设备，故将链路容量设置为 100 Mb/s。如果另一端设备不能辨识这个 FLP，则说明该设备不是一个 100Base-T 设备，而是一个 10Base-T 设备，它就不会响应对方的 FLP。这时，100Base-T 设备将速率模式设置成 10 Mb/s，重新发送一个正常连接脉冲（NLP）序列。如果对方给予响应，说明对方是一个 10Base-T 设备，故将链路容量设置为 10 Mb/s。

此外，在两端都是 100Base-T 设备的情况下，也可根据需要将该网段的链路容量设置为 10 Mb/s。另外，链路容量测试和自动协商功能也可由网络管理软件来驱动。

链路类型自动协商的优先级顺序依次为：100Base-T2 全双工、100Base-T2、100Base-TX

全双工、100Base-T4、100Base-TX、100Base-T 全双工和 10Base-T。这是一种增强型的 10Base-T 链路一体化信号方法，并与链路一体化反向兼容。

自动协商只涉及物理层，快速以太网卡接入局域网时，不需要人为干预就能正确配置，使得网卡能够即插即用。

快速以太网的应用

快速以太网可以使用共享式或交换式集线器进行组网，也可以通过堆叠多个集线器扩大端口数量。互相连接的集线器可起到中继器的作用，扩大网络跨距。快速以太网可用于主干连接、需要高带宽的服务器和高性能工作站，以及面向桌面系统的普及应用等。

基于双绞线的快速以太网

100Base-T 双绞线可将连线距离扩展至 100 m，而使用光纤则可扩展至 325 m。图 3.23 所示为一个 100Base-T 网络结构配置示例。这种结构与在 10 Mb/s 以太局域网中使用的星状结构一样。与每一个 100Base-T 集线器相连的设备共享这 100 Mb/s 带宽。用来连接 10 Mb/s 以太网和快速以太网的设备只需转换数据传输的速率，而不用考虑帧的格式或内容。

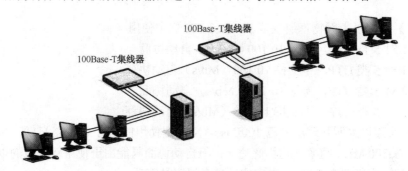

图 3.23 100Base-T 网络结构配置示例

快速以太网的主要特点如下：

▶ 所有设备（如集线器、交换机和网卡）均支持 100 Mb/s 的数据速率；
▶ UTP 电缆的最大连接长度是 100 m；
▶ 必须使用 5 类线，因此，升级到快速以太网有时需要更换电缆；
▶ 100Base-T 标准可通过使用光纤技术来扩展距离；
▶ 最多使用两个中继器。

基于光纤的快速以太网

100Base-Fx 标准使得快速以太网能够在光缆上运行。光缆的使用，可使最大网段的长度扩展到 325 m。

混合以太网

采用 10 Mb/s 技术的以太局域网可与采用 100 Mb/s 技术的以太局域网相连接。图 3.24 所示就是一种 10/100Base-T 网络结构。在这种结构中，一台集线器上的结点共享 10 Mb/s 带宽，而另一台集线器上的结点共享 100 Mb/s 带宽。由于两部分网络使用相同的帧格式和 MAC 方法，数据可以在常规以太网交换机和快速以太网交换机之间无缝地进行传输。因此，这种网络结构常常用来将 10 Mb/s 的工作站连接到快速以太网。

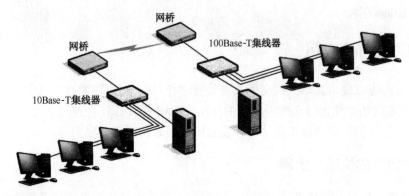

图 3.24   10/100Base-T 网络结构

典型问题解析

【例 3-4】快速以太网物理层规范 100Base-TX 规定使用（   ）。

　　a. 1 对 5 类 UTP，支持 10/100（Mb/s）自动协商

　　b. 1 对 5 类 UTP，不支持 10/100（Mb/s）自动协商

　　c. 2 对 5 类 UTP，支持 10/100（Mb/s）自动协商

　　d. 2 对 5 类 UTP，不支持 10/100（Mb/s）自动协商

　　【解析】快速以太网物理层规范 100Base-TX 规定使用的是 2 对 5 类 UTP。快速以太网具有 10 Mb/s 与 100 Mb/s 速率自动协商功能，但自动协商只能用于使用双绞线的以太网，并且规定自动协商过程需要在 500 ms 内完成。参考答案是选项 c。

【例 3-5】快速以太网标准数据速率是原来以太网标准数据速率的 10 倍，这时它的网络跨距（最大段长）（   ）。

　　　　　　a. 没有改变　　　b. 变长了　　　c. 缩短了　　　d. 可以根据需要设定

　　【解析】快速以太网跨距的计算公式是 $S \approx 0.35c(L_{min}/R - 2t)$，其中 c 为光速，L_{min} 为最小帧长，t 是发送结点的物理层时延。快速以太网的数据速率是原来以太网数据速率的 10 倍，而最小帧长 L_{min} 没变，根据这个公式，当 R 变大时，网络跨距减小了。参考答案是选项 c。

【例 3-6】快速以太网标准 100Base-FX 采用的传输介质是（ ）。

a. 同轴电缆　　　b. 无屏蔽双绞线　　　　c. CATV 电缆　　　　d. 光纤

　　【解析】100Base-FX 支持 2 芯多模或单模光纤。100Base-FX 主要用于高速主干网，从结点到集线器（Hub）的距离可以达到 2 km，是一种全双工系统。参考答案是选项 d。

练习

1. 快速以太网 100Base-TX 采用的传输介质是（   ）。

　　a. 同轴电缆　　　b. 无屏蔽双绞线　　　c. CATV 电缆　　　d. 光纤

2．在以太网中，最大传输单元（MTU）是（　　）字节。

    a. 46　　　　　　　b. 64　　　　　　　c. 1 500　　　　　　　d. 1 518

3．下列快速以太网物理层标准中，使用 5 类无屏蔽双绞线作为传输介质的是（　　）。

    a. 100Base-FX　　　b. 100Base-T4　　　c. 100Base-TX　　　d. 100Base-T2

【提示】100 Mb/s 以太网的新标准规定了以下三种不同的物理层标准。

100Base-TX 支持 2 对 5 类 UTP 或 2 对 1 类 STP。1 对 5 类非屏蔽双绞线或 1 对 1 类屏蔽双绞线就可以发送，而另 1 对双绞线可以用于接收，因此 100Base-TX 是一个全双工系统，每个结点都可以同时以 100 Mb/s 的速率发送与接收。

100Base-T4 支持 4 对 3 类 UTP，其中有 3 对用于数据传输，1 对用于冲突检测。

100Base-FX 支持 2 芯的多模或单模光纤。100Base-FX 主要是用作高速主干网，从结点到集线器（Hub）的距离可以达到 2 km，是一种全双工系统。

参考答案是选项 c。

4．局域网中使用的传输介质有双绞线、同轴电缆和光纤等，10Base-T 采用 3 类 UTP，规定从收发器到有源集线器的距离不超过 (1) m。100Base-T 把数据传输速率提高到了 10 倍，同时网络的覆盖范围 (2) 。假设 t_{phy} 表示工作站的物理层时延，c 表示光速，s 表示网段长度，t_r 表示中继器的时延。在 10Base-最大配置的情况下，冲突时槽约等于 (3) 。光纤分为单模光纤和多模光纤，与多模光纤相比，单模光纤的主要特点是 (4) 。为了充分利用其容量，可使用 (5) 技术同时传输多路信号。

(1) a. 100　　　　　　b. 185　　　　　　c. 300　　　　　　d. 1 000

(2) a. 保持不变　　　b. 缩小了　　　　c. 扩大了　　　　d. 没有限制

(3) a. $s/(0.7c) + 2t_{phy} + 8t_r$　　　　　　　b. $2s/(0.7c) + 2t_{phy} + 8t_r$

    c. $2s/(0.7c) + t_{phy} + 8t_r$　　　　　　　d. $2s/(0.7c) + 2t_{phy} + 4t_r$

(4) a. 高速率、短距离、高成本、粗芯线　　b. 高速率、长距离、低成本、粗芯线

    c. 高速率、短距离、低成本、细芯线　　d. 高速率、长距离、高成本、细芯线

(5) a. TDM　　　　　b. FDM　　　　　c. WDM　　　　　d. ATDM

【提示】(1) 10Base-T 的传输距离为 100 m，参考答案是选项 a。

(2) 100Base-T 把数据传输速率提高至 10 倍，同时网络的覆盖范围缩小至 1/10，参考答案是选项 b。

(3) 在 10Base-5 的全配置的情况下可以允许通过 4 个中继器，那么冲突的时间槽就相当于一个数据包在网络中来回传播一次的时间加上各种时延。注意电波在铜缆中的传播速率是光波在真空中传播速率的 0.7 倍左右。计算如下：

$T = 2$（传播时间+4 个中继器的时延）+发送端的工作站延时+接收站时延

    $= 2 \times s/(0.7c) + 2 \times 4t_r + 2t_{phy}$

    $= 2s/(0.7c) + 2t_{phy} + 8t_r$

从以上分析可知参考答案是选项 b。

(4) 光线按照传播方式可分为多模光纤和单模光纤。其中，后者比前者具有更高的传输速率和更长的传输距离，其纤芯直径为 8～10 μm，包层直径为 125 μm；前者纤芯直径为 62.5 μm，包层直径为 125 μm，通常写为 62.5/125(μm)。参考答案是选项 d。

(5) 为了提高单根光纤的通信容量，现在广为流行的是使用波分复用（WDM）技术，即在发送端采用光复用器（合波器）将不同规格波长的信号光载波合并起来送入一根光纤传播。

参考答案是选项 c。

补充练习

使用 Web 搜索引擎，目前快速以太网产品有哪些？并将搜索到的信息形成报告。

第四节　千兆以太网

千兆以太网是建立在以太网标准基础之上的技术。千兆以太网是一种高速局域网技术，它能够提供 1 Gb/s 甚至更高的带宽。需要注意的是，千兆以太网的"千兆"是指"Gigabit"，而不是指"Gigabyte"（千兆字节）。千兆以太网最大的优点在于它与快速以太网完全兼容，并利用了原以太网标准所规定的全部技术规范，其中包括 CSMA/CD 协议、以太网帧格式和帧大小、全双工、流量控制以及 IEEE 802.3 标准中所定义的管理对象。

目前，千兆以太网已经发展成为主流网络技术。它以高效、高速、高性能为特点，在园区网主干网中已占据主要地位。大到成千上万人的大型企业，小到几十人的中小型单位，在建设企业局域网时都会把千兆以太网技术作为首选。

学习目标

- ▶ 了解快速以太网和千兆以太网之间的共同点和不同点；
- ▶ 了解千兆以太网能够解决的问题和可能带来的问题；
- ▶ 掌握在向千兆以太网迁移的过程中有多少现有的以太网技术可以保留使用。

关键知识点

- ▶ 千兆以太网保留了现有的以太网帧格式和 CSMA/CD 介质访问方法。

千兆以太网简介

为了满足人们对网络性能的要求，网络连接已经历了从共享或交换以太网（10 Mb/s）到共享或交换快速以太网（100 Mb/s）的演进，以适应人们对带宽不断增长的需求。然而当企业应用不断升级，需要传输高分辨率的图形、视频和其他多媒体信息时，快速以太网的容量却又显现出能力不足。此外，因特网、内联网的应用也产生了难以预测的任意点到任意点的流量形式。网络边缘的交换将巨大的载荷放到聚合流量的网络主干上。为此，在快速以太网标准公布不久，IEEE 于 1996 年 3 月委托高速研究组（HSSG）开始研究，并于 1997 年 1 月通过了 IEEE 802.3z 第一版草案；1997 年 6 月，草案 V3.1 获得通过，制定了一些最终技术细节；1998 年 6 月，正式批准 IEEE 802.3z 标准；1999 年 6 月，正式批准 IEEE 802.3ab 标准（即 1000Base-T），把双绞线用于千兆以太网，将快速以太网的数据传输速率又提高 10 倍，达到了 1 000 Mb/s，故称为千兆以太网或吉比特以太网。

千兆以太网的主要特性

千兆以太网标准完全与以太网和快速以太网相兼容。千兆以太网与 10 Mb/s 和 100 Mb/s

以太网相比，在 MAC 层和物理层主要有如下一些特性：

▶ 千兆以太网提供了完美无缺的升级途径，充分保护了在现有网络基础设施上的投资。千兆以太网保留了 IEEE 802.3 和以太网帧格式以及 802.3 受管理的对象规格，使企业能够在升级至千兆性能的同时，保留已有的线缆、操作系统、协议、桌面应用程序和网络管理战略与工具。

▶ 千兆以太网相对于快速以太网、FDDI、ATM 等主干网，为提高网络质量提供了一条最佳的路径。至少现在看来，千兆以太网是改善交换机与交换机之间骨干连接和交换机与服务器之间连接可靠性、经济性的有效途径。千兆以太网能够更快速地访问因特网、内联网、城域网与广域网。

▶ 千兆以太网可与 10Base-T 和 100Base-T 向后兼容。IEEE 标准支持最大距离为 550 m 的多模光纤、最大距离为 70 km 的单模光纤和最大距离为 100 m 的铜轴电缆，千兆以太网填补了 IEEE 802.3 以太网/快速以太网标准的不足。

千兆以太网的 MAC 层

在 MAC 层中，千兆以太网支持全双工和半双工两种协议模式，且以全双工模式为主。MAC 层支持两种 MAC 协议模式的目的是为了兼容两种 MAC 协议，支持全双工以太网与半双工以太网的平滑连接和互通。

半双工千兆以太网使用了与 10 Mb/s 和 100 Mb/s 以太网相同的帧格式和基本相同的 CSMA/CD 协议，包含原 CSMA/CD 的基本内容（仅做了部分修改）。千兆以太网又将数据传输速率增加至 10 倍，使得 CSMA/CD 协议的限制成了关注焦点。例如，在 1 Gb/s 的速率下，一个最小长度为 64 B 的帧的发送会导致在发送站侦听到碰撞之前，此帧发送已经完成。鉴于这个原因，时槽扩展到了 512 B 而不是 64 B。这个改动在对半双工模式中维持 200 m 的冲突域直径很有必要。如果不这样做，那么最大冲突域直径会变成快速以太网的约 1/10（25 m）。

全双工 MAC 协议提供了全双工通信能力，在协议功能上简单得多，只保留了原来的帧格式以及帧发送与接收功能，关闭了载波侦听、冲突检测等功能。同时，也不需要像半双工 MAC 协议那样规定很多的协议参数。

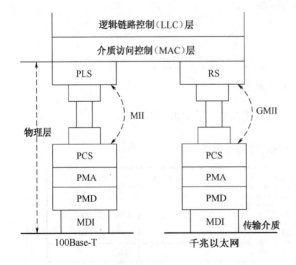

图 3.25　千兆以太网物理层与 100Base-T 物理层对照

千兆以太网的物理层

千兆以太网物理层与 100 Mb/s 以太网结构和功能相似，负责执行编码、解码、载波侦听和链路监视等功能，如图 3.25 所示。千兆以太网物理层提供了 MAC 层与千兆以太网硬件的收发器之间的接口。物理编码（PCS）子层位于协调子层（通过 GMII）和物理介质连接（PMA）子层之间。PCS 子层完成将经过完善定义的以太网 MAC 功能映射到现有的编码和物理层信号系统的功能上。PCS 子层和上层 RS/MAC 的接口由 GMII 提供，与下层 PMA 接口使用 PMA 服务接口。PCS 子层对由千兆介质无关接口（GMII）传来的数据进行编码/解码，将它们转换成能够在物理介质中传输的形式。

1 Gb/s 的传输速率使得物理层产生了如下变化：

▶ MII 扩展为 GMII。GMII 的发送和接收数据宽度由 MII 的 4 位增加到 8 位，使用 125 MHz 的时钟就可实现 1 000 Mb/s 的数据速率。GMII 不支持连接器和电缆，只是内置作为 IC 和 IC 之间的接口。

▶ 包括多个不同的物理层标准，支持不同类型的光纤和铜缆。

▶ 主要使用 8B/10B-NRZ 编码方式，物理层 10B 的码流首尾使用数据码元中没有的码流开始标识符和码流结束标识符，它们起到测试帧定界的作用。一个 8 位二进制码组编成一个 10 位二进制码组，产生 25%的编码开销，千兆数据传输速率产生 1.25 GBaud 的发送信号。

千兆以太网的物理层标准

千兆以太网的物理层标准是千兆以太网标准中的一个关键部分。千兆以太网物理层有 IEEE 802.3z 和 IEEE 802.3ab 两个标准，如图 3.26 所示。IEEE 802.3z 千兆以太网标准是一个关于光纤和短程铜线的连接方案，也称为吉比特以太网标准；IEEE 802.3ab 则是一个关于 5 类双绞线的较长距离的连接方案。

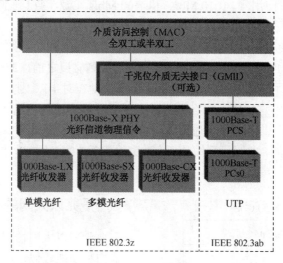

图 3.26　千兆以太网的物理层标准

表 3.3 示出了 IEEE 802.3 千兆以太网（全双工）的物理层标准。

表 3.3　千兆以太网的物理层标准

项　　目	1000Base-SX	1000Base-LX	1000Base-CX	1000Base-T
传输介质	62.5μm 多模光纤　50μm 多模光纤	62.5μm 多模光纤　50μm 多模光纤　10μm 单模光纤	2 对 STP	4 对 5 类 UTP
最大段长/m	275；550	550；550；5000	25	100
拓扑结构	星状	星状	星状	星状

IEEE 802.3z

IEEE 802.3z 工作组负责制定光纤（单模或多模）和同轴电缆的全双工链路标准。IEEE 802.3z 定义了基于光纤和短距离铜缆的 1000Base-CX：采用 8B/10B 编码技术，信道传输速率为 1.25 Gb/s，去耦后实现 1 000 Mb/s 的传输速率。在物理层，IEEE 802.3z 支持以下 3 种千兆以太网标准：

- ▶ 1000Base-SX（短波长光纤）——定义了用于激光光纤的光收发器或物理层设备。SX 激光的波长为 770～860 nm，通常称为 850 nm。1000Base-SX 只支持多模光纤，可采用直径为 62.5 μm 或 50 μm 的多模光纤，工作波长为 770～860 nm，传输距离为 260～550 m。
- ▶ 1000Base-LX（长波长光纤）——定义了用于激光光纤的光收发器或物理层设备。LX 激光的波长为 1 270～1 355 nm，通常称为 1 350 nm。1000Base-LX 支持直径为 62.5 μm 或 50 μm 的多模光纤，工作波长范围为 1 270～1 355 nm，传输距离为 550 m。1000Base-LX 也可以采用直径为 9 μm 或 10 μm 的单模光纤，工作波长范围为 1270～1 355 nm，传输距离为 5 km 左右。
- ▶ 1000Base-CX（短距离铜线）——定义了用于屏蔽铜缆的收发器或物理层设备。1000Base-CX 采用 150 Ω 屏蔽双绞线（STP），传输距离为 25 m。此物理接口采用光纤信道物理编码，用于铜缆的激励器和 150 Ω 的平衡电缆。支持的布线距离至多为 25 m。

IEEE 802.3ab

IEEE 802.3ab 工作组制定了基于 5 类 UTP 的半双工链路的千兆以太网标准——1000Base-T。1000Base-T 标准适用于 5 类 UTP，传输速率为 1 000 Mb/s，传输距离为 100 m。这一距离限制与快速以太网相同。IEEE 802.3ab 标准主要有以下两点意义：

- ▶ 保护用户在 5 类 UTP 布线系统上的投资。
- ▶ 1000Base-T 是 100Base-T 的扩展，与 10Base-T 和 100Base-T 完全兼容。不过，在 5 类 UTP 上达到 1 000 Mb/s 的传输速率需要解决 5 类 UTP 的串扰和衰减问题；同时，在 1000Base-T 收发器上，需要进行大量的信号处理。

千兆以太网的升级与应用

经济在高速发展，信息在迅猛膨胀。多媒体应用的日益增加和 IP 语音传输需求的激增，对网络的带宽不断提出新挑战。许多企业应用也在不断升级，以适应对带宽不断增长的需求。千兆以太网最大的优点在于它对已有以太网的兼容性。这意味着广大以太网用户可以对现有以太网进行平滑升级，而且无须增加附加的协议栈或中间件。同时，千兆以太网还继承了以太网的其他优点，如可靠性较高、易于管理等。

千兆以太网的升级

将已有的 10 Mb/s、100 Mb/s 网络升级至千兆以太网，一般可以从以下几个方面来考虑。

- ▶ 升级交换机到交换机的连接：升级至千兆以太网，首先要将网络主干交换机升级至千兆，以提高网络主干所能承受的数据流量，从而达到加快网络速度的目的。一个非常直接的升级方案是将快速以太网交换机之间，或中继器之间的 100 Mb/s 的链路升到 1 000 Mb/s。

▶ 升级交换机到服务器的连接：通过交换机到服务器连接的升级可获得从应用到文件服务器的高速访问能力。最简单的升级方案是将快速以太网交换机升级为千兆以太网交换机，以获得从具备千兆以太网网卡的高性能超级服务器集群到网络的高速互联能力。同时，由于网络上的服务器需要吞吐大量的数据，所以如果网络主干升级至千兆水平，而服务器网卡还停留在百兆水平，服务器网卡就会成为网络的瓶颈。使用千兆网卡可消除这个瓶颈，解决方法是在原来的服务器上添加千兆网卡。注意，应该优先选购 64 位 PCI 千兆网卡，因为其性能比普通 PCI 千兆网卡高。

▶ 升级交换式快速以太主干网：交换式快速以太主干网的升级，可以通过用千兆以太网交换机或中继器汇接快速以太网交换机来实现。连接多个 10/100（Mb/s）交换机的快速以太网主干交换机可以升级为千兆以太网交换机，支持多台 100/1000（Mb/s）交换机，以及其他的设备如路由器，带有千兆以太网接口和上联功能的集线器，在需要时也可以是千兆以太网中继器和数据缓冲分配器。一旦主干交换机升级为千兆以太网交换机，高性能的服务器可以通过千兆以太网接口卡直接连接到主干上，为使用高带宽的用户提供更高的访问吞吐能力；同时网络可以支持更多数量的网段，为每个网段提供更高带宽，使各网段支持更多的结点接入。

▶ 升级高性能的台式机：当快速以太网连接的台式机的带宽也不够时，需要用千兆以太网的连接能力将它升级为高性能的台式机。让高性能台式计算机直接连接到千兆以太网交换机或数据缓冲分配器上。

局域网升级工程示例

假若有一个如图 3.27 所示的网络，其主干是 10 Mb/s 以太网，几个以太网网段和工作组集中连接到一台 10/100（Mb/s）交换机上，依次访问几台以太网服务器。在这个网络中：

▶ 超级用户正遇到来自 10 Mb/s 链路的瓶颈；

▶ 共享网段上的用户正遇到响应时间慢的问题；

▶ 所有台式计算机都配备有 10/100（Mb/s）PCI 网卡。

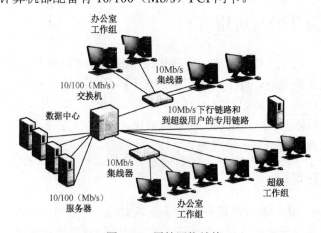

图 3.27　原始网络结构

为了提高该网络的性能，解决瓶颈问题，现需要将其升级到千兆以太网。该网络升级工作可分为以下两个阶段进行。

升级的第一阶段如图 3.28 所示，其实现涉及以下 3 个方面：

▶ 将网络主干升级为 100 Mb/s 的快速以太网；

▶ 将超级工作组的端站与交换机之间升级为 100 Mb/s 的快速以太网连接；

▶ 在其他需要专用带宽的工作组中实现 10 Mb/s 交换。

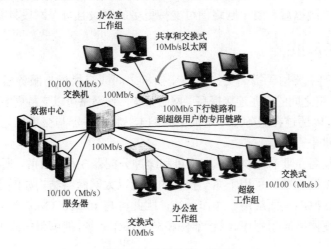

图 3.28　升级的第一阶段

结果超级用户立即获得 100 Mb/s 的连接速度，而需要这个速率的其他工作组可享用 10 Mb/s 的专用带宽。主干的速率增加到原来的 10 倍，以适应整个网络带宽需求的增加。同时，现有交换机和网卡的投入得以保留。

升级的第二阶段如图 3.29 所示。图中显示，提升后的下行链路已升级到千兆以太网，以进一步增加主干带宽。为此，布线室内支持超强用户或大型工作组的交换机用千兆以太网下行链路模块来升级，将基础交换机容量升级到 100/1000（Mb/s），而关键服务器以千兆以太网网卡来升级。要注意的关键一点是，主干到千兆以太网的升级要支持边缘交换的扩展。两个办公室工作组现在都支持与台式计算机之间 10 Mb/s 或 10/100（Mb/s）的以太网交换能力。

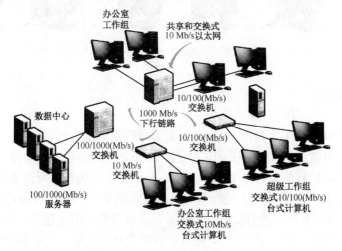

图 3.29　升级的第二阶段

另外，在第二阶段升级中，聚合了多台 10/100（Mb/s）交换机的快速以太网交换机，已升级为可支持多台 100/1000（Mb/s）交换机的千兆以太网交换机。如果需要，可安装千兆全双工中继器，以聚合服务器或建立可支持工作组对大型多媒体和图形文件进行管理的千兆以太网。此外，在主干升级到千兆以太网交换机以后，带千兆以太网网卡的高性能服务器组可直接与主干相连，从而增加了从具有大带宽应用文件的用户（或带宽密集型数据库和备份操作）到服务器的吞吐量。

经过第二阶段升级以后，整个网络便可支持更多的网段且每个网段具有更大的带宽。

千兆以太网的应用

千兆以太网最初主要用于提高交换机与交换机之间或交换机与服务器之间的连接带宽。10/100（Mb/s）交换机之间的千兆连接提高了网络带宽，使网络可以支持更多的 10/100（Mb/s）的网段。此外，也可以通过在服务器中增加千兆网卡，将服务器与交换机之间的数据传输速率提升至前所未有的水平。

千兆以太网的设备主要有中继器、交换机和缓冲分配器 3 种。目前，所有厂家的主要网络产品都支持千兆以太网标准。采用千兆交换机的千兆以太网网络结构如图 3.30 所示。由于该技术不改变传统以太网的桌面应用、操作系统，因此可与 10/100（Mb/s）以太网很好地配合。千兆以太网不必改变网络应用程序、网管部件和网络操作系统，能够最大限度地保护用户投资。

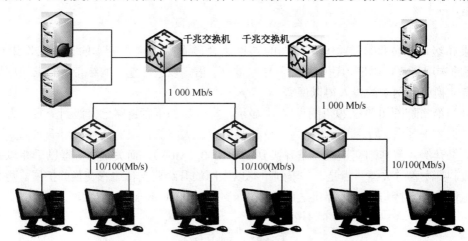

图 3.30　采用千兆交换机的千兆以太网结构

典型问题解析

【例 3-7】千兆以太网标准 IEEE 802.3z 定义了一种帧突发方式，这种方式是指（　　）。

    a. 一个站可以突然发送一个帧　　　　b. 一个站可以不经过竞争就启动发送过程

    c. 一个站可以连续发送多个帧　　　　d. 一个站可以随机地发送紧急数据

【解析】帧突发在千兆以太网上是一种可选功能，它使一个站（特别是服务器）一次能够连续发送多个帧。当一个站点需要发送很多帧时，该站点先试图发送第一帧，该帧可能是附加了扩展位的帧。一旦第一个帧发送成功，则具有帧突发功能的站点就能够继续发送其他帧，直至帧突发的总长度达到 1 500 字节为止。参考答案是选项 c。

【例 3-8】在千兆以太网物理层标准中，采用长波（1300 nm）激光信号源的标准是（ ）。

    a. 1000Base-SE   b. 1000Base-LX   c. 1000Base-CX   d. 1000Base-T

【解析】千兆以太网标准中规定的 4 种传输介质为：

▶ 1000Base-SX 使用短波激光信号源，波长为 770～860 nm；

▶ 1000Base-LX 使用长波激光信号源，波长为 1 270～1 355 nm；

▶ 1000Base-CX 使用 2 对 STP；

▶ 1000Base-T 使用 4 对 5 类 UTP。

可见，采用长波（1300 nm）激光信号源的是 1000Base-LX 标准。参考答案是选项 b。

【例 3-9】下列关于 1000Base-T 的叙述中错误的是（ ）。

    a. 可以使用超 5 类 UTP 作为网络传输介质   b. 最长有效传输距离可以达到 100 m

    c. 支持 8B/10B 编码方案   d. 不同厂家的超 5 类系统之间可以互用

【解析】千兆以太网物理层标准有两个：IEEE 802.3z 和 IEEE 802.3ab，其中 IEEE 802.3z 是基于光纤和对称屏蔽铜缆的千兆以太网标准，采用的编码方式是 8B/10B；而 1000Base-T 是由 IEEE 802.3ab 标准定义的基于 5 类双绞线千兆以太网标准，它使用 4 对芯线且都工作于全双工模式，充分利用 4 对芯线具有的 400 MHz 可用带宽，并采用脉冲调幅调制（PAM-5）编码而不是 8B/10B。参考答案是选项 c。

练习

1. 比较千兆以太网与快速以太网的异同。

2. 列出千兆以太网光缆规范的特点。

3. 千兆以太网铜缆规范的特点是什么？

4. 链路聚合和千兆以太网都是提供额外带宽的解决方案，比较它们的异同。

5. 讨论从采用 PCI 总线的服务器和工作站迁移到千兆以太网时所存在的问题。

6. 从逻辑上讲，一个企业的网络迁移到千兆以太网，首先受益的区域在哪里？

7. 讨论：对于大多数用户来说，是应该升级到千兆以太网，还是应该保留现有的以太网技术？

8. 查找有关最新 100/1000(Mb/s)以太网标准的信息，并将这些标准与光纤信道标准进行比较。

补充练习

使用 Web 搜索引擎，查询千兆以太网的相关信息，研究并总结千兆以太网的具体应用，最后将总结形成研究报告。

第五节 万兆以太网

在千兆以太网标准 IEEE 802.3z 通过后不久，IEEE 就成立了高速研究组，开始致力于万兆以太网技术与标准的研究。万兆以太网又称 10 吉比特以太网，许多文献将它缩写为 10GbE。万兆以太网并非将千兆以太网的速率简单提高到 10 倍，有很多复杂的技术问题需要解决。2002

年首次发布了光纤标准，2004 年发布了屏蔽铜电缆标准，紧接着 2006 年发布了双绞线标准。这些工作遵循了许多之前的以太网标准的模式。

万兆以太网是以太网领域的新型网络技术，主要用在数据中心和交换局内部，可以用它来连接高端路由器、交换局和服务器；此外，还可以用作端局之间的长途高带宽中继线，这些端局使整个城域网得以基于以太网和光纤来构建。万兆以太网的所有版本只支持全双工操作，但仍然保留了以太网帧结构；通过不同的编码方式或波分复用提供 10 Gb/s 的传输速率；但CSMA/CD 不再属于设计的一部分，标准的重点在于以超高速率运行的物理层细节；兼容性依然是万兆以太网的一个重要特性，它能自动协商并能降低到由线路两端同时支持的最高速率。

当万兆以太网还在研讨商用之时，IEEE 802.3 委员会又已向前挺进。在 2007 年年底，IEEE创建了一个小组开始对 40 Gb/s 和 100 Gb/s 的以太网进行标准化。此次升级将使以太网有能力竞争更高性能的通信设施，包括骨干网络中的长距离连接和设备背板上的短程连接，有兴趣的读者可以查阅相关文献资料，本书不再讨论和介绍。

学习目标

▶ 　了解万兆以太网的技术特点；
▶ 　熟悉万兆以太网能够解决的问题及万兆以太网标准和规范；
▶ 　了解万兆以太网的应用领域。

关键知识点

▶ 　万兆以太网物理层结构、标准和规范。

万兆以太网的技术背景

虽然以太网在局域网中占有绝对优势，但在很长一段时间中，人们普遍认为以太网不能用于城域网，特别是汇聚层以及骨干层。其主要原因在于以太网用作城域网时骨干带宽太低（10 Mb/s 和 100 Mb/s 以太网时代），传输距离过短。当时认为最有前途的城域网技术是 FDDI和 DQDB，但随后几年的发展结果并非如此。

目前，比较常见的以太网是快速以太网、千兆以太网。快速以太网作为城域骨干网，其带宽显然不够。即使使用多个快速以太网链路绑定使用，对多媒体业务仍然是心有余而力不足。随着千兆以太网的标准化以及在生产实践中的广泛应用，以太网技术逐渐延伸到城域网的汇聚层。千兆以太网通常用作将小区用户汇聚到城域 POP 点，或者将汇聚层设备连接到骨干层。但是在经典以太网到用户的环境下，千兆以太网链路用作汇聚已很勉强，作为骨干网则更力所不及。虽然以太网多链路聚合技术已完成标准化，可以将多个千兆链路捆绑使用，但考虑光纤资源和波长资源，链路捆绑一般只用在 POP 点内或者短距离环境。

传输距离也曾是以太网无法作为城域网骨干层汇聚层链路技术的一大障碍。无论是百兆以太还是千兆以太网，由于信噪比、碰撞检测、可用带宽等原因，致使 5 类双绞线的传输距离都是 100 m；使用光纤传输时，距离限制受以太网使用的主从同步机制所制约。IEEE 802.3 规定：1000Base-SX 接口使用 62.5 μm 纤芯的多模光纤最长传输距离为 275 m，使用 50 μm 纤芯的多模光纤最长传输距离为 550 m；1000Base-LX 接口使用 62.5 μm 纤芯的多模光纤最长传输距离为 550 m，使用 50 μm 纤芯的多模光纤最长传输距离为 550 m，使用 10 μm 纤芯的单模光纤最长传输距离为 5 000 m。最长传输距离 5 km 的千兆以太网链路在城域范围内远远不够。虽然基于厂家的千兆接口已经能够实现 80 km 的传输距离，而且一些厂家已完成互通测试，但毕竟属于非标准实现，不能保证所有厂家该类接口的互联互通。

综上所述，以太网技术不适于用在城域网骨干/汇聚层的主要原因是受到其带宽和传输距离的限制。随着万兆以太网技术的出现，上述两个问题已基本得到解决。

万兆以太网的物理层结构

万兆以太网的 OSI 和 IEEE 802 层次结构仍与传统以太网相同，即 OSI 层次结构包括数据链路层的一部分和物理层的全部。IEEE 802 层次结构包括 MAC 子层和物理层，但各层所具有的功能与传统以太网相比差别较大，特别是物理层具有明显的区别，如图 3.31 所示。注意，万兆以太网物理层与千兆以太网物理层结构相似；不同的是 GMII 变为了万兆介质无关接口（XGMII），这是一个 64 位信号宽度的接口，发送与接收用的数据链路各占 32 位。

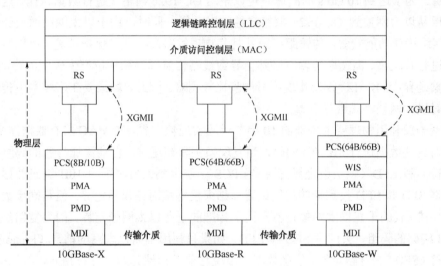

图 3.31　万兆以太网的物理层

10 Gb/s 以太网物理层各个子层的功能如下：

► 传输介质——包括多模光纤（MMF）和单模光纤（SMF）两类，其中 MMF 又分为 50 μm 和 62.5 μm 两种。由 PMD 子层通过介质相关接口（MDI）连接光纤。

► 物理介质相关（PMD）子层——物理层的最低子层，标准规定物理层负责向（从）介质上发送（接收）信号。其功能包括两个方面：一是负责向（从）网络传输介质上发送（接收）信号。在 PMD 子层中包含多种激光波长的 PMD 方式源设备。二是把上层 PMA 子层所提供的代码位符号转换成适合光纤介质传输的信号或反之。

► 物理介质连接（PMA）子层——其主要功能是提供与上层之间的串行化服务接口以及接收来自下层 PMD 子层的代码信号，并从代码信号中分离出时钟同步信号；在发送时，PMA 子层把上层形成的相应编码与同步时钟信号融合后，形成传输介质上所传输的代码位符号传输至下层 PMD 子层。

► 广域网接口（WIS）子层——可选的物理子层，可用在 PMA 与 PCS 之间，产生适配 ANSI 定义的 SONET STS-192c 传输格式或 ITU 定义的 SDH VC-4-64c 传输格式的以太网数据流。该速率数据流可以直接映射到传输层而不需要经过高层的处理。

▶ 物理编码（PCS）子层——位于协调子层（RS）和物理介质连接（PMA）子层之间。PCS 子层完成将经过完善定义的以太网 MAC 功能映射到现存的编码和物理层信号系统的功能上。PCS 子层和上层 RS/MAC 的接口通过万兆介质无关接口（XGMII）连接，与下层的连接则通过 PMA 服务接口。PCS 子层的主要功能是把正常定义的以太网 MAC 代码信号转换成相应的编码和物理层的代码信号。

▶ 协调子层（RS）和万兆介质无关接口（XGMII）——RS 的功能是将 XGMII 的通路数据和相关控制信号映射到原始 PLS 服务接口定义的 MAC/PLS 接口上。XGMII 接口提供了 10 Gb/s 的 MAC 和物理层间的逻辑接口。XGMII 和协调子层使 MAC 可以连接到不同类型的传输介质上。显然，对于 10Gbase-W 类型来说，RS 的功能要求是最复杂的。

由于万兆以太网实质上是高速以太网,为了与经典以太网兼容必须采用经典以太网的帧格式承载业务。为了达到 10 Gb/s 的高速率可以采用 OC-192c 帧格式进行数据传输。这需要在物理子层实现从以太网帧到 OC-192c 帧格式的映射功能。同时，由于以太网的原设计是面向局域网的,网络管理功能较弱,传输距离短并且其物理线路没有任何保护措施;所以当以太网作为广域网进行长距离、高速率传输时必然会导致线路信号频率和相位产生较大的抖动,而且以太网的传输是异步的,在接收端实现信号同步比较困难。因此,如果要在广域网中传输以太网帧,需要对以太网帧格式进行修改。

以太网一般利用物理层中特殊的 10 字节代码实现帧定界。当 MAC 层有数据需要发送时,PCS 子层对这些数据进行 8B/10B 编码,当发现帧头和帧尾时,自动添加特殊的码组 SFD（帧起始定界符）和 EFD（帧结束定界符）;当 PCS 子层收到来自底层的 10B 编码数据时,可很容易地根据 SFD 和 EFD 找到帧的起始位置和结束位置从而完成帧定界。但是同步数字传输体制（SDH）中承载的千兆以太网帧定界不同于标准的千兆以太网帧定界,因为复用的数据已经恢复成 8B 编码的码组,去掉了 SFD 和 EFD。如果只利用千兆以太网的前导（Preamble）和帧起始定界符（SFD）进行帧定界,信息数据中出现与前导和帧起始定界符相同码组的概率较大,故采用这样的帧定界策略可能会造成接收端始终无法进行正确的以太网帧定界。为了避免上述情况,万兆以太网采用了头部错误检测（HEC）策略。

万兆以太网标准和规范

涉及万兆以太网的标准和规范比较多：在标准方面，有 2002 年的 IEEE 802.3ae，2004 年的 IEEE 802.3ak，2006 年的 IEEE 802.3an、IEEE 802.3aq 和 2007 年的 IEEE 802.3ap；在规范方面，总共有 10 多个（是一个比较庞大的家族，比千兆以太网的 9 个规范又多了许多）。这 10 多个规范可以分为 3 类：

▶ 基于光纤的局域网万兆以太网规范；

▶ 基于双绞线（或铜线）的局域网万兆以太网规范；

▶ 基于光纤的广域网万兆以太网规范。

基于光纤的局域网万兆以太网规范

目前，用于局域网的基于光纤的万兆以太网规范有：10GBase-SR、10GBase-LR、10GBase-LRM、10GBase-ER、10GBase-ZR 和 10GBase-LX4 等 6 个规范。

▶ 10GBase-SR。10GBase-SR 中的"SR"代表"短距离"。该规范支持编码方式为 64B/66B 的短波（波长为 850 nm）多模光纤（MMF）通信，有效传输距离为 2～300 m；要支持距离为 300 m 的传输需要采用经过优化的 50 μm 线径的 OM3（Optimized Multimode 3，优化多模 3）光纤（没有优化的线径为 50 μm 的光纤称为 OM2 光纤，而线径为 62.5 μm 的光纤称为 OM1 光纤）。

10GBase-SR 具有最低成本、最低电源消耗和最小的光纤模块等优势。

▶ 10GBase-LR。10GBase-LR 中的"LR"代表"长距离"。该规范支持编码方式为 64B/66B 的长波（1 310 nm）单模光纤（SMF）通信，有效传输距离为 2～10 km，事实上最高可达到 25 km。10GBase-LR 光纤模块的价格比下面将要介绍的 10GBase-LX4 光纤模块便宜。

▶ 10GBase-LRM。10GBase-LRM 中的"LRM"代表"长度延伸多点模式"，对应的标准为 2006 年发布的 IEEE 802.3aq。在 1990 年以前安装的 FDDI 62.5 μm 多模光纤的 FDDI 网络和 100Base-FX 网络中，其有效传输距离为 220 m，而在 OM3 光纤中可达 260 m；在连接长度方面，不如以前的 10GBase-LX4 规范，但是它的光纤模块比 10GBase-LX4 规范光纤模块具有更低的成本和更低的电源消耗。

▶ 10GBase-ER。10GBase-ER 中的"ER"代表"超长距离"。该规范支持超长波（1 550 nm）单模光纤（SMF）通信，有效传输距离为 2 m～40 km。

▶ 10GBase-ZR。有些厂家提出了传输距离可达到 80 km 超长距离的模块接口，其使用的就是 10GBase-ZR 规范。该规范使用的也是超长波（1 550 nm）单模光纤（SMF）。由于 80 km 的物理层不在 EEE 802.3ae 标准之内，是厂家自己在 OC-192/STM-64 SDH/SONET 规范中的描述，因此不会被 IEEE 802.3 工作组接受。

▶ 10GBase-LX4。为了保证获得 10 Gb/s 的数据传输速率，10GBase-LX4 利用稀疏波分复用（CWDM）技术在 1 310 nm 波长附近每隔约 25 nm 间隔并列配置 4 个激光发送器，形成 4 对发送器/接收器，组成 4 条通道。为了保证每个发送器/接收器对的数据传输速率达到 2.5 Gb/s，每个发送器/接收器对必须在 3.125 GBaud 下工作。采用并行物理层技术的优势是，将原来速率很高的比特流拆分成多列，使 PCS 子层和 PMA 子层的处理速度降低，进而降低对器件的要求。10GBase-LX4 是一种与使用光纤的与 1000Base-X 相对应的物理层标准，在 PCS 子层中使用 8B/10B 编码。10GBase-LX4 使用 MMF 和 SMF 的传输距离分别为 300 m 和 10 km。

基于双绞线（或铜线）的局域网万兆以太网规范

在 2002 年发布的几个万兆以太网规范中并没有支持铜线这种廉价传输介质的规范。但事实上，像双绞线这类铜线在局域网中的应用非常普遍，不仅成本低，而且维护简单，因此近几年相继推出了多个基于双绞线（6 类以上）的万兆以太网规范，其中包括 10GBase-CX4、10GBase-KX4、10GBase-KR 和 10GBase-T。

1. 10GBase-CX4

与 10GBase-CX4 相对应的是 2004 年发布的 IEEE 802.3ak 万兆以太网标准。10GBase-CX4 使用 IEEE 802.3ae 中定义的 XAUI（万兆连接单元接口）和用于 InfiniBand（无限带宽）技术中的 4X 连接器，传输介质称为"CX4 铜缆"（其实就是一种屏蔽双绞线）；其有效传输距离仅 15 m。

10GBase-CX4 规范不是利用单个铜线链路传输万兆数据，而是使用 4 台发送器和 4 台接收器来传输万兆数据，并以差分方式运行在同轴电缆上；每台设备利用 8B/10B 编码，以每信道 3.125 GBaud 的波特率传输 2.5 Gb/s 的数据。这需要在每条电缆组的总共 8 条双同轴信道的每个方向上有 4 组差分线缆对。另外，与可在现场端接的 5 类、超 5 类双绞线不同，CX4 线缆需要在工厂端接，因此客户必须指定线缆长度。线缆越长一般直径越大。

10GBase-CX4 的主要优势是低电源消耗、低成本、低响应延迟，但是接口模块比 SPF+ 的大。

2. 10GBase-KX4 和 10GBase-KR

10GBase-KX4 和 10GBase-KR 所对应的是 2007 年发布的 IEEE 802.3ap 标准。它们主要用于背板应用，如刀片服务器、路由器和交换机的集群线路卡，所以又称为"背板以太网"。

万兆背板目前已经存在并行和串行两种版本。并行版（10GBase-KX4 规范）是背板的通用设计，它将万兆信号拆分为 4 条通道（类似于 XAUI），每条通道的带宽都是 3.125 Gb/s。而在串行版（10GBase-KR 规范）中只定义了一条通道，采用 64/66B 编码方式实现 10 Gb/s 高速传输。在 10GBase-KR 规范中，为了防止信号在较高的频率水平下发生衰减，背板本身的性能需要更高，因此可以在更大的频率范围内保持信号的质量。IEEE 802.3ap 标准采用的是并行设计，包括两个连接器的 1 m 长的铜布线印刷电路板。10GBase-KX4 使用与 10GBase-CX4 规范一样的物理层编码，10GBase-KR 使用与 10GBase-LR/ER/SR 三个规范一样的物理层编码。目前，对于具有总体带宽需求或需要解决走线密集过高问题的背板，许多厂家提供的 SerDes 芯片均采用了 10GBase-KR 解决方案。

3. 10GBase-T

10GBase-T 对应的是 2006 年发布的 IEEE 802.3an 标准，可工作在屏蔽或非屏蔽双绞线上，最长传输距离为 100 m。这可以算是万兆以太网的一项革命性进步，因为在此之前，一直认为在双绞线上不可能实现这么高的传输速率，原因就是运行在这么高工作频率（至少为 500 MHz）基础上的损耗太大。但标准制定者依靠 4 项技术构件使 10GBase-T 变为现实：损耗消除、模拟到数字转换、线缆增强和编码改进。

10GBase-T 的电缆结构也适用 1000Base-T 规范，以便使用自动协商协议顺利地将 1000Base-T 网络升级到 10GBase-T 网络。10GBase-T 相比于其他 10 Gb/s 规范而言，具有更高的响应延迟和消耗。在 2008 年，有多个厂家推出一种硅元素可以实现低于 6 W 的电源消耗，响应延迟小于百万分之一秒（即 1 μs）。在编码方面，不是采用原来 1000Base-T 的 PAM-5，而是采用了 PAM-8 编码方式，支持 833 Mb/s 和 400 MHz 带宽，对布线系统的带宽要求也相应地修改为 500 MHz，如果仍采用 PAM-5 的 10GBase-T 对布线带宽的需求是 625 MHz。

在连接器方面，10GBase-T 已广泛应用于以太网的 650 MHz 版本 RJ-45 连接器。在 6 类线上的最长有效传输距离为 55 m，而在 6a 类双线上可以达到 100 m。

基于光纤的广域网万兆以太网规范

前面提到的 10GBase-SW、10GBase-LW、10GBase-EW 和 10GBase-ZW 标准都是应用于广域网的物理层规范,专为工作在 OC-192/STM-64 SDH/SONET 环境而设置,使用轻量的 SDH (同步数字传输体制)/SONET(同步光纤网络)帧,运行速率为 9.953 Gb/s。它们所使用的光纤类型和有效传输距离分别对应于前面介绍的 10GBase-SR、10GBase-LR、10GBase-ER 和 10GBase-ZR 规范。在 10GBase-LX4 和 10GBase-CX4 规范中没有涉及广域网物理层,因为以前的 SONET/SDH 标准均工作在串行传输方式,而 10GBase-LX4 和 10GBase-CX4 采用的是并行传输方式。

万兆以太网应用

万兆以太网物理层支持多种光纤类型,IEEE 802.3ae 任务组选定的其光学收发器、光纤类型、传输距离和应用领域如表 3.4 所示。

表 3.4   万兆以太网的光学收发器、光纤类型、传输距离和应用领域

光学收发器	光纤类型	光纤带宽	传输距离	应用领域
850 nm 串行	50/125 μm(MMF)	500 MHz·km	65 m	数据中心
1 310 nm CWDM	62.5/125 μm(MMF)	160 MHz·km	300 m	企业网;园区网
1 310 nm CWDM	9.0 μm(SMF)	不适用	10 km	园区网;城域网
1 310 nm 串行最大距离	9.0 μm(SMF)	不适用	10 km	园区网;城域网
1 550 nm 串行	9.0 μm(SMF)	不适用	40 km	城域网;广域网

目前,万兆以太网主要应用于企业网、园区网和城域网等大型网络的主干网连接,尚不支持与端用户的直接连接。例如,利用 10 Gb/s 以太网可实现交换机到交换机、交换机到服务器以及城域网和广域网的连接。图 3.32 所示是万兆以太网在局域网中的应用示例。其中的主干线路使用 10 Gb/s 以太网,校园网 A、校园网 B、数据中心和服务器群之间用 10 Gb/s 以太网交换机连接。

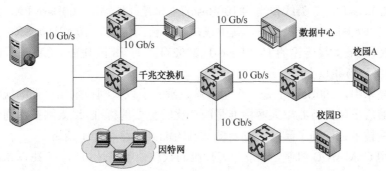

图 3.32   万兆以太网在局域网中的应用示例

万兆以太网在城域网主干网方面具有很好的应用前景。首先,带宽 10 Gb/s 足以满足现阶段以及未来一段时间内城域网带宽的要求。其次,40 km 的传输距离可以满足大多数城市城域

网的覆盖范围。再次，万兆以太网作为城域网可以省略骨干网的 SNOET/SDH 链路，简化网络设备，使端到端传输统一采用以太网帧成为可能，省略传输中多次数据链路层的封装和解封装，以及可能存在的数据包分片。最后，以太网端口的价格也具有很大优势。

练习

1. 以下关于 IEEE 802.3ae 标准的描述中，错误的是（　　　）。
   a.支持 IEEE 802.3 标准中定义的最小和最大帧长　　b.支持 IEEE 802.3ad 链路汇聚协议
   c.使用 1 310 nm 单模光纤作为传输介质，最大段长可达 10 km
   d.使用 850 nm 多模光纤作为传输介质，最大段长可达 10 km
2. 以下属于万兆以太网物理层标准的是（　　　）。
   a. IEEE 802.3u　　　　　b. IEEE 802.3a　　　　　c. IEEE 802.3e　　　　　d. IEEE 802.3ae
3. IEEE 802.3ae 10 Gb/s 以太网标准支持的工作模式是（　　　）。
   a. 单工　　　　　b.半双工　　　　c.全双工　　　　　d. 全双工和半双工

补充练习

使用 Web 搜索引擎，查询万兆以太网的相关信息，研究总结万兆以太网的应用场景，并将总结形成研究报告。

本 章 小 结

以太网技术是一项古老而又充满活力的网络技术。自从 1982 年以太网协议被 IEEE 采纳为标准以后，已经历了近 40 年的风风雨雨。在这近 40 年中，以太网技术作为局域网链路层标准战胜了令牌总线、令牌环等技术，已成为局域网的事实标准。目前，以太网技术对于局域网市场的占有率已经超过 90%。

在以太网的发展中，由最初 10Base-5 发展为 10Base-2 细缆总线，随后发展成为大家熟悉的星状双绞线 10Base-T。随着对带宽要求的提高和器件能力的增强，出现了快速以太网，即 5 类线传输的 100Base-TX、3 类线传输的 100Base-T4 和光纤传输的 100Base-FX。随着带宽的进一步提高，千兆以太网接口粉墨登场，其中包括短波长光传输的 1000Base-SX、长波长光传输的 1000Base-LX 及 5e 类线传输的 1000Base-T。2002 年 7 月 18 日 IEEE 又通过了 IEEE 802.3ae。10 Gb/s 以太网又称万兆以太网。

在以太网技术中，100Base-T 是一个里程碑，确立了以太网技术在桌面的统治地位。千兆以太网标准和随后出现的万兆以太网标准是两个比较重要的标准，以太网技术通过这两个标准从桌面的局域网技术延伸到了园区网以及城域网的汇聚线路和骨干线路。

以太网采用 CSMA/CD 机制，即带冲突检测的载波侦听多址访问。千兆以太网接口基本应用于点到点线路，不再共享带宽。冲突检测、载波侦听和多址访问已不再重要。千兆以太网与经典以太网最大的相似之处在于采用相同的以太网帧结构。万兆以太网技术与千兆以太网技术类似，仍然保留了之前的以太网帧结构；通过不同的编码方式或波分复用提供 10Gb/s 传输速率。所以就其本质而言，万兆以太网仍是以太网的一种类型。

本章重点讨论了以太网是如何建立在 CSMA/CD 技术基础之上的,这种技术用于控制对介质（总线或逻辑总线）的访问；还介绍了以太网的帧格式,这种帧用来实现网卡和网卡之间的数据传递。为了实现以太网的特定要求,需要特殊的网络结构和设备。第一个要求是对性能的要求。随着网络的发展和网络中数据流量的增加,网络性能变得非常重要。通常用交换机代替集线器能使局域网的性能得到提高,所以当今的许多网络都是基于交换机的。交换机提供的智能特性也能提高网络的整体性能。

小测验

1. NIC 代表什么？（　　）
   a. 网络接口控制　　　　　　b. 网卡　　　c. 国家通信协会　　　　d. 网络接口载体

2. 下列哪一项最好地阐述了 MAC 层地址的功能？（　　）
   a. 向下一个目标 NIC 发送帧　　　　b. 向正确端口发送包
   c. 向最终目标结点发送帧　　　　　　d. 向正确套接字发送帧

3. 在快速以太网中为什么要用交换机代替集线器？（　　）
   a. 增强与广域网的连接　　　　b. 增强与因特网的连接
   c. 增强以太网性能　　　　　　d. 以上都是

4. 最广泛采用的局域网技术是（　　）。
   a. 以太网　　　　b. 令牌环　　　c. ARC 网　　　d. FDDI

5. 在以太网中发送拥塞消息的主要原因是（　　）。
   a. 警告其他结点有冲突被检测到　　b. 破坏到达的 MAC 帧的前同步码
   c. 使本地局域网中的结点重新同步　d. 确保所有的远端结点都已接收到前一帧

6. 通常在 NIC 中使用的是哪一层软件？（　　）
   a. 物理层　　　　b. 数据链路层　　　c. 网络层　　　　d. 传输层

7. 快速以太网中 UTP 电缆的最大长度是（　　）。
   a. 100 m　　　　b. 1 000 m　　　c. 10 km　　　d. 200 m

8. 以太网 V2（第 2 版）和 IEEE 802.3 以太网的帧格式的不同之处是（　　）。
   a. 帧的长度　　　　b. 帧中的长度字段　　　c. 填充的长度　　　d. 线缆的长度

9. 以太网的数据帧封装如下图所示,包含在 IP 数据报中的数据部分最长应该是（　　）字节。

目的 MAC 地址	源 MAC 地址	协议类型	IP 头	数据	CRC

   a. 1 434　　　　b. 1 460　　　c. 1 480　　　d. 1 500

10. 关于以太网,下列哪种说法不对？（　　）
    a. 以太网是在局域网中使用的主要的 MAC 标准
    b. 快速以太网和 10 Mb/s 以太网的帧类型是一样的
    c. 以太网的速率是在 10～1 000 Mb/s 之间　　d. 以太网只能使用 5 类 UTP

11. 快速以太网与经典以太网的相似之处在于（　　）。
    a. 使用相同的帧格式　　b. 都采用 5 类电缆　　c. 都使用星状配置　　d. 以上都是

12. 以太网标准是（　　）。
    a. IEEE 802.5　　　　b. IEEE 802.2　　　c. IEEE 802.3　　　d. IEEE 802.x

13．存储－转发交换机与直通交换机的区别在于（　　　）。

　　a．直通交换机工作在第 1 层，存储－转发交换机工作在第 2 层

　　b．存储－转发交换机更准确，直通交换机速度更快

　　c．直通交换机一次转发一帧，存储－转发交换机成批地转发帧

　　d．存储－转发交换机更快，直通交换机更准确

14．以下关于局域网应用环境的描述中，错误的是（　　　）。

　　a．在相同的网络负载条件下，令牌环网表现出很好的吞吐量与较低的传输时延

　　b．在相同规模的情况下，令牌环网组网费用一般会超过以太网

　　c．以太网能适应办公环境

　　d．对于工业环境及对数据传输实时性要求严格的应用，建议使用以太网协议

15．以下关于以太网帧结构的描述中，错误的是（　　　）。

　　A．802.3 标准规定的"类型字段"对应以太网 v2.0 的帧的"类型/长度字段"

　　b．DIX 帧中没有设定长度字段，接收端只能根据帧间隔来判断一帧的接收状态

　　c．数据字段的最小长度字段为 64 B，最大长度为 1 500 B

　　d．目的地址为全 1 表示广播地址，该地址将被所有结点接收

16．以下关于以太网帧接收出错的描述中，错误的是（　　　）。

　　a．帧地址错是指接收帧的物理地址不是本站地址

　　b．帧校验错是指帧长度不正确　　　　c．帧长度错是指长度不对

　　d．帧比特错是指帧长度不是 8 位的整数倍

17．为什么管理员要限制广播流量？

18．以太网帧是在哪里进行处理的？

19．采用 CSMA/CD 介质访问控制方式的局域网，总线长度为 1 000 m，数据传输速率为 10 Mb/s，电磁波在总线传输介质中的传播速度为 2×10^8 m。计算最小帧长度应该为多少？

20．采用 CSMA/CD 介质访问控制方式的局域网，总线是一条完整的同轴电缆，数据传输速率为 1 Gb/s，电磁波在总线传输介质中的传播速度为 2×10^8 m。计算：如果最小帧长度减少 800 b，那么最远的两台主机之间的距离至少为多少米？

21．主机 A 连接在总线长度为 1 000 m 的局域网的一端，局域网采用 CSMA/CD 介质访问控制方式，数据发送速率为 100 Mb/s，电磁波在总线传输介质中的传播速度为 2×10^8 m。如果主机 A 最先发送帧，并且在检测出冲突的时候还有数据要发送。请回答：

（1）主机 A 检测到冲突需要多长时间？

（2）当检测到冲突时，主机 A 已经发送了多少位的数据？

第四章 虚拟局域网

局域网通常是一个单独的广播域,主要由集线器、网桥或交换机等网络设备连接同一网段内的所有结点组成。处于同一个局域网之内的网络结点之间可以直接通信,而处于不同局域网段的设备之间必须经过路由器才能进行通信。随着网络的不断扩展,接入设备逐渐增多,网络结构也日趋复杂,必须使用更多的路由器才能将不同的用户划分到各自的广播域中,在不同的局域网之间提供网络互联。这样做存在两个问题:一是随着网络中路由器数量的增多,网络时延逐渐加长,会导致网络数据传输速率下降。这主要是因为数据在从一个局域网传递到另一个局域网时,必须经过路由器的路由操作。二是根据用户的物理连接划分用户组(广播域),无法考虑所有用户的共同需要和带宽需求。尽管不同的工作组或部门对带宽的需求有很大差异,但它们却被机械地划分到同一个广播域中争用相同的带宽。

使用路由器隔离广播域是一种传统的方法,但由于路由器成本高,而且端口较少,无法划分细致的网络。为解决交换机在局域网中无法限制广播范围的问题和安全性,提出了虚拟局域网(VLAN)技术。

VLAN 的出现使得管理员能够根据实际应用需要,把同一物理局域网内的不同用户逻辑地划分成不同的广播域,即虚拟局域网(VLAN);每一个 VLAN 都包含一组有着相同需求的计算机工作站,与物理上形成的 LAN 有着相同的属性。由于 VLAN 是从逻辑上划分的,而不是从物理上划分的,所以同一个 VLAN 内的各个工作站不是限制在同一个物理范围中,即这些工作站可以位于不同的物理 LAN 网段。由 VLAN 的特点可知,一个 VLAN 内部的广播和单播流量不会转发到其他 VLAN 中,从而有助于控制流量,减少设备投资,简化网络管理,提高网络的安全性。

VLAN 除了能将网络划分为多个广播域,使网络拓扑结构变得非常灵活之外,还可用于控制网络中不同部门、不同站点之间的互相访问。VLAN 可以由混合的网络类型和设备组成,如 10 Mb/s 以太网、100 Mb/s 以太网、令牌网和 FDDI 等,可以是工作站、服务器、集线器、网络上行主干等。

现在,交换机供应商已经开发了许多种专用解决方案来创建 VLAN。本章将讨论 VLAN 的基本概念、实现方法和工作原理,其中包括 IEEE 802.1Q 和 VTP 协议。

第一节 虚拟局域网的概念

为解决局域网的冲突域、广播域、带宽等问题,在交换式局域网的基础上,通常可利用增值软件通过组建虚拟工作组的形式,来改善局域网的性能,增强其使用的灵活性。为此,IEEE 于 1999 年颁布了 IEEE 802.1Q 协议标准,用于实现虚拟局域网(VLAN)。

学习目标

▶ 掌握 VLAN 的基本概念;

> ▶ 了解 VLAN 的主要优点以及不足之处；
> ▶ 掌握创建虚拟工作组的原因或理由。

关键知识点

> ▶ VLAN 使用特殊的软件和交换机硬件将结点分配到逻辑组中。

虚拟局域网的定义

虚拟局域网（VLAN）是指建立在交换技术基础之上，将局域网内的设备逻辑地划分为若干网段，实现虚拟工作组的一种技术。将网络上的结点按照工作性质与需要划分成若干"逻辑工作组"，一个逻辑工作组就是一个虚拟网络。其实，VLAN 即指由若干物理网段组成的网络。虚拟的概念在于网络的同一个工作组内的用户结点不一定都连在同一个物理网段上，它们只是因某种性质关系或隶属关系等原因逻辑地连接在一起，而不是物理地连接在一起。它们的划分和管理是由虚拟网管理软件来实现的。属于同一虚拟工作组的用户，如因工作需要，可以通过软件划归到另一个工作组网段上去，而不必改变其网络的物理连接。因此，从某种意义上来说，VLAN 只是给用户提供的一种服务，并不是一种新型局域网。从功能上讲，每个 VLAN 结点都属于一个单独的桥接域；而桥接域是网络的一部分，由终端结点与诸如网桥和交换机这样的第 2 层设备组成。因此，来自 VLAN 结点的广播数据流能到达同一个 VLAN 中的所有其他结点，但不能到达其他的 VLAN。图 4.1 所示是一个典型的 VLAN 的物理结构和逻辑结构，不同位置的多个站点可以与相同的 VLAN 相关联，而不需要对站点的物理连接重新布线。

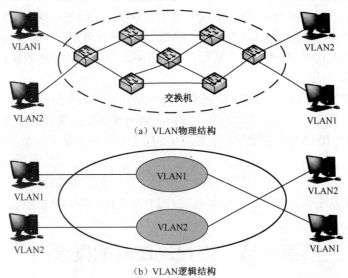

图 4.1　典型的 VLAN 物理结构和逻辑结构

建立 VLAN 的主要目的是将多个网段组合到一起构成一种逻辑上的数据流模式而不需要为网络重新布线。VLAN 通常被构建成一系列相关的用户组，如分布在一个大型多层建筑物中的多个不同部门。另外，如果使用得当，在 VLAN 中不用人工改变 IP 地址就可以将工作站移动到新的物理位置。图 4.2 所示为一个基于不同工作组所设计的 VLAN 示例。

在图 4.2 中定义了 3 个 VLAN，它们分别在不同位置的交换机上：

► VLAN1 包含交换机 B 的端口 6、交换机 C 的端口 5 上的结点；
► VLAN2 包含交换机 A 的端口 2、交换机 B 的端口 5、交换机 D 的端口 7 上的结点；
► VLAN3 包含交换机 A 的端口 1、交换机 C 的端口 6、交换机 D 的端口 8 上的结点。

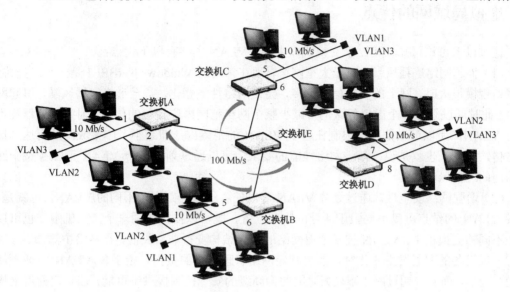

图 4.2　VLAN 示例

在图 4.2 中，交换机 A、B、C 和 D 之间通过 100 Mb/s 快速以太网的高速链路连接在一起时，需要设置 Trunk 端口，通过交叉线连接，才能构成交换机之间的主干链路；同时在 Trunk 端口需要封装 VLAN 协议，一般封装的是 IEEE 802.1Q 协议。不同交换机端口上属于同一 VLAN 的网络结点通过交换机的 Trunk 端口进行通信。

当使用基于路由的主干来保持分布较广结点之间的通信时，交换网络被分成多个 VLAN。图 4.3 示出了这种配置。在该配置中，VLAN1 通过在路由器中"走第 3 层"，可以与 VLAN3 通信。

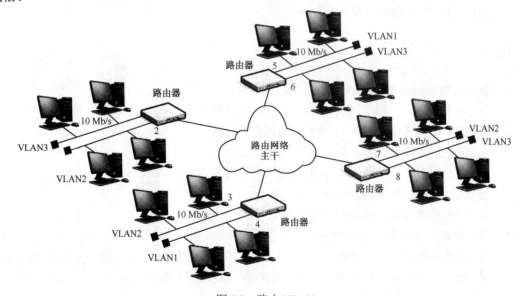

图 4.3　路由 VLAN

如果 VLAN1 中的两个结点要进行通信，路由器会将该通信限制在 VLAN1 中；但如果 VLAN1 上的结点希望与其他 VLAN（如 VLAN3）上的结点通信，就必须经由网络主干。

虚拟局域网的优点

通过以上讨论可知，相比于交换式以太网，VLAN 主要有以下优点：

（1）抑制网络广播风暴。对于大型网络，现在常用的 Windows NetBEUI 是一个广播协议，当网络规模很大时，网上的广播信息增多，会使网络性能恶化，甚至形成广播风暴，引起网络堵塞。此时通过划分多个虚拟局域网可减少整个网络范围内广播包的传输。因为广播信息不会跨过 VLAN，所以可以把广播限制在各个 VLAN 的范围内，即缩小了广播域，从而达到提高网络传输效率。也就是说，基于网络性能的要求，可以通过划分多个 VLAN 而减少整个网络范围内的广播风暴。

（2）增强网络安全性。通过划分 VLAN 可以使各结点分别属于不同的 VLAN。也就是说，构成 VLAN 的结点可以不局限于所处的物理位置，既可以挂接在同一个交换机中，也可以挂接在不同的交换机中。VLAN 技术使得网络的拓扑结构变得非常灵活，在网络中添加、移动设备时，或设备的配置发生变化时，能够减轻网络管理人员的负担。由于各 VLAN 之间不能直接进行通信，而必须通过路由器转发，因此为高级的安全控制提供了可能，在一定程度上增强了网络的安全性。例如，对于大型集团公司，有财务部、采购部和客户部等，它们之间的数据是保密的，相互之间只能提供接口数据，而其他数据则是保密的。

（3）便于集中化管理与控制。实现虚拟工作组，可使位于不同地点的用户就好像是在一个单独的 LAN 上那样通信。VLAN 是对连接到交换机的网络用户的逻辑分段，所以不受网络用户物理位置的限制，只需根据用户需求进行网络分段。VLAN 可以在一个交换机中或者跨交换机实现。VLAN 可以根据网络用户的位置、作用、部门或者根据网络用户所使用的应用程序和协议来进行划分，所以便于集中化管理与控制。例如，集团公司的财务部在各子公司均有分部，都属于财务部管理，在统一结算时要实现跨地域（即跨交换机）核算，故将其设置在同一虚拟局域网之中，就可实现集中化管理与控制。

练习

1．虚拟局域网通常使用哪种类型的设备实现（　　　）。
　　a．网桥　　　　　　　b．网关　　　　　　　c．中继器　　　　　　d．交换机
2．下列哪个选项最好地说明了虚拟局域网的功能特点（　　　）。
　　a．逻辑上将物理上可能分开的结点进行分组
　　b．在物理上将一个单独路由域中的结点分组
　　c．代替无源的集线器来提高性能
　　d．在传统的路由式网络的基础上提高性能
3．建立虚拟局域网的主要原因是（　　　）。
　　a．将服务器与工作站分离　　　　　　b．使广播流量最小化
　　c．增加广播流量的广播能力　　　　　d．提供网段交换能力
4．下列对 VLAN 的描述中，错误的是（　　　）。

　　a. VLAN 工作在 OSI 参考模型的网络层　　b. VLAN 以交换式网络为基础

　　c. 每个 VLAN 都是一个独立的逻辑网段　　d. VLAN 之间通信必须通过路由器

【提示】VLAN 工作在 OSI 参考模型的第 2 层（数据链路层）。参考答案是选项 b。

5. 判断正误：在同一网络中，可以使用许多交换机厂家的产品来创建虚拟局域网。

6. 判断正误：虚拟局域网大致等价于一个广播域。

7. 判断正误：VLAN 能够用来创建广播域。

8. 判断正误：一个 VLAN 上的两个结点要进行通信，该请求必须通过一个路由器。

9. 创建 VLAN 的主要原因是什么？

10. 列出使用 VLAN 技术的几个好处。

补充练习

配置一台交换机，使其能够在网络中充当一个虚拟局域网。

第二节　VLAN 的实现方法

每个网络管理员都希望能完全自由地将处于任意地点的任意用户分配到一个或多个虚拟局域网（VLAN）中去，而不需要额外的开销（时间、金钱和网络性能等）。但迄今为止还没有任何一个 VLAN 解决方案可以满足上述所有要求。每种类型的 VLAN 实现都基于一种不同的认证 VLAN 成员的方法,而这些认证成员资格的方法决定了 VLAN 如何工作和工作得怎样。

学习目标

▶　掌握实现 VLAN 的主要方法；

▶　了解实现 VLAN 各种方法的优缺点。

关键知识点

▶　一种 VLAN 实现方案成功与否取决于它定义和判别 VLAN 成员资格的方法。

实现 VLAN 的基本方法

目前，定义 VLAN 成员资格的方法很多，通常将这些 VLAN 解决方案分成 4 种类型：

▶　基于端口分组；

▶　基于 MAC 地址分组；

▶　基于协议分组；

▶　基于 IP 多播分组。

基于端口划分 VLAN

基于交换机端口的 VLAN 划分是最早的一种比较常用的实现方法，而且配置也相当直观简单，因此是一种最实用的 VLAN 划分方法。其特点是将交换机按照端口进行分组，每一组定义为一个 VLAN。图 4.4 所示是一个基于单个交换机端口划分虚拟子网的示例。网络管理员首先配置交换机，使得与交换机端口 1、2、3 和 7、8 相关联的 5 个结点组成 VLAN1，使得与交换机端口 4、5 和 6 相关联的 3 个结点组成 VLAN2。交换机中保存着"VLAN 与端口映射表"（也称为"VLAN 成员列表"）。这些交换机端口分组可以在一台交换机上也可以跨越多台交换机。这样把交换机按照交换机端口分组后，一个 VLAN 内的各个端口上的所有终端都在一个广播域中，它们可以相互通信，不同的 VLAN 之间进行通信则需要经过路由器来进行。

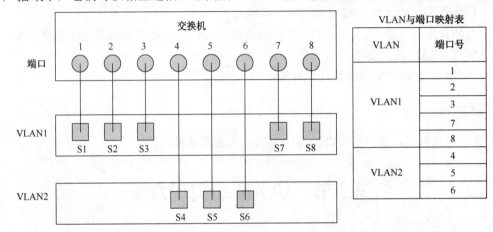

图 4.4　基于交换机端口划分 VLAN 的示例

　　显然，基于交换机端口划分 VLAN 的优点是简单，容易实现。从一个端口发出的广播，直接发送到 VLAN 内的其他端口，也便于直接监控。但是，这种纯粹通过端口组定义的 VLAN 不允许多个 VLAN 中包含同一物理段（或交换机端口），到达相同端口的所有帧必须共享同一个 VLAN，因此存在使用不够灵活的局限性，属于一种静态 VLAN。例如，当一个网络结点从一个交换机端口移动到另外一个新的端口时，如果新端口与原端口不属于同一个 VLAN，就需要网络管理员重新对该结点进行网络地址配置，否则，该结点将无法进行网络通信。当然，这一缺陷可以通过网络管理软件来予以弥补。在基于交换机端口划分的静态 VLAN 中，每个交换机端口可以属于一个或多个 VLAN 组，适用于连接服务器。

　　根据端口划分 VLAN 是目前最常用的方法，IEEE 802.1Q 规定了依据以太网交换机的端口划分 VLAN 的国际标准。

基于 MAC 地址划分 VLAN

　　基于 MAC 地址划分 VLAN 的方式是指根据每个主机的 MAC 地址来动态地划分 VLAN。图 4.5 所示是基于结点 MAC 地址划分 VLAN 的示意图。网络管理员可以指定具有哪些 MAC 地址的结点属于 VLAN，而不管这个结点连接在哪个端口上。这种方式与基于交换机端口划分 VLAN 的方式有所不同。因为 MAC 地址是固化在每个网卡中的，所以基于 MAC 地址的 VLAN 能使网络管理员把一个工作站移到网络中另一个不同的物理位置，并使这个工作站自动保留其 VLAN 成员资格。这样，通过 MAC 地址定义的 VLAN 可以被认为是基于用户的动态 VLAN。

　　基于 MAC 地址的 VLAN 解决方案存在的一个缺点是，它要求所有用户最初至少被配置到一个 VLAN 中。在最初的手工配置以后，才可以根据特定厂家的解决方案自动跟踪用户。但是，在大型网络中，成千上万的用户都必须明确地被分配到特定的 VLAN 中，这时必须对 VLAN 进行初始配置的缺点就变得非常突出了。为了解决这一问题，一些厂家给出了一种根据网络当前状态来创建 VLAN 的工具，以减轻基于 MAC 地址的 VLAN 初始配置的繁重任务。也就是说，利用该工具可以为每个子网创建一个基于 MAC 地址的 VLAN。

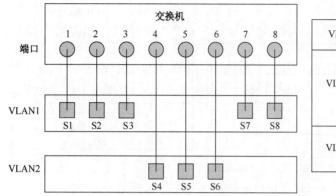

图 4.5 基于结点 MAC 地址划分 VLAN 的示意图

由于在一个交换机端口中同时存在着多个不同的 VLAN 成员，所以在共享介质环境中（如以太网）实施基于 MAC 地址的 VLAN 时，网络性能会明显下降。此外，在基于 MAC 地址划分的 VLAN 中，为在交换机之间交换 VLAN 成员资格信息以进行必要的管理时所增加的额外数据流量，也会随着网络规模的增大而使得系统性能下降。

另外，以 MAC 地址为基础的 VLAN，其必须对 VLAN 进行初始配置的缺点在包含大量有配接站的笔记本计算机的环境中表现得更为明显。配接站和基础网络适配器（与其硬件 MAC 地址），通常保留在台式机上，而笔记本计算机则与用户一起移动，这就产生了一些问题。当用户移到新的桌面和配接站时，MAC 地址改变了，VLAN 成员资格却不能跟踪该变化。在这样的环境下，只要用户移动并使用不同的配接站，VLAN 成员资格就必须时常更新。这个问题并不是特别普遍，但它反映了基于 MAC 地址划分 VLAN 的一些局限。

基于网络层地址或协议划分 VLAN

基于网络层（OSI 参考模型的第 3 层）信息的 VLAN 根据网络协议类型（如果支持多种协议）或网络层地址来确定 VLAN 成员资格。因此，可以通过给每个用户分配一个网络逻辑地址（如一个 IP 地址）来决定其 VLAN 成员资格。图 4.6 所示是基于结点 IP 地址划分 VLAN 的示意图。网络管理员可以将属于一个子网的所有结点划分在一个 VLAN 中。例如，在图 4.6 中，属于子网 202.119.160.0/24 的结点划分在 VLAN1 中，属于子网 202.119.130.0/24 的结点划分在 VLAN2 中。

尽管这些 VLAN 是基于第 3 层信息划分的，但其并不具有"路由"功能，也不同于网络层路由。交换机检查分组的 IP 地址以确定 VLAN 成员资格，但并不采用路径计算，也没有用到 RIP 或 OSPF 协议，通过交换机的帧通常是根据生成树算法进行桥接的。因此，从使用基于第 3 层 VLAN 交换机的角度来看，在任何给定的 VLAN 中的连接仍是一个直接的桥接拓扑结构。

虽然基于第 3 层信息的 VLAN 和路由之间存在明显的区别，但值得一提的是，一些厂家将第 3 层的许多智能集成到了交换机中，使得一些常用的功能可与路由结合在一起。此外，"第 3 层软件"或"多层"交换机通常具有分组转发功能，这种功能是集成在 ASIC 芯片组中的路由技术所具有的，这样便大大提高了基于软件的路由器的性能。然而，不管在 VLAN 解决方案的什么地方，路由总是连接不同的 VLAN 所必需的。

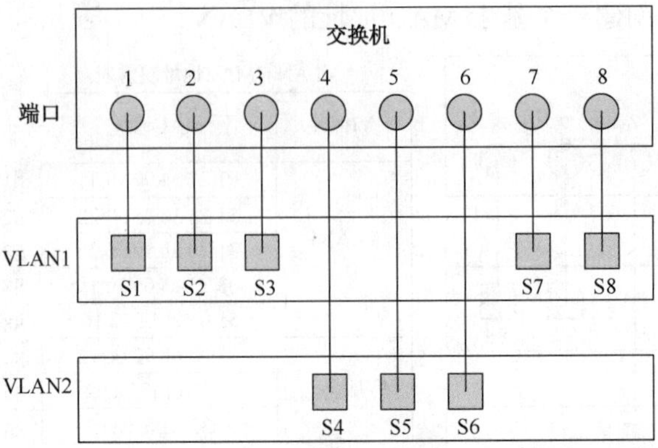

VLAN与IP地址映射表

VLAN	IP地址	
VLAN1	202.119.160.1	S1
	202.119.160.2	S2
	202.119.160.3	S3
	202.119.160.7	S7
	202.119.160.8	S8
VLAN2	202.119.130.16	S4
	202.119.130.18	S5
	202.119.130.20	S6

图 4.6　基于结点 IP 地址划分 VLAN 的示意图

将 VLAN 定义在第 3 层有几个好处。首先，能够分开网络协议类型。这对致力于基于服务器或应用的 VLAN 策略的网络管理员来说很有吸引力。其次，用户无须重新设置每个工作站的网络地址就能够物理地移动它们，这极大地方便了 TCP/IP 用户。最后，将 VLAN 定义在第 3 层，就不必再向每个帧添加 VLAN 成员资格信息，从而减少了传输开销。

将 VLAN 定义在第 3 层的不足之处（相对于基于 MAC 地址或端口的 VLAN）就是性能。检查一个分组中的网络地址要比察看一个帧中的 MAC 地址花费更多的时间。因此，使用第 3 层信息定义 VLAN 的交换机通常比使用第 2 层信息定义 VLAN 的交换机要慢。另外，定义在第 3 层的 VLAN 在处理诸如 NetBIOS 和 DEC-LAT 之类的不可寻径协议时，尤为困难；因为它不能区分运行不可寻径协议的终端结点，所以终端结点定义为网络层 VLAN 的一部分。

基于 IP 多播组实现 VLAN

IP 多播组是对 VLAN 成员资格定义的另外一种形式，在这一形式下，VLAN 作为广播域的基本概念仍然适用。当一个 IP 分组用多播方式进行发送时，会发往一个地址，这个地址是有明确定义的一组动态建立的 IP 地址的代理。每个结点都能通过响应相应的广播通告来加入特定的 IP 多播组，而这种广播通知则标志着对应的 IP 多播组的存在。

所有加入同一个 IP 多播组的结点都被看成同样的虚拟网络成员，同时，一个结点也可以属于多个 VLAN。但是，这种成员资格不是永久的，只是在一定的时间里有效。这种基于 IP 多播组划分 VLAN 的动态特性使其具有高度的灵活性和应用敏感性。此外，由 IP 多播组划分的 VLAN 还能够“跨过”路由器与广域网相连接。

VLAN 配置的自动化

VLAN 应用的另一个中心议题是 VLAN 配置的自动化程度。在某种意义上说，这种自动化程度与如何定义 VLAN 有关。但最终，特定的解决方案将决定这种自动化的程度。VLAN 配置的自动化程度主要有手工配置、半自动化配置和全自动化配置 3 个层次。

手工配置

采用纯粹的手工配置，是指初始的设置和所有后继移动与改变都由网络管理员控制。这种配置使管理员具有高度的控制权，但不适用于大型企业网。另外，手工配置"埋没"了 VLAN 的一个主要优点：不需要管理员花费时间进行移动和改变。（尽管在 VLAN 中，有时手工移动用户实际上比通过路由子网移动用户更容易，这取决于特定厂家的 VLAN 管理接口。）

半自动化配置

半自动化配置是指要么使初始化配置自动化，要么使随后的重新配置（移动和改动）自动化，或者两者都自动化。初始配置的自动化一般是通过把 VLAN 映射到已存在的子网中或其他标准中来实现的。半自动化配置还指这样一种情况，VLAN 的初始配置是由手工完成的，而随后的移动能被自动地追踪。组合了初始配置和后继配置的自动化仍然被称为半自动化配置，因为此时网络管理员通常有手工配置的权限。

全自动化配置

对于一个全自动化配置 VLAN 的系统，工作站能够根据应用、用户身份或者管理者预置的其他标准或策略自动、动态地加入 VLAN。

交流 VLAN 成员信息

在有多个交换机的 VLAN 环境中，每个交换机都应具有识别 VLAN 成员资格的能力（哪一个结点属于哪一个 VLAN）；否则，VLAN 将会被限制在一个交换机中。

一般来说，基于第 2 层的 VLAN（由端口或 MAC 地址定义）必须显式地进行 VLAN 成员资格交流。而基于 IP 的 VLAN，其成员资格则由 IP 地址隐含地交流。根据特定的解决方案，多重协议环境中基于第 3 层的 VLAN 其成员资格的交流也是隐含的。

经过主干的 VLAN 信息在交换机之间至少有 3 种方法可实现交流：

▶ 通过信令进行表维护；

▶ 帧标记；

▶ 时分复用（TDM）。

通过信令进行表维护

在这种方法中，每台交换机在内存中维护 MAC 地址与 VLAN 成员资格的映射表。当一个终端结点广播了它的第一帧后，交换机用映射表将终端结点的 MAC 地址或连接的端口和 VLAN 成员资格匹配起来。交换机还会将成员资格信息连续地广播到所有其他交换机。当一个 VLAN 成员资格变动时，管理控制台的系统管理员将手工更改这些地址表。当网络扩展并又有新的交换机加入时，更改每一个交换机的缓存地址表所必需的常规信号会引起主干网的拥塞。因此，这种方式在扩大网络规模时并不适用。

帧标记

在帧标记的方法中，交换机通常将一个报头插入到在交换机之间的主干上传输的每一帧中，从而唯一标记特定的 MAC 层帧属于哪个 VLAN。在插入报头信息时，有时会出现帧长度超过 MAC 层帧最大长度的情况，对此有不同的处理方式。然而，这些报头信息增加了网络的额外通信负荷。

时分复用

第三种（最不常用）方法是时分复用（TDM）。TDM 在交换机主干上支持多个 VLAN，如同在广域网环境下支持多种通信类型一样：为每个 VLAN 保留单独的信道，这虽然削减了在帧标记中历来都有的系统开销问题，但仍然浪费了带宽。因为即使该信道没有数据流量，但分配给一个 VLAN 的时间片也不能被其他 VLAN 使用。

典型问题解析

【例 4-1】配置 VLAN 有多种方法，下面哪一项不是配置 VLAN 的方法？（　　　　）

    a．把交换机端口指定给某个 VLAN

    b．把 MAC 地址指定给某个 VLAN

    c．由动态主机设置协议（DHCP）服务器动态地为计算机分配 VLAN

    d．根据上层协议来划分 VLAN

【解析】在交换机上实现 VLAN，可以采用静态的或动态的方法。动态分配可以根据设备的 MAC 地址、网络层协议、网络层地址、IP 多播组或管理策略来划分 VLAN。基于 MAC 地址划分 VLAN 是按照每个连接到交换机设备的 MAC 地址来定义 VLAN 成员资格的；根据上层协议、逻辑地址来划分 VLAN，有利于组成基于应用的 VLAN。参考答案是选项 c。

【例 4-2】当数据在两个 VLAN 之间传输时需要哪种设备？（　　　　）

    a．第 2 层交换机　　　　b．网桥　　　　c．路由器　　　　d．中继器

【解析】当数据在两个 VLAN 之间传输时，需要通过路由器或第 3 层交换机。因为每个 VLAN 是一个广播域，不同的 VLAN 之间不能直接通信，需要第 3 层设备的支持。参考答案是 c 选项。

【例 4-3】通常 VLAN 有静态和动态两种划分方法，这两种方法分别是如何实现的？各有什么特点？

【解析】在静态划分方法中，网络管理员将交换机端口静态地分配给某一个 VLAN，这是经常使用的一种配置方式。静态划分 VLAN 简单、有效、安全，易于监控管理，是一种常用的 VLAN 划分方法。几乎所有的交换机都支持这种方法。

在动态划分方法中，管理员必须先建立一个正确的 VLAN 管理数据库，如输入要连接的网络设备的 MAC 地址及相应的 VLAN 号；这样，当网络设备连接到交换机端口时，交换机可自动把这个网络设备所连接的端口分配给相应的 VLAN。动态 VLAN 的配置可以基于网络设备的 MAC 地址、IP 地址、应用的协议来实现。动态 VLAN 一般通过管理软件来进行管理。

动态划分 VLAN 的优点是，在新增用户或用户移动时可以减少配线间中的管理工作，但数据库的建立和维护较复杂。此外，在使用基于 MAC 地址划分 VLAN 时，一个交换机端口有可能属于多个 VLAN，在一个端口上必须接收多个 VLAN 的广播信息，这将会造成端口的拥塞。

基于第 3 层协议类型或地址划分 VLAN 的方法的优点是利于组成基于应用的 VLAN。

练习

1. 可以采用静态或动态方式来划分 VLAN，下面属于静态划分的方法是（　　）。
  a. 按端口划分   b. 按 MAC 地址划分
  c. 按协议类型划分   d. 按逻辑地址划分

2. 划分 VLAN 的方法有多种，这些方法中不包括（　　）。
  a. 根据端口划分   b. 根据路由设备划分
  c. 根据 MAC 地址划分   d. 根据 IP 地址划分

3. 在使用 MAC 地址划分 VLAN 时，当把不同 VLAN 的成员放到同一个交换机端口时是否会有问题。请解释。

4. 说出基于协议划分 VLAN 这一方法的优点和缺点。

5. 说出 VLAN 成员资格通信的 3 种方法。

6. 判断正误：用户在每个终端结点输入参数进行配置就可以完成 VLAN 成员资格的确定。

7. 判断正误：基于网卡地址的 VLAN 成员资格在有许多笔记本计算机的环境中特别有效。

8. 判断正误：通过 IP 多播组实现 VLAN 的一个优点是，工作站可以动态地加入一个工作组而不用考虑交换机端口和网卡地址。

9. 判断正误：一个结点可以依据用户的 ID 来自动地加入一个 VLAN。

补充练习

利用因特网查找两个支持 VLAN 产品的厂家，找出所支持的 VLAN 成员资格技术，是否支持所有 4 种方法。总结这些发现。

第三节　IEEE 802.1Q 的基本内容

IEEE 802.1Q 标准定义了 VLAN 帧标记的格式，提供了 VLAN 的明确定义及在交换式局域网中的应用。802.1Q 标准对应于低层 802.1 协议，它将物理设备和端口与网络中定义的 VLAN 相关联，然后向其他局域网站点映射或共享该关联。IEEE 802.1Q 通过在帧中使用 VLAN 标记或一个标识符来完成这一工作。这种标记方法为交换机之间互相交换 VLAN 信息和创建 VLAN 提供了必要的信息。

学习目标

▶　掌握 VLAN 帧格式；
▶　了解 VLAN 数据帧交换过程。

关键知识点

▶　中继链路连接。

VLAN 的帧格式

为支持 VLAN 的应用，1998 年 12 月因特网工程任务部（IETF）给出了支持 VLAN 的以太网帧格式扩展，即 IEEE 802.1Q 标准。该标准允许在以太网帧格式中插入一个 4 字节的 VLAN 标记字段，标记字段用来指明发送以太网帧的结点属于哪一个 VLAN。

IEEE 802.1Q 通过添加标记的方法扩展标准以太网的帧结构，扩展后的以太网帧格式如图 4.7 所示。与以太网帧格式相比，在 VLAN 帧中增加了一个长度为 4 B 的 VLAN 标记（Tag），它插入在原始以太网帧的源地址域（SA）和类型/长度（Length/Type）之间，带有 VLAN 标记的帧称为标记帧。VLAN 的这个 4 字节标记分为 TPID 和 TCI 两个字段。

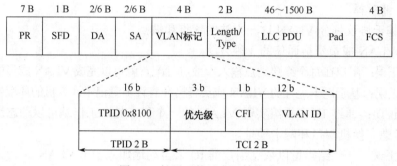

图 4.7　扩展后的以太网帧格式

标记协议标识符（TPID）

IEEE 802.1Q 用了 4 字节来扩展以太网帧。第一个字段是 2 字节的标记协议标识符（Tag Protocol Identifier，TPID），表示该帧是 IEEE 802.1Q 协议扩展的以太网帧。TPID 取值为 0x8100（10000001 00000000）。

标记控制信息（TCI）

第二个字段是 2 字节的标记控制信息（Tag Control Information，TCI）。它又分为以下 3 个字段：

▶ 优先级字段——占用 3 位，该字段提供了 IEEE 802.1Q 定义的 0～7 级的 8 个优先级，0 级最高。当有多个帧待发送时，按优先级发送数据帧。

▶ CFI 字段——占用 1 位，是标准格式指示符。0 表示以太网，1 表示 FDDI 和令牌环网帧。

▶ VLAN ID（VID）字段——占用 12 位，该字段作为 VLAN 的标志符（0～4 095），与某 VLAN 关联。其中 VID 0 用于识别优先级，VID 4095 保留未用，最多可配置 4 094 个 VLAN。

当以太网帧从一个逻辑组输出时，支持 VLAN 的交换机就会在帧中插入 VLAN 标记，其中携带了该 VLAN 的编号。当支持 VLAN 交换机收到一个标记帧时，就根据其中的 VLAN 的编号把它映射到相应 VLAN 网段，然后按通常的方法进行交换，标记同时被删除。

VLAN 中继

在划分 VLAN 的交换网络中，交换机端口之间的连接分为接入链路连接和中继链路连接两种。

接入链路连接

接入链路只能连接具有标准以太网卡的设备，也只能传输属于单个 VLAN 的数据帧。任何连接到接入链路的设备均属于同一个广播域。

中继链路连接

在 IEEE 802.1Q 标准中，连接两个交换机的端口称为"中继端口"，它属于所有的 VLAN。中继端口之间的链路称为中继链路。中继链路是在一条物理连接上生成的多个逻辑连接，每个逻辑连接属于一个 VLAN。在进入中继端口时，交换机在数据帧中加入 VLAN 标记。这样，在中继链路另一端的交换机就不仅要根据目的地址，而且要根据数据帧属于的 VLAN 进行转发。

在某一交换机上接收到的广播帧将向该 VLAN 的所有端口转发，其中也包括交换机之间的中继端口。当帧在交换机之间的中继端口上传输时，它被写上标明 VLAN 的标记。另一个交换机接收到该帧后，将根据标记所标识的 VLAN 向该 VLAN 所连接的端口转发。

VLAN 数据帧的交换过程

VLAN 数据帧交换过程如图 4.8 所示。在 VLAN 组网过程中，网络管理员可以将交换机的一个端口设置为中继端口，也可以设置为普通端口。中继端口支持 IEEE 802.1Q，普通端口不支持 IEEE 802.1Q。

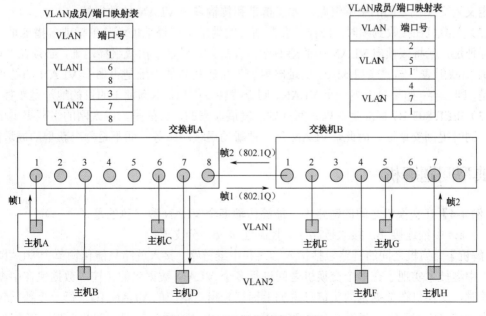

图 4.8　VLAN 数据帧交换过程

　　假设交换机 A 的端口 8 与交换机 B 的端口 1 被设置成中继端口，那么交换机 A 通过中继端口 8 与交换机 B 的中继端口 1 连接，它们支持 IEEE 802.1Q 协议，形成中继链路。属于 VLAN1 与 VLAN2 的结点分别连接在交换机 A 和交换机 B 的普通端口上。交换机转发 VLAN 数据帧的过程可以归纳为以下步骤：

　　（1）当主机 A 向主机 G 发送帧 1 时，由于结点连接在交换机 A 的普通端口 1 上，主机 A 发送的帧 1 是没有经过 IEEE 802.1Q 协议扩展的普通以太网帧。

　　（2）交换机 A 端口 1 接收到帧 1 后，确定连接在端口 1 的主机 A 是 VLAN1 的成员。交换机 A 将用 IEEE 802.1Q 协议扩展帧 1，将 VID 字段置为 VLAN1，形成带有 VLAN1 标记的扩展帧 1，表示为"帧 1（IEEE 802.1Q）"，如图 4.8 所示。

　　（3）交换机 A 通过"VLAN 成员/端口映射表"与本地"端口/MAC 地址映射表"查找"帧 1（IEEE 802.1Q）"发送的目的结点是否连接在交换机 A 上。如果该帧是发送给连接在交换机 A 上的 VLAN1 结点，那么交换机 A 通过对应的端口直接转发。本例中该帧是要发送给连接在交换机 B 上的 VLAN1 主机 G，那么交换机 A 将通过中继链路由中继端口 8 将其转发到交换机 B 端口 1。

　　（4）交换机 B 从端口 1 接收到"帧 1（IEEE 802.1Q）"之后，首先通过 VLAN 标识符（VID）判断该帧是否属于 VLAN1。如果属于 VLAN1，交换机 B 通过"VLAN 成员/端口映射表"与本地"端口/MAC 地址映射表"查找目的地址对应的端口。在本例中，主机 G 连接在端口 5 上。交换机 B 删除为"帧 1（IEEE 802.1Q）"添加的 VLAN 标记符之后，通过端口 5 将帧 1 转发给主机 G。

　　如果 VLAN2 的主机 H 要给同属于 VLAN2 的主机 D 发送帧 2，那么其转发过程与帧 1 是相同的。

　　综上所述，对于 VLAN 的工作原理，有以下几个问题需要注意：

　　（1）VLAN 成员之间的寻址不再根据 MAC 地址或 IP 地址，而是根据 VLAN 标识符（VID）。交换机根据 VID 区别不同 VLAN 的流量。VLAN 标识符由交换机添加，对用户透明。只有定义为交换机之间的中继链路，才能携带和传输多个 VLAN 的数据帧。

　　（2）交换机在接收到帧时，同样需要判断目的地址是广播地址还是单播或多播地址。如果是广播地址，就将该帧向 VLAN 中的所有结点发送。如果是单播或组播地址，必须在"VLAN 成员/端口映射表"与"端口/MAC 地址映射表"中查找目的地址是否属于 VLAN 的结点：如果不是，则丢弃；如果属于同一个 VLAN，则查找转发端口。本例帧 1 的目的地址是单播地址。

　　（3）IEEE 802.1Q 标准是在以太网基础上发展起来的，目的是为以太网的组网提供更多的方便，同时提高安全性。因此，VLAN 是一种新的局域网服务，而不是一个新型的局域网。

典型问题解析

　　【例 4-4】在交换机之间的链路中，能够传输多个 VLAN 数据包的是（　　　）。

　　　　a. 中继连接　b. 接入链路　c. 控制连接　d. 分支连接

　　【解析】交换机之间的链路包括接入链路和中继链路。接入链路只能传输单个 VLAN 的数据包。中继技术实现了在多个交换机之间进行多个 VLAN 数据包的传输。数据包在中继链路上传输时，交换机在数据包的头信息中加上标记来指定相应的 VLAN ID。每一个数据包指定一个唯一的 VLAN ID。当数据包通过中继之后，在去掉标记的同时把数据报交换到相应的

VLAN 端口。参考答案是选项 a。

【例 4-5】利用交换机可以把网络划分成多个虚拟局域网（VLAN），一般情况下，交换机默认的 VLAN 是（　　　）。

  a．VLAN0 b．VLAN1 c．VLAN10 d．VLAN1024

【解析】IEEE 802.1Q 标准规定，VLAN ID 由 12 位表示，可支持 4 096 个 VLAN。一般情况下，交换机默认的 VLAN ID 是 1，VLAN0 用于识别优先级，可用于以太网的 VLAN ID 为 1～1 000，VID 4095 保留未用。参考答案是选项 b。

【例 4-6】下面关于 802.1Q 标准的说明中，正确的是（　　　）。

  a．这个标准在原来以太网帧中增加了 4 个字节的帧标记字段

  b．这个标准是由 IETF 制定的

  c．这个标准在以太网帧的头部增加了 26 字节的帧标记字段

  d．这个标准在帧尾部附加了 4 字节的 CRC 校验码

【解析】IEEE 802.1Q 标准是由 IEEE 制定的，该标准 VLAN 帧标记的格式在原来的因特网帧中增加了 4 个字节的帧标记字段，即 TPID、Priority、CFI 和 VID 四个字段；TPID 字段是标记 802.1Q 标准的标识符，Priority 字段提供 8 个优先级，CFI 字段是标准格式指示，VID 字段是 VLAN 标识符。

此外，还有另一种基于交换机间链路（ISL）协议的帧标记。ISL 协议是 Cisco 公司制定的协议，其在每个以太网帧的头部增加 26 字节的帧标记字段，在帧尾部附加了 4 字节的 CRC 校验码。

参考答案是选项 a。

练习

  1．术语"广播"不但应用于网络中，还指特定类型的目的帧地址。在纸上画出一个用集线器连接了 5 个结点（依次标记为 A 至 E）的广播网络，用箭头标明结点 A 向结点 D 发送数据的方向，指出能够接收到结点 A 的数据的所有目的结点。

  2．结点 A 向结点 D 发送数据和结点 A 发出一个广播帧有什么区别，收到帧的站点数目是否相同？

  3．交换机为什么要发送一个带有全"1"的 MAC 地址的帧到其所有端口？

  4．解释 VLAN 为什么能够抑制广播数据流量。

  5．列出并简要描述使用 VLAN 的两个优点。

  6．列出使用 VLAN 的一个不利之处。

  7．为什么对于 VLAN 之间的数据流量来说路由器是必需的？

  8．交换技术通常比路由技术更有吸引力是因为它更有效。判断正误。

  9．什么是 IEEE 802.1Q 标准？

  10．使用 IEEE 802.1Q，最多可以配置（　　）个 VLAN？

    a．1 022   b．1 024   c．4 094   d．4 096

【提示】根据 IEEE 802.1Q 定义的 VLAN 帧标记的格式，VID 字段为 12 位，可表示的 VLAN 标识符为 0～4 095，其中 VID0 用于识别优先级，VID4095 保留未用，所以最多可以配置 4 094 个 VLAN。参考答案是选项 c。

补充练习

1. 使用自己最喜欢的搜索引擎查找 IEEE 802.1Q 标准。如果可以，下载并浏览其内容。如果找不到该标准文件，看看能找到什么相关技术资料（可以试试 http://www.cisco.com 和 http://www.3com.com）。

2. 使用自己最喜欢的搜索引擎，查找与 VLAN 相关的虚拟工作组，看看是否发现了一些与应用相关的知识；如果发现了，总结这些发现。

第四节　VLAN 中继协议（VTP）

VLAN 中继协议（VLAN Trunking Protocol，VTP）也称为虚拟局域网干道协议。VTP 是思科公司的私有协议，用于在交换网络中简化对于 VLAN 的管理。VTP 协议在交换网络中可建立多个管理域，同一管理域中的所有交换机共享 VLAN 信息。一台交换机只能参加一个管理域，不同管理域中的交换机不共享 VLAN 信息。通过 VTP 协议，可以在一台交换机上配置所有的 VLAN，配置信息通过 VLAN 报文可以传播到管理域中的所有交换机。

学习目标

▶　了解管理域的概念；
▶　掌握 VTP 的工作原理和运行模式；
▶　了解 VTP 修剪方法。

关键知识点

▶　利用 VTP 协议实现 VLAN 的统一配置和统一管理。

VTP 工作原理

VTP 主要用于在一个公共的网络管理域内维持 VLAN 配置的一致性。VTP 是一种消息协议，使用第 2 层的数据帧，在一组交换机之间进行 VLAN 通信，管理整个网络上 VLAN 的添加、删除和重命名。VTP 从一个中心控制点开始，向网络中的其他交换机集中传达变化，确保配置的一致性。

VTP 域

实现 VTP 功能的前提是这些交换机同属于一个 VTP 域。VTP 域也称为 VLAN 管理域，它由一个或多个共享 VTP 域名、通过中继链路相互连接的交换机组成。一台交换机只能属于一个 VTP 域。要使用 VTP 就必须为每台交换机指定 VTP 域名。在同一域中的交换机通过传递 VTP 通告来共享它们的 VLAN 信息，并且，一个交换机只能参加一个 VTP 管理域，不同管理域的交换机不能共享 VTP 信息。对于 VTP 域的要求如下：

▶　域内的每台交换机必须使用相同的 VTP 域名，不论是通过配置实现，还是由交换机自动学习实现；

> 域内的交换机必须是相邻的，这意味着 VTP 域内的所有交换机形成了一颗相互连接的树。

VTP 通告

VTP 通告是指在交换机之间用来传递 VLAN 信息的数据包，也称为 VTP 数据包。VTP 通告包括汇总通告、子集通告和通告请求三种类型。

> 汇总通告—— 包含目前的 VTP 域名与配置修改编号。配置修改编号的范围为 $0 \sim$ $(2^{32}-1)$，每 300 s 发送一次，当网络拓扑发生变化时也会发送。
> 子集通告—— 包含 VLAN 配置的详细信息。
> 通告请求—— 发送条件包括：交换机重启后；VTP 域名变化后；交换机接收到修改配置编号比自己高的汇总通告时。

一般情况下，交换机接收到修改配置编号比自己高的汇总通告时，便向邻居交换机发送通告请求，然后邻居交换机发送包含 VLAN 配置信息的子集通告，交换机依此更新 VLAN 数据库信息。

VTP 修剪

在默认情况下，所有交换机通过中继链路连接在一起，如果 VLAN 中的任何设备发出一个广播数据包、组播数据包或者一个未知的单播数据包，交换机都会将其传输到所有与源 VLAN 相关的端口上（包括中继端口）。在许多情况下这种传输是必要的，而有时则是多余的。为了解决这个问题可以使用 VTP 修剪方法。VTP 修剪是指仅当中继链路接收端上的交换机存在那个 VLAN 时，才会将该 VLAN 的广播数据包和未知单播数据包转发到该中继链路上。它能减少中继链路上不必要的信息量，提高中继链路的带宽利用率。VTP 修剪包括静态修剪和动态修剪两种方式。

> 静态修剪是指手工剪掉中继链路上不活动的 VLAN。在多个交换机组成的多个 VLAN 中，这种方式很容易出错。
> 动态修剪允许交换机之间共享 VLAN 信息，也允许交换机从中继链路上动态地剪掉不活动的 VLAN，使所有共享的 VLAN 都是活动的。

根据以上讨论，可以对 VTP 的工作原理进行概括性的描述：在同一 VTP 域内，当一台 VTP 服务器更新 VLAN 配置时，该服务器立即向所有中继发送 VTP 通告消息。在中继另一端与此相邻的交换机会处理收到的通告消息并更新它们的 VLAN 数据库，然后它们再给邻居发送 VTP 通告消息。该进程在相邻交换机之间被不断转发，直到最后，所有交换机均收到了新的 VLAN 数据库。VTP 服务器和客户机每 5 min 也周期性地发送 VTP 通告消息，VTP 服务器和客户机同时处理所接收到的 VTP 通告消息，并基于这些消息更新 VTP 配置数据库。

VTP 的运行模式

在 VTP 域中存在服务器模式（VTP Server）、客户机模式（VTP Client）和透明模式（VTP Transparent）3 种工作模式。

> VTP Server 是新交换机出厂时的默认配置模式，预配置为 VLAN1。通常，一个VTP 域内的整个网络只设一个 VTP Server。VTP Server 维护该 VTP 域中的所有 VLAN 信

息列表；VTP Server 可以建立、删除或修改 VLAN，发送并转发相关的通告信息，同步 VLAN 配置，并将配置保存在非易失性随机访问存储器（NVRAM）中。

▶ VTP Client 虽然也维护所有 VLAN 信息列表，但其 VLAN 的配置信息是从 VTP Server 学到的，VTP Client 不能建立、删除或修改 VLAN，但可以转发通告，同步 VLAN 配置，但不保存配置到 NVRAM 中。

▶ VTP Transparent 相当于是一个独立的交换机，它不参与 VTP 工作，不从 VTP Server 上学习 VLAN 的配置信息，而只拥有本设备上自己维护的 VLAN 信息。VTP Transparent 可以建立、删除和修改本机上的 VLAN 信息，同时会转发通告并把配置保存到 NVRAM 中。

当交换机处在 VTP Server 或透明模式时，能在交换机上配置 VLAN，可以使用命令行界面（CLI）、控制台选单、管理信息库（MIB）（当使用 SNMP 管理工作站时）修改 VLAN 配置。

VTP 配置命令

VTP 配置命令如下：

switch(config)#vtp domain domain_name　　//创建 VTP 域
switch(config)#vtp mode server | client | transparent　　//配置 VTP 模式
switch(config)#vtp password password　　//配置 VTP 口令
switch(config)#vtp pruning　　//配置 VTP 修剪
switchport trunk pruning vlan remove vlan-id　　//从可修剪列表中去除某 VLAN
switchport trunk pruning remove 2-4,6,8　　//例（去除 VLAN2、3、4、6、8）
switch(config)#vtp version 2　　//配置 VTP 的版本
switch#show vtp status　　//查看 VTP 的配置信息
switch#show vlan　　//查看 VLAN 信息

注意：若给 VTP 配置密码，那么本域内所有交换机的 VTP 密码必须保持一致。

典型问题解析

【例 4-7】要实现 VTP 动态修剪，在 VTP 域中的所有交换机都必须配置成（　　）。
　　a．服务器　　　　b．服务器或客户机　　　　c．透明模式　　　　d．客户机

【解析】如果要实现 VTP 动态修剪，一般是在 VTP 服务器上进行配置。因为在 VTP 服务器上，即在主交换机上进行启用，那么在整个域中的交换机上都会启用。服务器会将相关的配置同步更新到其他的 VTP 客户机上。在透明模式下，交换机不会学习服务器广播的配置信息，因此，交换机不能配置为透明模式。参考答案是选项 b。

【例 4-8】VLAN 中继协议（VTP）用于在大型交换网络中简化对于 VLAN 的管理，按照 VTP 协议，交换机的运行模式可分为 3 种：服务器模式、客户机模式和透明模式。下面关于 VTP 协议的描述中，错误的是（　　）。
　　a．交换机在服务器模式下能创建、添加、删除和修改 VLAN 配置
　　b．一个管理域中只能有一台服务器
　　c．在透明模式下可以进行 VLAN 配置，但不能向其他交换机传播配置信息

d. 交换机在客户机模式下不允许创建、修改或删除 VLAN

【解析】VTP 有 3 种运行模式：服务器模式、客户机模式和透明模式。在服务器模式下，可以设置 VLAN 信息，能够创建、添加、删除和修改 VLAN 配置信息；在客户机模式下，交换机不允许创建、添加、删除和修改 VLAN 配置信息，只能被动地接收服务器的 VLAN 配置信息；在透明模式下，可以创建、添加、删除和修改本机上的 VLAN 信息，但不能广播自己的 VLAN 信息，同时它接收到服务器的 VLAN 信息后并不使用，而是直接转发给别的交换机。一般而言，一个 VTP 域内的整个网络只设一个 VTP 服务器，但没有要求只能设置一个。因此，参考答案是选项 b。

练习

1. 当启动 VTP 修剪功能后，如果交换机某端口中加入一个新的 VLAN，则该交换机立即（　　　）。

　　a. 剪断与周边交换机的连接　　　b. 把新的 VLAN 中的数据发送给周边交换机
　　c. 向周边交换机发送 VTP 连接报文　d. 要求周边交换机建立同样的 VLAN

【提示】VTP 动态修剪允许交换机之间共享 VLAN 信息，所有共享的 VLAN 都是活动的。当交换机某端口中加入一个新的 VLAN，该交换机会立即向周边的交换机发送 VTP 连接报文，通知其他交换机它有了一个新的 VLAN，于是其他交换机就会动态地把该 VLAN 添加到它们的中继链路配置中。参考答案是选项 c。

2. 下面有关 VLAN 的描述中，正确的是（　　　）。

　　a. 虚拟局域网中继协议 VTP 用于在路由器之间交换不同的 VLAN 的信息
　　b. 为了抑制广播风暴，不同的 VLAN 之间必须使用网桥分隔
　　c. 交换机的初始状态工作于 VTP 服务器模式，这样可以把配置信息广播给其他交换机
　　d. 一台计算机可以属于多个 VLAN，即它可以访问多个 VLAN，也可以被多个 VLAN 访问

【提示】在选项 a 中，认为 VTP 是一种交换机之间共享 VLAN 信息的机制，路由器直接交换的是路由信息，故不正确。在选项 b 中，划分 VLAN 的最主要的目的就是抑制广播风暴，不同的 VLAN 之间不需要用网桥分隔，而且网桥属于第 2 层设备，无法过滤广播信息，也不正确。在选项 c 中，虽然思科交换机的初始状态工作在 VTP 服务器模式，但其 VTP 域的名称是 NULL，因此无法将其 VLAN 的配置信息广播给其他交换机，也不正确。参考答案是选项 d。

3. 现有 SW1 至 SW4 4 台交换机相连，它们的 VTP 工作模式分别设定为 Server、Client、Transparent 和 Client。若在 SW1 上建立一个名为 VLAN100 的虚拟网，这时能够学到这个 VLAN 配置的交换机应该是（　　　）。

　　a. SW1 和 SW3　　b. SW1 和 SW4　　c. SW2 和 SW4　　d. SW3 和 SW4

【提示】VTP 有 3 种运行模式：VTP Server、VTP Client 和 VTP Transparent。VTP Server 维护该 VTP 域中的所有 VLAN 信息列表，可以创建、添加、删除和修改 VLAN 配置信息；VTP Client 虽然也维护所有的 VLAN 信息列表，但其 VLAN 的配置信息是从 VTP Server 上学到的，不能建立、删除或修改 VLAN；VTP Transparent 相当于一个独立的交换机，它不参与 VTP 工作，不从 VTP Server 上学习 VLAN 的配置信息，而只拥有本设备上自己维护的 VLAN 信息。VTP Transparent 可以建立、删除和修改本机上的 VLAN 信息。参考答案是选项 c。

4. VLAN 中继协议（VTP）有不同的工作模式，其中能够对交换机 VLAN 信息进行添加、

删除、修改等操作，并把配置信息广播到其他交换机上的工作模式是（　　）。

　　　　a．客户机模式　　　　b．服务器模式　　　　c．透明模式　　　　d．控制模式

【提示】参考答案是选项 b。

5．下面关于 VTP 修剪的论述中，错误的是（　　）。

　　　　a．静态剪断就是手工剪掉中继链路上不活动的 VLAN

　　　　b．动态修剪使得中继链路上所有共享的 VLAN 都是活动的

　　　　c．静态修剪要求在 VTP 域中的所有交换机都配置成客户机模式

　　　　d．动态修剪要求在 VTP 域中的所有交换机都配置成服务器模式

【提示】参考答案是选项 c。

补充练习

使用 Web 网络查找 VLAN 中继协议（VTP）规范。如果可以，下载并浏览其内容。如果找不到该文件，看看能找到什么相关技术资料（如可以试试 http://www.cisco.com 这个网站）。

第五节　　VLAN 实现中的一些问题

各种 VLAN 解决方案在工作方式、特性和不同设计之间的折中方面有很大的不同。本节将讨论这些差异，管理员在决定是否实施 VLAN 时必须考虑这些因素。

学习目标

▶　了解广播网和广播帧之间的区别；

▶　了解对于广播抑制的需求，并说明 VLAN 是怎样实现广播抑制的；

▶　了解 VLAN 和 DHCP 的主要特点和典型使用环境。

关键知识点

▶　VLAN 能够在局域网内实现广播流量抑制。

对广播流量隔离的需求

交换机可以在单个工作组之间隔离数据流量。只要有一部分数据流量局限在独立的工作组内部，就能提高网络的整体性能。但是，如果所有的数据流量都是要通过交换机去往其他工作组的，那么网络的整体带宽也不会比最初的 10 Mb/s 高多少。

广播流量对于传统的（非 VLAN）交换式网络是另外一个重要的问题。广播流量与广播网络是不同的。

广播网络或广播域，包含连接到相同的物理介质上或集线器上的结点，它们可以"听见"每个在网络上传输的帧。而广播流量则是由送往"所有计算机"（使用一种特殊的全 1 的目的 MAC 地址）的帧组成的，因此它会非常严重地降低使用交换机的局域网的可用带宽。

当交换机"看见"一个带有指定网卡地址的帧时，它要么将该帧限制在相同的网段内，要么将它发往特定网卡地址所在的目的网段。但是，当交换机"看见"一个带有广播地址的帧

时，它就只能将它发往所有的端口。广播数据包所能够覆盖的网络范围叫作广播域。以太网广播域如图 4.9 所示。交换机可以创建独立的网段，但是所有这些网段仍然属于单个广播域。地址解析是产生广播帧的常见原因。例如，如果一个结点要发送一个数据包，知道数据包的地址但不知道帧的地址（网卡地址），它就会广播一个地址解析消息来查找和数据包地址匹配的网卡地址。在 TCP/IP 网络中，这一过程是通过地址解析协议（ARP）来完成的。

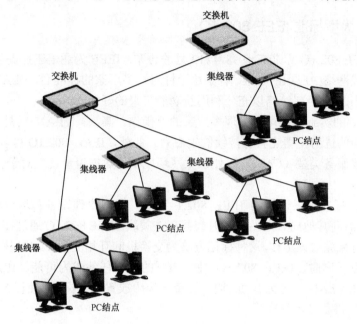

图 4.9 以太网广播域

VLAN 作为广播抑制的解决方案

20 世纪 90 年代初期，许多机构开始将两个端口的网桥替换为多个端口的网桥，用仍然包含广播流量的集中式主干网路由器在第 3 层上将网络分段。在只使用路由器进行分段的网络中，每个网段都是一个单独的广播域。每个网段通常包含 30~100 个用户。

随着交换机的引入，许多机构将网络分成规模更小的在第 2 层工作的网段，同时也提高了每个网段的带宽。路由器现在已经能够专注于提供广播抑制。广播域现在能够跨越多个交换网段，并很容易就达到每个广播域有 500 个或更多的用户。但是，对交换机的持续不断的使用，在使得网络被分成越来越多网段（每个网段的用户越来越少）的同时，却没有减少对于广播抑制的需求。在使用路由器的情况下，广播域通常包含 100~500 个用户。

VLAN 可以替代路由器进行广播抑制，因为 VLAN 交换机不但其速度比路由器更快，同时还能够抑制广播流量。随着交换式 VLAN 的实施，每个网段包含的用户（专用局域网交换端口）可以少至一个，而每个 VLAN 就是自己的广播域。管理员可以决定每个 VLAN 规模的大小，这样一个广播域的用户数量就可以是从几个到上千个。

VLAN 标准及专有特性

基于 VLAN 类型的多样性及交换机交换 VLAN 信息方式的多样性，众多厂家都开发了其专有的 VLAN 解决方案和产品。由于不同厂家的 VLAN 不能完全兼容，从而迫使用户只能在一个供应商处购买用于整个企业的 VLAN 产品。为了解决这个问题，1996 年，IEEE 提出了帧标记的标准格式，即众所周知的 IEEE 802.1Q 标准。这个标准因促进了不同厂家 VLAN 设备的互相兼容而成为促进 VLAN 快速发展的关键。帧格式标准的建立，使得厂家能立即将这一标准集成到交换机中。

VLAN 统一模型标准 IEEE 802.1Q

随着最终 IEEE 802.1Q 标准在 1998 年 12 月的公布，IEEE 为通信工业提供了 VLAN 的明确定义和在交换式网络中应用的标准。有了这个针对众多厂家的标准后，VLAN 从功能上允许公司重新确定它们的 VLAN 策略以充分利用新功能带来的好处。

首先，VLAN 的实施现在可以实现多厂家的互操作。其次，VLAN 的易管理性、安全性及其他性能等方面的优势使得它具有持续的生命力。此外，IEEE 802.1Q 可以和 IEEE 802.1p 标准一起用来创建服务类型（CoS），以使以太网环境中的数据流量优先对于任何 VLAN 来说都是可行的。

IEEE 802.1Q 标准对应于低层 IEEE 802.1 协议。它将物理设备和端口与网络中定义的 VLAN 相关联，然后向其他局域网站点映射或共享该关联。IEEE 802.1Q 通过在帧中使用 VLAN 标记或一个标识符来完成该工作。这种标记方法为交换机间互相交换 VLAN 信息和创建 VLAN 提供了必要的信息。同时，IEEE 802.1Q 使一系列的控制任务成为可能，比过去通过专用的 VLAN 框架来实现 VLAN 要更为全面。通过在每一帧中放置一个标识，使得 VLAN 成员资格、优先级和 CoS 都变得高度可管理了。

数据流量优先级化和 IEEE 802.1p 协议

IEEE 802.1Q 虽然定义了优先级但没有定义优先级的含义，而提供这一功能的是 IEEE 802.1p 协议。IEEE 802.1p 协议使用优先级"标记"来标明数据流类型的值，如表 4.1 所示，它定义了 8 种类型，数据流类型值位于数据包报头的优先级字段中。IEEE 802.1p 协议建议在以太网帧中使用 IEEE 802.1Q VLAN 标识。另外，IEEE 802.1p 协议还提供了组播过滤机制，以配合 IP 组播功能，使得 IP 组播流量不会被交换机扩散。

表 4.1　标记优先级

优先级	二进制	数据流类型
7	111	网络控制
6	110	交互语音
5	101	交互多介质
4	100	受控负载应用（多介质流）
3	011	极好效果
2	010	空
1	001	背景
0	000	最佳效果（默认）

路由器在 VLAN 环境中的角色

在 VLAN 的实施中，路由器有两个重要职责：在 VLAN 之间提供连接和为广域网提供广播过滤功能。

VLAN 之间的路由选择

VLAN 也能用来在网络中建立广播域，但它们不能将数据流从一个 VLAN 转发到另一个

VLAN，即 VLAN 之间的通信仍然需要进行路由选择。理想的 VLAN 应用是尽量不让数据流经过路由器，将数据流量最小化以降低路由器成为瓶颈的机会。结果，在 VLAN 环境中的"只要可能就进行交换，必须路由选择时才进行路由选择"的结论变成了"路由选择仅用来连接VLAN"。然而，在一些情况下路由选择并非均可能成为瓶颈。如前所述，将路由功能集成到高速主干交换机中能够消除在 VLAN 之间传输数据包的潜在瓶颈。

为广域网链路进行广播过滤

理论上，VLAN 能够通过广域网进行扩展。然而，通常不这样做，因为在广域网上定义的 VLAN 将允许局域网数据流量消耗昂贵的广域网带宽；因为路由器可过滤广播数据流，从而解决了这个问题。同样，根据它们的构建方式，IP 多播（其功能如同"VLAN"）能在广域网上被有效地扩展，采用路由器提供广域网连接，无须浪费广域网带宽。当然，如果一个机构已经拥有了一条多余且价格低廉的广域网带宽（例如，一个电力公用设施，拥有一个无信号光纤），那么它可以使用这种不十分有效的方法在广域网上扩展 VLAN。

VLAN 与 DHCP

为了处理重新配置 IP 地址的问题，微软公司开发了动态主机配置协议（DHCP）。这是一种基于 TCP/IP 的解决方案，并集成到了大多数 Windows 服务器和大多数 Windows 客户机中。引入 DHCP 可为用户提供了一种可选方案。但不幸的是，DHCP 与 VLAN 冲突，尤其是与基于 IP 地址的 VLAN 冲突。

DHCP 是如何工作的

DHCP 最大的特点是不像 VLAN 那样建立独立于位置的广播域，而是在一段时间内动态地将 IP 地址分配给逻辑终端工作站。当 DHCP 服务器检测到一个工作站的物理位置不再响应分配给它的 IP 地址时，就简单地分配给那个工作站一个新的地址。这样，DHCP 能使工作站从一个子网移动到另一个子网而无须管理员手动配置工作站的 IP 地址或更改主机表信息。

在 DHCP 中最接近于 VLAN 功能的特性是，管理员能为特定逻辑工作组指定某个范围内的 IP 地址。这些逻辑组被定义为"工作域"。它不等同于 VLAN，因为单一工作域内的成员被限制在它们的物理子网中。尽管有多个工作域驻留在每个子网中，但每个工作域都是驻留在相同的物理子网中的从逻辑上定义的一组工作站。结果，DHCP 的实现将减少 TCP/IP 网络的繁重管理；然而 DHCP 和 VLAN 一样，自身不能控制网络广播。

选择 VLAN 还是 DHCP

对于特定网络，是应该选择 VLAN 还是选择 DHCP，需要考虑的因素如下。

▶ DHCP 是完全基于 IP 地址的解决方案，它在 IP 用户较少的环境中并没有什么吸引力，因为所有的非 TCP/IP 客户将被排除在限定的成员资格之外。

▶ 在非 TCP/IP 协议被用于关键任务应用的网络环境中，实施 VLAN 将获得更多好处，因为 VLAN 能用于包含多重协议的广播通信。

▶ 对于小规模、纯粹的 TCP/IP 网络环境（500 个结点以下），DHCP 就足够了。通过减少整个网络结点和物理子网，建立完全独立于位置的逻辑组的需要大大降低。
▶ 对于中等规模的 TCP/IP 网络，如果不支持独立于位置的工作组，也就不需要 VLAN
的虚拟网络特征。IP 地址管理对于这种规模的网络来说，不是小问题，而 DHCP 可
以很好地简化添加、移动和改变。在广播抑制方面，DHCP 和 VLAN 无法竞争。DHCP
服务器动态地维护地址表，但缺少路由功能，而且不能创建广播域。在要求无须借助
路由器就能进行广播抑制的环境中，VLAN 是更好的解决方案。

练习

1. 简要叙述 IEEE 802.1p 实现优先级的机制。
2. 在 IP 网络环境中，DHCP 具有哪些特性？
3. 在 DHCP 环境中，一个结点从一个工作域移动到另一个工作域时会发生什么问题？
4. 判断正误：使用 DHCP 的网络和使用 VLAN 的网络都可以控制广播数据流量。
5. 判断正误：小型的纯 TCP/IP 网络，通过只使用 DHCP 来管理移动用户有很大好处。

补充练习

使用自己喜欢的搜索引擎，查找关于 DHCP 的信息，然后说明 DHCP 是基于哪种协议的，
DHCP 能够处理的地址类型是否有限制。

本 章 小 结

虚拟局域网（VLAN）是一种通过将局域网内的设备，逻辑地而不是物理地划分成一个个
网段从而实现虚拟工作组的技术。VLAN 是一个交换网络。从整体的网络拓扑来看，VLAN
大致等同于一个广播域。划分 VLAN 的好处是对网络进行了分段，对广播进行了有效控制，
增强了网络的灵活性和安全性，尤其当与简单的桥接部件和其他传统局域网技术进行比较时，
这两项性能更为突出。当某个用户的物理位置发生改变，可以就近接入某台交换机。管理员只
需修改配置，可以使其仍然处于原来的 VLAN 之中，减少了管理费用。安全性方面，管理员
可以限制一个 VLAN 中的用户数量，可以防止未经授权的用户加入某个 VLAN。VLAN 还可
以有效控制广播，这对于大型网络是非常有用的。

VLAN 的功能跨越 OSI 模型的第 2 和第 3 层，这依赖于 VLAN 部件具体的实现策略。尽
管第 3 层功能（指检查 IP 地址以决定 VLAN 成员资格这一方面）被集成到了一些 VLAN 中，
但还是需要用路由器在 VLAN 逻辑段间直接通信。在交换机上实现 VLAN，可以采用静态或
动态的方法。静态 VLAN 划分方法，或称为基于端口划分的 VLAN 是最常用的 VLAN 划分方
式。动态 VLAN 有 3 种划分方法：基于 MAC 地址划分 VLAN、基于 MAC 地址划分 VLAN
和基于策略划分 VLAN。基于策略划分 VLAN 是一种比较灵活有效的划分方法。目前常用的
策略有（与厂家设备的支持有关）：按 MAC 地址、按 IP 地址、按以太网协议类型、按网络的
应用等。

注意：对于 TCP/IP 网络不需要虚拟工作组，能够使用 DHCP 技术来简化对 IP 地址的管
理。但若使用 DHCP 则可能要放弃使用 VLAN，因为 DHCP 的动态分配 IP 地址会对基于 IP

地址的 VLAN 成员资格造成破坏。

小测验

1. VLAN 是通过使用哪种设备实现的？（　　　）
　　a. 网桥　　　　　　b. 网关　　　　　c. 中继器　　　　d. 交换机

2. 下面对于 VLAN 功能的描述哪种最恰当？（　　　）
　　a. 将物理上处于单个路由域的结点分组　　b. 将物理上可能分离的结点在逻辑上分组
　　c. 因为性能上的原因替换被动的集线器　　d. 为传统的使用路由的网络提供性能改进

3. 创建 VLAN 的主要原因是（　　　）。
　　a. 分离工作站和服务器　　　　　　b. 将网段组合在一起组成逻辑上的通信模式
　　c. 增加广播通信的可达性　　　　　d. 提供改进的网段交换能力

4. 下面哪种不是 VLAN 定义成员资格的方法？（　　　）
　　a. 第 1 层类型的成员资格　　　　　b. 使用 MAC 地址的成员资格
　　c. 使用第 3 层协议的成员资格　　　d. 使用 IP 多播组的成员资格

5. 一种自动加入 VLAN 组的方法可能基于（　　　）。
　　a. 网卡地址　　　b. 厂家设备资格　　c. 应用程序类型　　d. 物理层特性

6. 交换机利用向 MAC 层报头中添加信息来交换 VLAN 信息，它使用（　　　）。
　　a. 帧标记　　　b.表维护　　　　　c.TDM　　　　　d. 数据包标记

7. 下列哪个设备可以转发不同 VLAN 之间的通信（　　　）？
　　a. 第 2 层交换机　　b. 第 3 层交换机　　c. 网络集线器　　d. 生成树网桥

【提示】在 VLAN 中，属于同一个 VLAN 的所有端口构成一个广播域，同一个广播域的 VLAN 成员可以直接通信。但不同的 VLAN 之间不能直接通信，必须经过第 3 层路由功能完成，可由路由器或第 3 层交换机实现。在第 3 层交换机中增加了一个第 3 层交换模块，由该模块完成路径选择功能。参考答案是选项 b。

8. IEEE 802.1Q 标准的作用是（　　　）。
　　a. 生成树协议　　b. 以太网流量控制　　c. 生成 VLAN 标记　　d. 基于端口的认证

【提示】IEEE 802.1Q 标准是经过 IEEE 认证的 VLAN 协议。VLAN 协议就是为 VLAN 帧标记定义的一组约定和规则。IEEE 802.1Q 标准定义的帧标记在原来的以太网帧中增加了 4 个字段的标记。帧标记是 VLAN Truck 的标准机制，它为每个帧指定一个唯一的 VLAN ID 作为识别码，表明该帧是属于哪个 VLAN 的。不同厂家的交换机互连要实现 VLAN Truck 功能时，必须在直接相连的两台交换机端口上都封装 IEEE 802.1Q 标准，否则不能正确地传输多个 VLAN 的信息。IEEE 802.1d 是生成树协议，以太网流量控制采用 CSMA/CD 协议。参考答案是选项 c。

9. VLAN 之间的通信通过（　　　）实现。
　　a. 二层交换机　　　b. 网桥　　　　c. 路由器　　　　d. 中继器

【提示】若让两台属于不同 VLAN 主机之间能够通信，就必须使用路由器或者三层交换机为 VLAN 之间做路由。参考答案是选项 c。

10. 用于生成 VLAN 标记的协议是（　　　）。
　　a. IEEE 802.1q　　b. IEEE 802.3　　c. IEEE 802.5　　d. IEEE 802.1d

【提示】IEEE 802.1q 协议是虚拟局域网协议，用来给普通的以太帧打上 VLAN 标记。参考答案是选项 a。

11. 使用来自不同交换机厂家的设备来实现 VLAN 依赖于（　　　）。

　　a. 对于只用 IP 的网络的使用　　　　　　b. 对于 IEEE 以太网的使用

　　c. 对 IEEE 802.1Q 之类的标准的使用　　d. 对 IEEE 802.2 之类的标准的使用

12. 路由器连入交换式 VLAN 中是因为下面哪个原因？（　　　）

　　a VLAN 之间的路由信息　　　　　　　　b. 提供安全性

　　c. 提供对于广域网的访问　　　　　　　　d. 以上都是

13. DHCP 的目的是（　　　）。

　　a. 向端站点提供 IP 地址分配　　　　　　b. 提供以太网和 ATM 网络的连接

　　c. 向以太网站点分配网卡地址　　　　　　d. 以上都是

14. 判断正误：VLAN 通常通过使用不同厂家的交换机产品来实现。

15. 判断正误：VLAN 大致等同于一个广播域。

16. 判断正误：由于其本质特性，路由器可在网络中创建一个 VLAN。

17. 当某个公司需要按部门划分网络时，一个部门的计算机可能分散在不同的地方，而且不能由一个连网设备连接。此外，部门间不需要通信。那么：

（1）在划分网络时对交换机有何要求？

（2）是否需要具备第 3 层交换功能的交换机？

【提示】（1）采取 VLAN 方式将不同部分划分成不同的局域网。为保证不同交换机上的相同 VLAN 上的计算机能够通信，要求相互连接的交换机支持 Trunk。

（2）由于各 VLAN 间不需要通信，不需要具备第 3 层交换功能的交换机。

第五章　无线局域网

随着计算机技术、网络技术和通信技术的飞速发展，人们对网络通信的要求不断提高，希望不论在何时、何地，都能与任何人进行包括数据、语音、图像等在内的所有内容的通信，并希望能够实现主机在网络中自动漫游。在这样的情况下，无线网络应运而生。无线网络是指由以微波、激光、红外线、无线电为传输信号的载体建立的局域范围内的网络，是计算机网络技术与无线通信技术相结合的产物。可以说，凡是采用无线传输介质的计算机网络都可称为无线网络，而通常多指传输速率高于 1 Mb/s 的无线计算机网络。

无线网络有很多种，如无线个域网（WPAN）、无线局域网（WLAN）、无线城域网（WMAN）和无线广域网（WWAN）。其中，无线局域网发展至今，主要有 IEEE 802.11 标准体系和欧洲邮电委员会（CEPT）制定的 Hiper LAN 标准体系两大阵营。IEEE 802.11 标准由面向数据的计算机局域网发展而来，采用无连接的网络协议，目前市场上的大部分产品都是基于这个标准开发的。与之对抗的 Hiper LAN 标准则是基于连接的无线局域网，致力于面向语音的蜂窝电话。本章要讨论的主要是 IEEE 802.11 标准定义的无线局域网。

WLAN 满足了人们实现移动办公的梦想，为人们创造了一个丰富多彩的自由天空。WLAN 已经成为局域网应用领域的一个重要组成部分。

本章先介绍 WLAN 与无线链路的基本特征，IEEE 802.11 WLAN 标准，以及用于支持无线和移动通信的网络体系结构；然后讨论组建无线网络所需的设备和组网方法；最后讨论无线局域网的信息安全问题。

第一节　无线局域网的基本概念

无线局域网是指以无线电波、激光、红外线等无线传输介质代替有线局域网中的部分或全部传输介质而构成的通信网络。无线局域网包含"无线"和"局域网"两层含义，其中无线是指该类局域网的通信介质采用无线电波或红外线来进行信息传输，使无线局域网的组建更加简洁、灵活、方便、快速和易于安装，支持移动办公。

学习目标

▶ 了解无线局域网的基本概念和应用范畴；
▶ 掌握 WLAN 协议体系结构，包括 IEEE 802.11 标准系列、蓝牙等。
▶ 了解 WLAN 的通信技术，以及一些影响 WLAN 传输速率和工作距离的关键制约因素。

关键知识点

▶ 无线局域网的许多方面受到政府条例的严格控制。

WLAN 的应用领域

无线局域网（WLAN）是计算机网络与无线通信技术相结合的产物。它使用无线信道接入网络，为通信的移动化、个人化和多媒体应用提供了可能性，并成为宽带接入的有效手段之一。

目前，WLAN 已经得到了广泛应用，已成为一种十分重要的互联网接入技术。WLAN 能够使用户真正实现随时、随地、随意的宽带网络接入。它不仅可以作为有线数据通信的补充和延伸，还可以与有线网络环境互为备份。目前，WLAN 的最高数据传输速率已达到 54 Mb/s（IEEE 802.11g），传输距离可远至 20 km 以上。WLAN 的应用较为广泛，其应用场合主要包括以下方面：

- ► 多个普通局域网及计算机的互联；
- ► 多个控制模块（Control Module，CM）通过有线局域网的互联，每个控制模块又可支持一定数量的无线终端系统；
- ► 具有多个局域网的大楼之间的无线连接；
- ► 具有无线网卡的便携式计算机、PDA（个人数字助理）、手机等的移动、无线接入；
- ► 无中心服务器的某些便携式计算机之间的无线通信。

短距离无线通信标准

短距离无线通信泛指在较小的区域内（数百米）提供无线通信的技术，目前常见的技术大致有如下几种：

- ► IEEE 802.11 标准系列——IEEE 制定的 WLAN 标准，用于解决办公室局域网和校园网中用户与用户终端的无线数据业务接入。
- ► 蓝牙（Bluetooth）技术——一种低成本、短距离的无线通信技术标准，采用 2.4 GHz 无线跳频技术，提供 720 kb/s 数据速率。蓝牙主要用于小型外围设备（如耳机或鼠标）与系统（如手机或计算机）之间的短距离通信。
- ► IrDA——利用红外线进行点到点视距传输的技术，由红外线数据标准协会制定。目前 IrDA 的传输速率最高为 16 Mb/s，接收角度为 120°。红外传输设备体积小，功耗低，技术成熟，进入市场早，价格便宜，应用广泛。IrDA 的缺点是只能进行视距传输，即通信设备中间不能存在阻挡物，从而把 IrDA 应用限制在特定领域之内。
- ► WiFi 和 WAPI——"WiFi" 是 "Wireless Fidelity"（无线保真）的缩写，WiFi 是当前应用最为广泛的 WLAN 标准；WAPI 是我国自行研制的一种 WLAN 传输技术。
- ► ZigBee——一种近距离、低复杂度、低功耗、低速率、低成本的双向无线通信技术，主要用于工业现场自动化控制数据传输。
- ► 射频识别（RFID）——一种无线通信技术，其可用频率范围从低于 100 MHz 至 868～954 MHz；它可以通过无线电信号识别特定目标并读写相关数据，而无须在识别系统与特定目标之间建立机械或者光学接触。当前已有超过 140 个 RFID 标准。

IEEE 802.11 标准系列

IEEE 802.11 是 IEEE 于 1997 年发布的一个无线局域网标准，用于解决办公室局域网和校园网中用户与用户终端的无线接入，主要限于数据存取，其速率最高只能达到 2 Mb/s。由于它在速率和传输距离上都不能满足人们的需要，因此参照 OSI 参考模型，IEEE 随后又相继推出了 802.11b 和 802.11a 两个新标准，2003 年 6 月又公布了 802.11g，形成了一个标准系列。

　　IEEE 802.11 标准系列主要针对 WLAN 的物理层和介质仿问控制（MAC）子层两个层面制定了系列规范。其中，物理层标准规定了无线传输信号等基础标准，如 802.11a、802.11b、802.11d、802.11g 和 802.11h；而 MAC 子层标准是在物理层上的一些应用要求标准，如 802.11e、802.11f 和 802.11i。IEEE 802.11 标准涵盖了许多子集，其中包括：

▶ 802.11a——为提高速度而制定的第一个 802.11 版本，将传输频段放置在 5 GHz 频率空间，现在已不再流行使用；

▶ 802.11b——将传输频段放置在 2.4 GHz 频率空间；

▶ 802.11d——Regulatory Domains，定义域管理；

▶ 802.11e——提高服务质量（QoS），例如保证低的抖动；

▶ 802.11f——IAPP（Inter-Access Point Protocol），接入点内部协议；

▶ 802.11g——在 2.4 GHz 频率空间取得更高的速率；

▶ 802.11h——与 802.11a 类似，只是增加了 5 GHz 频率空间的功耗管理（用于欧洲）；

▶ 802.11i——提高安全性，包括高级加密标准（AES），其完整版称为 WPA2；

▶ 802.11k——提供无线电资源管理，包括传输功率；

▶ 802.1ln——采用 MIMO OFDM 技术，进一步提高 WLAN 的数据传输速率；

▶ 802.11p——高速公路的车辆之间以及车辆与路边的专用短程通信（DSRC）；

▶ 802.11r——改进漫游能力，使接入点之间切换不丢失连接；

▶ 802.11s——一种建议的网状性网络，其中的一组结点能自动形成网络并在其中传递分组。

　　2007 年，IEEE 将许多已有的 IEEE 802.11 标准整合成一个单一的文档即 IEEE 802.11-2007，并使用术语"rolled up"来描述这个整合。该文档描述了整套标准的基础性内容，并为每个变化的标准提供了一个附录。

WLAN 技术与 WiFi

　　目前，存在各种各样的 WLAN 技术，它们使用各种不同的频率、调制技术和数据传输速率。1999 年，一些制造无线通信设备的供应商组成了 WiFi 联盟，该组织使用 IEEE 802.11 标准对无线设备进行测试和认证。表 5.1 示出了 WiFi 联盟认证的主要 IEEE 802.11 标准。WiFi 是用于 WLAN 的一种技术，实质上也是一种商业认证。将 WiFi 应用于局域网，可以根据不同的需求，选用不同的设备和不同的架设方式，提供不同等级的网络质量。

表 5.1　WiFi 联盟认证的主要 IEEE 802.11 标准

标准名称	发布时间	工 作 频 段	调制及复用技术	数据传输速率
IEEE 802.11	1997 年	2.4 GHz；ISM 频段	DSSS，FHSS	1～2 Mb/s
			FHSS	1～2 Mb/s
		红外线	PPM	1～2 Mb/s
IEEE 802.11b	1998 年	2.4～2.483 5 GHz；ISM 频段	CCK/DSSS	5.5～11 Mb/s
IEEE 802.11g	2003 年	2.4～2.483 5 GHz；ISM 频段	OFDM /DSSS	22～54 Mb/s
IEEE 802.1ln	2009 年	2.4 GHz；5 GHz	OFDM/MIMO	54～600 Mb/s

IEEE 802.1lb WLAN 具有 11 Mb/s 的数据传输速率，这对于大多数使用宽带线路或者 ADSL 因特网（Internet）接入的网络已经足够。IEEE 802.1lb WLAN 工作在不需要许可证的 2.4～2.4835 GHz 的无线频谱段上，与 2.4 GHz 电话等争用频谱。它对 WLAN 定义了物理层和 MAC 子层。与码分多址访问（CDMA）技术相类似，物理层使用直接序列扩频（Direct Sequence Spread Spectrum，DSSS）技术将每个比特编码为码片的比特模式，使信号的能量在更宽的频率范围内扩展，以此增加接收端恢复数据信号的能力。

IEEE 802.1la WLAN 可以工作在更高的比特率上，它在更高的频谱上运行时，采用正交频分复用（OFDM）技术，提供的数据传输速率可达 54 Mb/s。然而，由于运行的频率更高，IEEE 802.1la WLAN 对于一定的功率级别而言传输距离较短，并且受多路径传播的影响更大。IEEE 802.11g WLAN 与 IEEE 802.1lb WLAN 工作在同样的较低频段上，然而具有与 IEEE 802.11a 相同的高数据传输速率，能使用户更好地享受网络服务。

为了给无线用户提供一个更快的传输速率，同时将多天线技术引入 WLAN，使得发送器和接收器的速度得到了突飞猛进的发展，相应的标准在 2009 年定稿为 IEEE 802.11n。有了 4 根天线和更宽的信道，IEEE 802.11n 标准定义的速率达到了令人吃惊的 600 Mb/s。

IEEE 802.11 标准系列在结构上有许多共同特征。图 5.1 示出了 IEEE 802.11 协议栈的组成。客户端和 AP 的协议栈相同；物理层对应于 OSI 模型的物理层，但所有 802 协议的数据链路层分为两个或更多个子层。

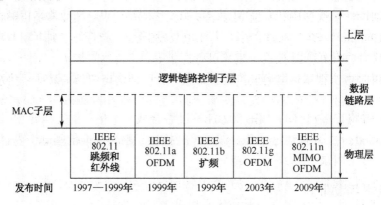

图 5.1　IEEE 802.11 协议栈的组成

在 IEEE 802.11 标准中，MAC 子层决定如何分配信道，也就是说，下一个谁可以发送。在它的上方是逻辑链路控制（LLC）子层，它的工作是隐蔽 IEEE 802.11 标准系列之间的差异，使它们在网络层看来无差别。

在 IEEE 802.11 标准系列中，定义了 3 种可选的物理层实现方式：

▶ 数据速率为 1 Mb/s 和 2 Mb/s，波长在 850～950 nm 之间的红外线（Infra-red，IR）；
▶ 运行在 2.4 GHz ISM 频带上的直接序列扩频（DSSS）方式，它能够使用 7 条信道，每条信道的数据速率为 1 Mb/s 或 2 Mb/s；
▶ 运行在 2.4 GHz ISM 频带上的跳频扩频（Frequency Hopping Spread Spectrum，FHSS）方式，数据速率为 1 Mb/s 或 2 Mb/s。

目前 IEEE 802.11 标准的实际应用以使用 DSSS 方式为主。

蓝牙标准

蓝牙（Bluetooth）实际上是指一种短距离无线通信技术标准，由爱立信、诺基亚、IBM、Intel 和东芝等多家公司于 1998 年联合宣布。该协议经历了 10 多年发展后，在最初的协议稳定后，2004 年发布的蓝牙 2.0 添加了更高的数据传输速率；2009 年发布了蓝牙 3.0 版本，结合 IEEE 802.11 的设备可获得高吞吐量的数据传输；2009 年 12 月发布的 4.0 版本规定了低功率操作。现在，许多消费类设备都已使用蓝牙技术，从手机和便携式计算机到耳机、打印机、键盘、鼠标、游戏机、钟表、音乐播放器、导航设备等，蓝牙使这些设备能互相发现并连接，从而安全地传输数据。彼此发现并连接的行为称为配对（Pairing）。

蓝牙技术是一种关于无线数据与语音通信的开放性全球规范，它以低成本的近距离无线连接为基础，为固定设备与移动设备通信环境提供一种特殊连接的短程无线电技术。其实质是，建立通用的无线电空中接口（Radio Air Interface）及其控制软件的公开标准，使通信和计算机进一步结合，使不同厂家生产的便携式小器具在没有电缆相互连接的情况下，能在近距离范围内具有相互操作的性能；其程序写在一个 9mm×9mm 的微芯片中。

蓝牙工作在全球通用的 2.4 GHz 频段，数据传输速率为 720 kb/s，时分双工传输方案被用来实现全双工传输。由于 ISM 频带是对所有无线电系统都开放的频带，因此使用其中的任何频段都会遇到不可预测的干扰源。例如，某些家电、无绳电话、微波炉等，都可能是干扰源。为此，蓝牙特别设计了快速确认和跳频方案以确保链路稳定。跳频技术是指把频带分成若干跳频信道（Hop Channel），在一次连接中，无线电收发器按一定的码序列不断地从一个信道跳到另一个信道，只有收发双方是按这个规律进行通信的，而其他的干扰不可能按同样的规律进行干扰。跳频的瞬时带宽很窄，但通过扩展频谱技术，可使这个窄带信号成百倍地扩展成宽频带信号，从而使干扰可能产生的影响大大减少。与其他工作在相同频段的系统相比，蓝牙跳频快、数据包短，这使得蓝牙比其他系统稳定得多。

除了跳频技术，蓝牙还支持前向纠错（FEC）和自动重发请求（ARQ）协议，以及对数据分组计算 CRC 等。

每个蓝牙小器具都具有一个唯一的 48 比特地址。为了使蓝牙小器具 A 和 B 连接，小器具 A 必须知道 B 的地址。蓝牙支持小器具认证和通信加密。

蓝牙协议栈包含了大量协议，其中的两个主要协议如下。

▶ 基带协议，使小器具之间能够进行物理射频无线连接。2～7 个蓝牙小器具的连接形成一个小的微微网。

▶ 链路管理协议，负责连接建立。在连接建立期间，两个小器具传输握手信息。

WAPI

WAPI 是我国自行研制的一种 WLAN 传输技术。2009 年 6 月，工业和信息化部发布了一项规定，凡加装 WAPI 功能的手机可入网检测并获进网许可。2009 年 6 月，在日本召开的 IEC/ISO JCT1/SC6 会议上，WAPI 获得了包括 10 余个与会国家成员体的一致同意，将以单文本形式推荐其为国际标准。与 WiFi 相比，WAPI 具有明显的安全和技术优势。

WAPI 只是用于接入。通俗地讲，就是 WAPI 只是用于终端上网，弥补 3G 网络带宽不足的缺点，但是不能保证最佳的带宽。

我国目前已制定了 WLAN 的行业配套标准，其中包括《公众无线局域网总体技术要求》和《公众无线局域网设备测试规范》。配套标准涉及的技术体制包括 IEEE 802.11X 系列（IEEE 802.11、IEEE 802.11a、IEEE 802.11b、IEEE 802.11g、IEEE 802.11h、IEEE 802.11i）和 Hiper LAN2。2003 年 5 月，我国首批颁布了由"中国宽带无线 IP 标准工作组"负责起草的WLAN两项国家标准：

▶ 《信息技术　系统间远程通信和信息交换　局域网和城域网　特定要求　第 11 部分：无线局域网媒体访问控制和物理层规范》；

▶ 《信息技术　系统间远程通信和信息交换　局域网和城域网　特定要求　第 11 部分：无线局域网媒体访问控制和物理层规范：2.4 GHz 频段较高速物理层扩展规范》。

这两项国家标准所采用的依据是 ISO/IEC 8802.11 和 ISO/IEC 8802.11b，因此这两项国家标准的发布，规范了 WLAN 产品在我国的应用。

IEEE 802.11 WLAN 组成结构

IEEE 802.11 标准定义了如下两种基本的设备：

▶ 无线站——通常是一台装有无线网卡（NIC）的 PC。无线站可以是 IEEE 802.11 PC 卡、PCI 接口或 ISA 网卡，也可以是嵌入式非 PC 客户端（如基于 IEEE 802.11 的电话机）。

▶ 接入点（AP）——起到无线站与有线网络之间网桥的作用。接入点通常由无线电收发机、有线网络接口（如基于 IEEE 802.3 标准）和符合 IEEE 802.1d 标准的桥接软件组成。接入点起到了无线网络基站的作用，可将多个无线站集中接入有线网络。

IEEE 802.11 标准定义了两种 WLAN 拓扑结构，其中一种是自组织网络结构，另一种是基础设施网络结构。

自组织网络

自组织网络（Ad Hoc Network）是指无固定基础设施的 WLAN。这种网络采取点对点连接方式，不需要有线网络和接入点的支持，如图 5.2（a）所示。这种模式下的WLAN由一组通过网卡连接的计算机组成，它们之间可以直接向对方发送数据帧。这种拓扑结构适合在一定情况下快速部署网络，主要用于军事领域，也可用于商业领域的语音和数据传输。一般而言，自组织网络主要应用于在会议室或汽车中举行的"膝上型"会议和与个人使用的电子设备进行互联等。

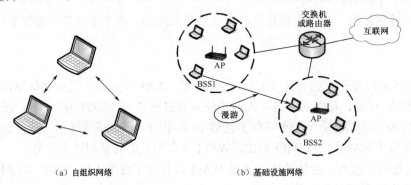

（a）自组织网络　　　　　　　　　　　　（b）基础设施网络

图 5.2　IEEE 802.11 两种 WLAN 拓扑结构

基础设施网络

在基础设施网络中，具有无线网卡的无线终端（如便携式计算机和智能手机等）以无线接入点（AP）为中心，通过无线网桥（AB）、无线接入网关（AG）、无线接入控制器（AC）和无线接入服务器（AS）等，将 WLAN 与有线网络连接起来；通过将多种复杂的 WLAN 接入网络，实现无线移动办公的接入。

图 5.2（b）所示是 IEEE 802.11 工作组开发的一种基础设施网络。在这种组成结构中，WLAN 的最小基本构件是基本服务集（Basic Service Set，BSS），由 AP 和无线站点组成，通常把 BSS 称为一个单元（Cell）。一个基本服务集（BSS）所覆盖的地理范围称为一个基本服务区（Basic Service Area，BSA）。基本服务区（BSA）和无线移动通信的蜂窝小区相似。在 WLAN 中，一个基本服务区（BSA）的直径范围可以达到数十米。

在 IEEE 802.11 标准中，基本服务集里面的中央基站（Base Station）使用了"接入点"（AP）这个术语。一个基本服务集可以是单独的，也可通过 AP 连接到一个主干分布式系统（Distribution System，DS），然后接入到另一个基本服务集，这样就构成了一个扩展服务集（Extended Service Set，ESS）。在图 5.2（b）中展示了 BSS1 和 BSS2 中的 AP，它们连接到一个互连设备上（如交换机或路由器），互连设备又连接到互联网上。

与以太网设备类似，每个 IEEE 802.11 无线站点都具有一个 6 B 的 MAC 地址。该地址存储在该站点的无线网卡中，即 IEEE 802.11 网络接口卡的 ROM 中。每个 AP 的无线端口也具有一个 MAC 地址。基于 WLAN 的移动性，IEEE 802.11 标准定义了以下 3 种移动结点：

▶ 无跳变结点。无跳变结点可以是固定的，也可以在它所属的 BSS 内直接覆盖的通信范围内移动。

▶ BSS 跳变结点，即结点可以在同一个 ESS 中的不同 BSS 之间移动。在这种情况下，结点之间数据的传输需要具有寻址能力来确定结点的新位置。

▶ ESS 跳变结点，即结点可以从一个 ESS 的 BSS 移动到另一个 ESS 的 BSS。只有在结点可以进行扩展服务集跳变移动的情况下，才能进行跨扩展服务集的移动。

WLAN 的关键通信技术

WLAN 采用的传输介质是红外线（Infra-red，IR）或无线电波（RF）。红外线的波长是 750 nm～1 mm，是一种频率高于微波而低于可见光的电磁波，是一种人的肉眼看不见的光线。利用红外线进行数据传输属于视距传输，对临近的类似系统不会产生干扰，也很难被窃听。红外数据协会（IRDA）为了使不同厂家的产品之间能获得最佳传输效果，规定红外线波长范围为 850～950 nm。无线电波一般使用 3 个频段：L 频段（902～928 MHz）、S 频段（2.4～2.4835 GHz）和 C 频段（5.725～5.85 GHz）。S 频段也称为工业科学医疗频段，大多数无线产品使用该频段。WLAN 通信技术可以按照使用的传输介质进行分类。现行的 WLAN 主要使用以下 3 种通信技术：

▶ 红外线通信技术；

▶ 扩展频谱通信技术；

▶ 窄带微波通信技术。

这 3 种通信技术的概括性的比较如表 5.2 所示，下面简单介绍它们的主要特点。

表 5.2　WLAN 通信技术比较

比较项目	红外线通信技术		扩展频谱通信技术		窄带微波通信技术
	散射红外线	定向红外线	频率跳动	直接序列	
数据速率/（Mb/s）	1～4	10	1～3	2～20	5～10
移动特性	固定/移动	与 LOS 固定	移动		固定/移动
范围/m	15～60	24	30～90	30～245	12～40
可监测性	可忽略		几乎无		一些
波长或频率	λ=850～950 nm		ISM 频带：902～928 MHz 2.4～2.483 5 GHz 5.725～5.875 GHz		18.825～19.025 GHz 或 ISM 频带
调制技术	OOK		GFSK	QPSK	FSK/QPASK
辐射能量	—		<1 W		25 mW
访问方法	CSMA	令牌环，CSMA	CSMA		预约 ALOHA，CSMA
需许可证否	否		否		除 ISM 外都需要

红外线通信技术

红外线（IR）通信技术已经用于家庭中的监控设备，这种技术也可以用来建立 WLAN。IR 通信技术利用 850～950nm 近红外波段的红外线作为传递信息的介质，即通信信道。发送端将基带二进制数字信号调制为一系列的脉冲串信号，通过红外发射管发射红外信号。接收端将接收到的光脉转换成电信号，再经过放大、滤波等处理后送给解调电路进行解调，还原为二进制数字信号后输出。常用的调制方式有脉冲幅度调制（PAM）、通过脉冲宽度来实现信号调制的脉宽调制（PDM）和通过脉冲串之间的时间间隔来实现信号调制的脉位调制（PPM）。顾名思义，在这 3 种调制方式中，信息分别包含在脉冲信号的幅度、位置和持续时间里。由于无线信道受距离的影响可导致脉冲幅度变化很大，所以很少使用 PAM 调制，而 PPM 和 PDM 则成为较好的候选技术。

简而言之，IR 通信的实质就是对二进制数字信号进行调制与解调，以便利用红外信道进行传输；红外通信接口就是针对红外信道的调制解调器。

IrDA1.0 标准简称串行红外协议（SIR），是基于 HP-SIR 开发的一种异步、半双工红外通信方式。它以系统的异步通信收发器（UART）为依托，通过对串行数据脉冲的波形压缩和对所接收的光信号电脉冲的波形扩展这一编解码过程（3/16EnDec）来实现红外数据传输。SIR 的最高数据速率只有 115.2 kb/s。1996 年，IrDA1.1 协议发布，简称快速红外协议（FIR）。该协议采用脉冲相位调制（4PPM）编译码机制，最高数据传输速率可达到 4 Mb/s，同时在低速时保留 1.0 标准的规定。之后，IrDA 又推出了最高通信速率为 16 Mb/s 的 VFIR 技术，并将其作为补充纳入 IrDA1.1 标准之中。

IrDA 标准包括 3 个基本的规范和协议：

▶ 红外物理层连接规范（IrPHY），规定了红外通信硬件设计上的目标和要求；

▶ 红外连接访问协议（IrLAP），负责对连接进行设置、管理和维护；

▶ 红外连接管理协议（IrLMP），同 IrLAP。

在 IrLAP 和 IrLMP 基础上，针对一些特定的红外通信应用领域，IrDA 还发布了一些更高级别的红外协议，如 TinyTP、IrOBEX、IrCOMM、IrLAN、IrTran-P 和 IrBus 等。

红外通信技术适用于低成本、跨平台、点对点的高速数据连接，尤其适用于嵌入式系统；其主要应用为设备互连和信息网关。设备互连后可完成不同设备内文件与信息的交换，信息网关负责连接信息终端和互联网。

扩展频谱通信技术

扩展频谱通信简称扩频通信，是一种信息传输方式，其信号所占有的频带宽度远大于所传输信息必需的最小带宽。频带的扩展是通过一个独立的码序列（一般是伪随机码）来完成，并用编码和调制的方法来实现的，与所传输的信息数据无关。在接收端，则用同样的码进行相关同步接收、解扩及恢复所传输的信息数据。

扩展频谱通信的工作原理是：在发送端输入的信息先经信息调制形成数字信号，然后由扩频码发生器产生的扩频码序列去调制数字信号，以展宽信号的频谱；展宽后的信号再调制到射频上发送出去。在接收端收到的宽带射频信号变频至中频，然后由本地产生的与发送端相同的扩频码序列去解扩，再经信息解调、恢复成原始信息输出。由此可知，扩频通信系统一般要进行 3 次调制和相应的解调。第一次调制为信息调制，第二次调制为扩频调制，第三次调制为射频调制，以及相应的信息解调、解扩和射频解调。

与一般通信系统相比，扩频通信多了扩频调制和解扩部分。扩频通信系统包括以下扩频方式：

- ▶ 直接序列扩频（DSSS）——用高码率的扩频码序列在发送端直接扩展信号的频谱，在接收端直接使用相同的扩频码序列对扩展的信号频谱进行解调，以还原原始的信息。这种方式的应用较为普遍。
- ▶ 跳频扩频（FHSS）——用一定码序列进行选择的多频率频移键控。也就是说，用扩频码序列去进行频移键控调制，使载波频率不断地跳变，所以称为跳频。频率跳变系统又称为"多频、码选、频移键控"系统，主要由码产生器和频率合成器两部分组成。
- ▶ 跳时扩频（THSS）——与跳频扩频相似，它使发射信号在时间轴上跳变。首先把时间轴分成许多时片，在一帧内哪个时片发射信号由扩频码序列去进行控制。可以把跳时扩频理解为：用一定码序列进行选择的多时片的时移键控。跳时扩频系统主要通过扩频码控制发射机的通断，可以减少时分复用系统之间的干扰。
- ▶ 宽带线性调频——如果发射的射频脉冲信号在一个周期内，其载频的频率做线性变化，则称为线性调频（简称 Chirp）。因为其频率在较宽的频带内变化，所以信号的频带也被展宽了。这种扩频调制方式主要用于雷达。
- ▶ 混合方式——因上述扩频系统各有优缺点，单独使用其中一种系统有时难以满足要求而将其中几种扩频方法结合起来所构成的扩频系统。常见的混合方式有 FHSS/DSSS、THSS/DSSS、FHSS/THSS 等。

扩展频谱通信、光纤通信、卫星通信一并被誉为进入信息时代的三大高技术通信传输方式。

窄带微波通信技术

窄带微波是指使用微波无线电频带（射频，RF）进行数据传输，其带宽刚刚能容纳信号。以前，所有的窄带微波无线产品都使用申请许可证的微波频带，现在已经出现了 ISM 频带内的窄带微波无线产品。

1. 申请许可证的窄带 RF

用于声音、数据和视频传输的微波无线电频率需要通过许可证进行协调，以确保在同一地理区域中的各个区域之间不会相互干扰。在美国，由联邦通信委员会（FCC）管理许可证。每个地理区域半径为 28 km，可以容纳 5 个许可证，每个许可证覆盖两个频率。Motorola 公司在 18 GHz 的范围内拥有 600 个许可证，覆盖了 1 200 个频带。

申请许可证的频带在法律上保护许可证拥有者进行无干扰数据通信的权利。ISM 频带的使用者随时有被干扰的危险，从而可能导致通信失败。

2. 免申请许可证的窄带 RF

1995 年，RadioLAN 成为第一个引进免许可证 ISM 窄带无线网络的制造商。这一频谱可以用于低功率（≤0.5 W）的窄带传输。RadioLAN 产品的数据速率为 10 Mb/s，使用 5.8 GHz 频带，有效覆盖范围为 46～91 m。

RadioLAN 是一种对等配置的网络。RadioLAN 的产品按照位置、干扰和信号强度等参数自动选择一个终端作为动态主管，其作用类似于有线网络中的集中器。当情况变化时，作为动态主管的实体也会自动改变。这个网络还包括动态中继功能，它允许每个终端像转发器一样工作，使得超越传输范围的终端也可以进行数据传输。

练习

1. 用于工业、科学和医疗方面的免许可证的微波段有多个，其中世界各国通用的 ISM 频段是（　　）。

　　　a．902～928 MHz　　　　　　b．868～915 MHz
　　　c．5 725～5 850 MHz　　　　　d．2 400～22 483.5 MHz

【提示】2.4 GHz 是工业、科学和医疗专用的免费频段，在各国通用，频率范围是 2 400～22 483.5 MHz。902～928 MHz、5 725～5 850 MHz 频段是美国用于免申请的频率，868～915 MHz 频段则用于欧洲。参考答案是选项 d。

2. 2009 年发布的（　　）标准可以将 WLAN 的传输速率由 4 Mb/s 提高到 300～600 Mb/s。
　　　a．IEEE 802.11n　b．IEEE 802.11a　c．IEEE 802.11b　d．IEEE 802.11g

【提示】IEEE 在 2009 年 9 月批准了 IEEE 802.11n 高速无线局域网标准。IEEE 802.11n 使用 2.4 GHz 频段和 5 GHz 频段，核心是 MIMO 和 OFDM 技术，传输速率 300 Mb/s，最高可达 600 Mb/s，可向下兼容 IEEE 802.11b、IEEE 802.11g。参考答案是选项 a。

3. IEEE 802.11g 标准支持最高数据速率可达（　　）Mb/s。
　　　a．5　　　　　　b．11　　　　　　c．54　　　　　　d．100

【提示】IEEE 802.11g 标准使用了 IEEE 802.11a 的 OFDM 调制技术，与 IEEE 802.11b 一样运行在 2.4 GHz 的 ISM 频段内，理论速率可达 54 Mb/s。参考答案是选项 c。

4. IEEE 802.11 定义了无线局域网的两种工作模式，其中的 (1) 模式是一种点对点连接的网络，不需要无线接入点和有线网络的支持。IEEE 802.11g 的物理层采用了扩频技术，工作在 (2) 频段。

　　（1）a．Roaming　　　b．Ad Hoc　　　c．Infrastructure　　d．Diffuse IP
　　（2）a．600 MHz　　　b．800 MHz　　　c．2.4 GHz　　　d．19.2 GHz

【提示】IEEE 802.11 定义了两种无线网络的拓扑结构，一种是基础设施网络，另一种是自组织网络（Ad Hoc 网络）。在基础设施网络中，无线终端通过接入点访问骨干网设备，或者互相访问。Ad Hoc 网络是一种点对点连接，不需要有线网络接入点的支持，以无线网卡连接的终端设备之间可以直接通信。

IEEE 802.11g 是 IEEE 802.11 委员会 2003 年制定的物理层标准，它工作在 2.4 GHz 的 ISM 频段上，客户端以 802.11b 的速度在 802.11b APS 上运行，以 IEEE 802.11g 的速率在 IEEE 802.11g APS 上运行，最大数据传输速率为 54 Mb/s。

参考答案：（1）选项 b；（2）选项 c。

5. 下列关于蓝牙系统技术指标的描述中，错误的是（　　　　）。

    a. 工作频率在 2.402～2.480 GHz 的 ISM 频段　　　　b. 标称数据速率是 1 Mb/s

    c. 对称逻辑的异步信道速率是 433.9 kb/s　　　　d. 同步信道速率是 192 kb/s

【提示】同步信道速率是 64 kb/s（3 个全双工信道）。参考答案是选项 d。

补充练习

1. 如果你有机会使用无线网络设备，请安装一个无线接入点和至少一个无线端站。当端站靠近无线网桥时，测量传输一个大文件所需的时间；将端站移至离接入点较远的地方，重新测量传输此文件所需的时间。继续移动端站远离接入点，直至无法连接到网络。

2. 如果你能将无线网卡安装到便携式计算机上，请试验不同的物理遮挡物所产生的影响。例如，当便携式计算机与无线网桥之间视线很清晰或者它们之间有墙或楼层隔离时，哪种工作距离更长、数据速率更高？

第二节　IEEE 802.11 WLAN

作为全球公认的局域网（LAN）权威机构，IEEE 802 委员会经过 7 年的工作，于 1997 年发布了 IEEE 802.11——第一个国际认可的无线局域网（WLAN）标准。与所有的 IEEE 802 标准一样，IEEE 802.11 是针对 OSI 模型最低两层——物理层和数据链路层的标准。任何局域网应用程序、网络操作系统（NOS）和协议，包括 TCP/IP 都可以很容易地在遵照 IEEE 802.11 标准的 WLAN 上运行，如同它们在以太网上运行一样。基于统一的标准技术使得管理者们能够建立一个网络，将多种局域网技术无缝地结合起来，以满足用户的需求。

学习目标

▶　了解无线网络所用的 MAC 方法，并说明它与有线网络不同的原因；

▶　了解 IEEE 802.11a 与 IEEE 802.11b 无线网络的区别；

▶　掌握 IEEE 802.11 帧结构。

关键知识点

▶　WLAN 物理层、MAC 子层是 WLAN 的关键。

IEEE 802.11 WLAN 体系结构

IEEE 802.11 WLAN 协议体系结构如图 5.3 所示，其中 LLC 子层与以太网一样都采用 IEEE 802.2 标准。

MAC 层分为 MAC 子层和 MAC 管理子层。MAC 子层负责分组封装和分组拆装，MAC 管理子层负责 ESS 漫游、电源管理和登记过程中的关联管理。物理层分为物理层汇聚协议（PLCP）子层、物理介质相关（PMD）子层和 PHY 管理子层。PLCP 子层主要进行载波侦听和物理层分组的建立，PMD 子层用于传输信号的调制和编码，而 PHY 管理子层负责选择物理信道和调谐。

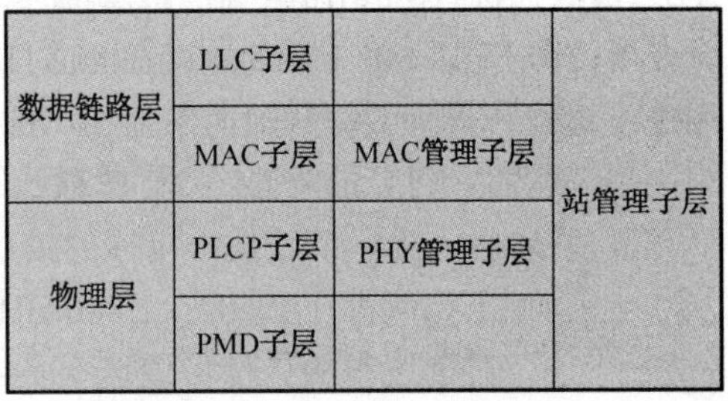

数据链路层	LLC子层		站管理子层
	MAC子层	MAC管理子层	
物理层	PLCP子层	PHY管理子层	
	PMD子层		

图 5.3　IEEE 802.11 WLAN 协议体系结构

IEEE 802.11 物理层

IEEE 802.11 最初定义了 3 个物理层标准，包括两种扩频无线电技术标准和一种漫反射红外线标准；相应地，定义了 3 种 PLCP 帧格式来对应 3 种不同的 PMD 子层通信。这个基于无线电的标准，工作在 2.4 GHz 的 ISM 频带内。这个频带作为非许可的无线电运营频带，已得到联邦通信委员会（FCC）（美国）、ETSI（欧洲）和 MKK（日本）等国际管理机构的认可。正因为如此，基于 IEEE 802.11 标准的产品不再需要用户许可和专业培训。

采用扩频技术，除满足管理要求之外，还可以增加可靠性和吞吐量。最重要的是，扩频使得许多不相关的产品可以共享频谱而无须进行显式互操作，而且干扰最小。

最初 IEEE 802.11 无线标准定义的采用跳频扩频（FHSS）或直接序列扩频（DSSS）的无线电波，其数据传输速率为 1 Mb/s 和 2 Mb/s。必须注意，FHSS 和 DSSS 采用的是完全不同的信令机制，彼此之间不能进行互操作。

跳频扩频（FHSS）

采用跳频技术，2.4 Hz 频带可以分割为 75 个 1 MHz 的子信道。当发送端和接收端商定一个可用子信道的跳变模式并设置后，数据可依次在各个子信道上发送。结果，发送端和接收端都将其频率以预设的次数不停地调谐到不同的信道上，频率在一个极快的速度跳变。在 IEEE 802.11 网络内，每次通话都要经过不同的跳变模式，而且其模式的设计，应使两个发送者同时使用同一子信道的概率最小。

用于 FHSS 通信方式的 PLCP 帧格式如图 5.4 所示。

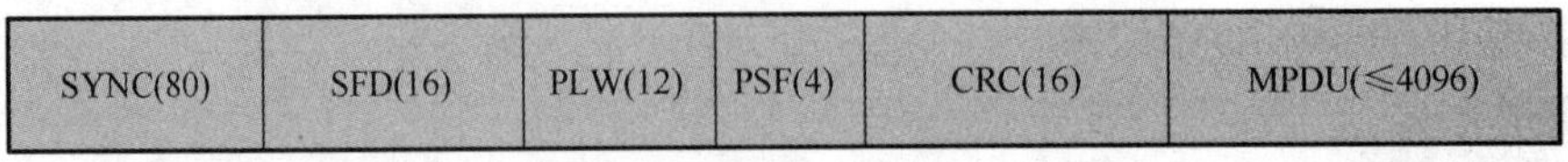

SYNC(80)	SFD(16)	PLW(12)	PSF(4)	CRC(16)	MPDU(≤4096)

图 5.4　用于 FHSS 通信方式的 PLCP 帧格式

SYNC 是 0 和 1 的序列字段，共 80 比特，作为同步信号。SFD 为特定的比特模式（00001100 10111101），用作帧的起始符。PLW 代表帧的长度，共 12 位，所以帧的最大长度可以达到 4 096

字节。PSF 是分组信令字段，用来标识不同的数据速率。起始数据速率为 1 Mb/s，以 0.5 Mb/s 的步长递增。PSF=0000 时代表数据速率为 1 Mb/s，PSF 为其他数值时则在起始速率的基础上增加一定倍数的步长，例如 PSF=0010，表示 1 Mb/s＋0.5 Mb/s×2=2 Mb/s。16 位的 CRC 是为了保护 PLCP 头部所加的头差错校验字段，采用 CRC-16 算法，计算对象包括头部的 PLW 和 PSF 字段，能纠正 2 比特错。MPDU 表示 MAC 层协议数据单元。

　　FHSS 技术使得无线电设计相对简单，但同时也将数据传输速度限制在 2 Mb/s 以下。这种限制主要是由于 FCC 规定了子信道的带宽不能超过 1 MHz。这些规定促使 FHSS 系统将其所用频率扩展到整个 2.4 GHz 频带，这就意味着其频率必须不停地跳变，从而带来了很大的跳变开销。

直接序列扩频（DSSS）

　　相比之下，直接序列扩频技术将 2.4 GHz 频带分割成 14 个 22 MHz 的信道。相邻信道的频谱彼此部分重叠，14 个信道中只有 3 个完全不重叠。数据通过这些 22 MHz 信道之一进行发送而不跳变到其他信道上。为了补偿给定信道上的噪声，DSSS 通信方式采用一种称为"分码片"的技术。用户数据的每一比特都被转换成一连串的冗余比特形式，即所谓的"码片"。每个码片内固有的冗余（每个数位比特由一个多比特信号表示），加上在 22 MHz 信道上将信号扩展，就提供了检错和纠错的形式。即使部分信号被破坏，但在很多情况下信号仍可以恢复。这使得要求重发的次数变得最少。

　　用于 DSSS 通信方式的 PLCP 帧格式如图 5.5 所示。

| SYNC(128) | SFD(16) | Signal(8) | Service(8) | Length(16) | CRC(8) | MPDU |

图 5.5　用于 DSSS 通信方式的 PLCP 帧格式

　　与采用 FHSS 方式通信的 PLCP 帧格式不同，SFD 字段的含义为固定的比特模式（11110011 10100000）。Signal 字段表示收发所采用的调制速率及方式，步长单位为 100 kb/s，可选值为十六进制的 0A、14、37 和 6E，分别对应于 1 Mb/s、2 Mb/s、5.5 Mb/s 和 11 Mb/s 的速率；1 Mb/s 和 2 Mb/s 相应的调制方式为差分二进制相移键控（DBPSK）和差分四进制相移键控（DQPSK），余下两种速率相应的调制方式均为补码键控（CCK）。Service 字段保留未用。Length 字段指示 MPDU 的长度。CRC 字段采用 CRC-16D 的帧校验序列（FCS）算法进行校验。

漫反射红外线（DFIR）

　　以红外线（IR）为传输介质的 WLAN，采用 850～950 ns 的红外波段进行传输。用于 DFIR 通信方式的 PLCP 帧格式与 FHSS、DSSS 类似，但有 3 个略显不同的字段，如图 5.6 所示。

| SYNC(57～73) | SFD(4) | Data rate(3) | DCLA(32) | Length(16) | CRC(16) | MPDU≤2500 |

图 5.6　用于 DFIR 通信方式的 PLCP 帧格式

　　DFIR 的 PLCP 帧中的 SYNC 字段比 FHSS 和 DSSS 都短，因为采用光敏二极管检测信号不需要复杂的同步过程。Data rate 字段为数据速率，该字段值为 000 时表示 1 Mb/s，为 001 时表示 2 Mb/s。DCLA 是直流电平调节字段，通过发送 32 个时隙的脉冲序列来确定接收信号的电平。MPDU 的长度不能超过 2 500 字节。

对 IEEE 802.11 物理层的改进

为了提高 IEEE 802.11 的基本数据速率（1～2 Mb/s），目前已开发了多项新的物理层技术：

► 802.11b——在 2.4 GHz 频带内采用直接序列扩频技术，将速率提高到 11 Mb/s；

► 802.11a——在 5 GHz 频带内采用频分复用技术，将速率提高到 54 Mb/s；

► 802.11g——运行在 ISM 频段，采用 OFDM 技术，支持高达 54 Mb/s 的数据速率；

► 802.11n——在 5 GHz 频带内采用多入多出（MIMO）技术，将速率提高到 600 Mb/s。

正因为这些都是物理层技术，所以它们都支持 802.11 MAC 层，它们的工作距离可达数十米。但是，实际的工作距离和数据速率取决于发射机功率、视线内的物理遮挡物及干扰信号是否存在等因素的综合影响。通常，无线局域网的数据速率随着发射机与接收机之间距离的增加而降低。

1. IEEE 802.11b

1999 年 9 月，IEEE 批准了其 802.11b 标准，它是 802.11 标准的修正标准，增加了两种较高的速率，即 5.6 Mb/s 和 11 Mb/s。802.11b 的基本体系结构、性能和服务都由原 802.11 标准定义。802.11b 标准只影响物理层，增加了较高的数据速率和更稳健的连接性。目前，IEEE 802.11b 已是无线局域网中使用的主导技术。

IEEE 802.11b 对无线局域网标准的重要贡献，是对物理层支持的两种新的速率（即 5.5 Mb/s 和 11 Mb/s）进行了标准化。为了做到这一点，必须选择 DSSS 作为唯一的物理层技术。如前所述，在不违反 FCC 规定的情况下，跳频技术不支持较高的速率。这意味着 IEEE 802.11b 系统将兼容 1 Mb/s 和 2 Mb/s 的 802.11 DSSS 系统，但不兼容这两种速率的 802.11 FHSS 系统。

2. IEEE 802.11a

IEEE 802.11a 标准是在 802.11b 之后开发出来的。这看起来没有按顺序编号发布，其原因是 802.11a 委员会首先成立，但 802.11b 工作组则较早发布其标准。

分配给 IEEE 802.11a 的频率是 5 GHz 频段的 300 MHz 带宽。这 300 MHz 的带宽被分成 3 个非许可的"域"，其中每个域具有不同的最大功率级：

► 5.15～5.35 GHz（200 MHz 总带宽）——在此域中，最大发射功率为 50 mW；

► 5.25～5.35 GHz（100 MHz 总带宽）——在此域中，发射功率可以提高到 250 mW；

► 5.725～5.825 GHz（100 MHz 总带宽）——这个域计划用于户外应用，其最大发射功率为 1 W。

IEEE 802.11b 网络的合法输出功率也可达到 1 W，但通常只发射 30 mW，以降低发热并节省电池能量。由于要传输相同的距离需要较大的功率，所以 IEEE 802.11a 网络要求设置这些较高的功率级。

IEEE 802.11a 具有更高的数据速率。在理论上，IEEE 802.11a 的传输速率可以大约达到 54 Mb/s。它比 IEEE 802.11b 的速率高出许多，主要原因有两个：

► 较高的频率。高频率可以承载更多的数据，这是因为信号的每个周期就是一次变化，这为表示一个比特提供了机会。所有的 IEEE 802.11 网络均采用一种称为"移相键控（PSK）"的调制技术，它用无线电波的相位从正到负或从负到正的一次翻转来表示

1 比特。这种技术的复杂变量可以将 8～10 比特压缩为一个周期，产生 1.125Mb/s 的速率。但是，为了便于接收结点检测这些复杂而微妙的信号，发送结点必须以比 IEEE 802.11b 网络通常使用的功率更高的功率级来发射这些信号。

▶ 并行信道。IEEE 802.11a 在 20 MHz 宽的载波频带上发射数据。这个载波频带被分成 52 个子信道，每个子信道为 300 kHz。数据通过其中 48 个子信道并行传输，另外 4 个子信道用来进行纠错。如果网络采用 PSK，则每个子信道最高的传输速率可达 1.125 Mb/s。因此，总数据速率= 1.125 Mb/s×48=54 Mb/s。

IEEE 802.11a 具有较大的带宽和较低的干扰。分配给 802.11a 的带宽约为 802.11b 的 4 倍。而且，802.11b 所使用的 ISM 频带已被其他许多技术大量占用，特别是蜂窝电话设备和蓝牙设备。这些潜在的干扰源会减小 802.11b 无线局域网的有效数据速率。

由于 IEEE 802.11a 和 IEEE 802.11b 这两个标准都工作在物理层，所以它们都支持现有的 802.11 MAC 协议。然而，由于 IEEE 802.11a 和 IEEE 802.11b 使用不同的频率谱和不同的扩频传输方式，因而它们之间彼此不兼容。

3. IEEE 802.11g

IEEE 802.11a 和 IEEE 802.11b 这两个标准都存在一定的缺陷：802.11b 的优势在于价格低廉，但速率较低（最高 11 Mb/s）；而 802.11a 的优势在于传输速率高（最高 54 Mb/s）且受干扰少，但价格相对较高。目前流行的是 802.11g 标准。该标准拥有 802.11a 的传输速率（54 Mb/s），安全性比 802.11b 好，并采用了 802.11a 中的 OFDM 和 802.11b 中的 CCK 两种调制方式，做到了与 IEEE 802.11a、802.11b 相兼容。

4. IEEE 802.11n

为了实现高带宽、高质量的 WLAN 服务，使 WLAN 达到以太网的性能水平，IEEE 802.11n 应运而生。在传输速率方面，IEEE 802.11n 可以将 WLAN 的传输速率由 IEEE 802.11a 和 IEEE 802.11g 提供的 54 Mb/s 提高到 108 Mb/s，甚至高达 500 Mb/s。这得益于将 MIMO 与 OFDM 技术相结合而应用的 MIMO OFDM 技术。这个技术不仅提高了无线传输质量，也使传输速率得到了极大提升。

在覆盖范围方面，IEEE 802.11n 采用智能天线技术，通过多组独立天线组成天线阵列，可以动态调整波束，保证 WLAN 用户能够接收到稳定的信号，并可以减少其他信号的干扰。因此其覆盖范围可以扩展到数十平方千米，增强了 WLAN 的移动性。

IEEE 802.11 数据链路层

在 IEEE 802.11 中，数据链路层由两个子层组成：逻辑链路控制（LLC）子层和介质访问控制（MAC）子层。IEEE 802.11 标准采用与其他 802 局域网相同的 802.2 LLC 和 48 位寻址，使得从无线网络桥接到 IEEE 有线网络变得非常简单。但是，MAC 方法对无线局域网来说是唯一的。MAC 层分为 MAC 子层和 MAC 管理子层，下面讨论与之相关的主要内容。

IEEE 802.11 MAC 子层

IEEE 802.11 MAC 在概念上与 IEEE 802.3 非常相似，因为它让发送者在访问介质之前先对介质进行侦听，以此来支持共享介质上的多个用户。对于 802.3 以太局域网来说，带冲突检测的载波侦听多址访问（CSMA/CD）协议规定了当两台或更多设备要同时通过局域网进行通信时，以太网站点是如何建立对有线网络的访问并如何检测和处理冲突的。

　　由于无线电传输链路存在远近效应、结点隐藏等问题，因此无线局域网不能使用 CSMA/CD 方法。所以，IEEE 802.11 标准为 MAC 子层定义了以下 3 种介质访问控制方法：

- ▶ 带冲突避免的载波侦听多址访问（CSMA/CA）协议——通过 CSMA/CA 方式执行分布式协调功能（DCF），用于支持争用服务；
- ▶ 点协调功能（PCF）——通过 PCF 支持无争用服务；
- ▶ 请求发送/允许发送（RTS/CTS）协议——用于支持信道预约。

IEEE 802.11 MAC 子层结构如图 5.7 所示，其中也显示了分布式协调功能（DCF）与点协调功能（PCF）之间的关系。

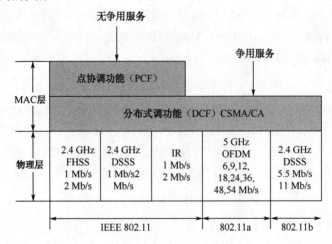

图 5.7　IEEE 802.11 MAC 子层结构

1. CSMA/CA 协议

　　无线电传输链路的一个重要特征是存在远近效应。所谓远近效应，是指一个附近的无线电信号大大强于一个来自远处信号的现象。要使用 CSMA/CD，一个站必须能够在同一介质上同时发送和接收信号。远近效应表明，在一个站点，其发射功率要比同一信道上任何其他结点的功率大得多。因此，当一个结点正在发射时，它"听"不到有冲突。

　　为了解决远近效应问题，IEEE 802.11 采用了一个稍做修改的协议，称为带冲突避免的载波侦听多址访问（CSMA/CA）。CSMA/CA 试图用显式包确认（ACK）来避免冲突。

　　CSMA/CA 的工作原理为：当一个站点准备发送数据时，它首先侦听信道。如果没有检测到任何活动，该站点就等待一个附加的、随机选定的时间周期，如果此时信道仍然是空闲的，则开始发送数据。如果收到的包完好无损，则接收站发出一个 ACK 帧，一旦该帧被发送者成功接收，则过程结束。如果该 ACK 帧没有被发送站检测到，则要么是因为原始数据包没有被完好接收，要么是 ACK 帧没有被完好接收，那么此时就假定发生一个冲突。发送站在等待另一个随机的时间后，再发送一次数据包。

　　CSMA/CA 协议因此提供了一种空中共享访问的方法。这种显式 ACK 机制也对处理干扰问题和其他与无线电有关的问题非常有效。然而，它确实给 IEEE 802.11 增加了一些开销（这些开销是 IEEE 802.3 所没有的），使得 IEEE 802.11 局域网的性能总是比同样的以太局域网差。

2. 请求发送/允许发送（RTS/CTS）协议

对于无线网络来说，MAC 层的另一个特殊问题是"结点隐藏"效应，如图 5.8 所示。其中描述了一种情况，位于接入点（结点 C）对面的两个站点（结点 A 和结点 B）都能"听"到接入点的活动，但它们却彼此检测不到对方的信号，这通常是由于距离太远或有遮挡物而造成的。

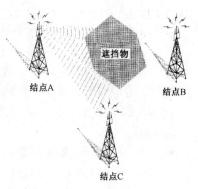

为了解决结点隐藏问题，IEEE 802.11 在 MAC 层定义了一个可选的请求发送/允许发送（RTS/CTS）协议。在采用这个协议时，发送站传一个请求发送帧（RTS）并等待接入点回应一个允许发送帧（CTS）。因为网络中所有站点均能收到接入点的信号，因此利用 CTS 可将它们想要发送的时间延迟，让发送站发送和接收一个包确认信号，从而消除发生冲突的机会。其原理图如图 5.9

图 5.8　结点隐藏效应

所示。图 5.9（a）表示站点 A 在向 B 发送数据帧之前，先向 B 发送一个请求发送帧（RTS）。在 RTS 帧中说明将要发送的数据帧长度。B 收到 RTS 帧后就向 A 响应一个允许发送帧（CTS），在 CTS 帧中也附上 A 欲发送的数据帧长度（从 RTS 帧中将此数据复制到 CTS 帧中），如图 5.9（b）所示。A 收到 CTS 帧后就可发送其数据帧了。

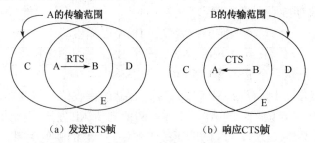

图 5.9　采用 RTS 帧和 CTS 帧支持信道预约的原理图

将图 5.9 所示状况作为一个例子，讨论 A 和 B 两个站点附近的一些站点的行为。站点 C 位于 A 的传输范围内，但不在 B 的传输范围内。因此，C 能够收到 A 发送的 RTS，但 C 不会收到 B 发送的 CTS 帧。这样，在 A 向 B 发送数据时，C 也可发送自己的数据而不会干扰 B（C 收不到 B 的信号同时 B 也收不到 C 的信号）。对于 D 站，它收不到 A 发送的 RTS 帧，但能收到 B 发送的 CTS 帧。由于 D 知道 B 将要与 A 通信，所以 D 在 A 和 B 通信时的一段时间内不能发送数据，因而不会干扰 B 接收 A 发来的数据。至于站点 E，它既能收到 RTS 帧也能收到 CTS 帧，因此 E 和 D 一样，在 A 发送数据帧和 B 发送确认帧的整个过程中都不能发送数据。由此可知，实际上是在发送数据帧之前，先对信道预约一段时间。

使用 RTS 和 CTS 帧会使整个网络的效率有所下降。但这两种控制帧都很短，其长度分别为 20 字节和 14 字节，而数据帧最长可达 2346 字节。若不使用这类控制帧，一旦发生冲突，导致数据帧重传浪费的时间会更多。

MAC 管理子层

WLAN 是一个开放式系统，各站点共享传输介质，而且通信站具有移动性，因此，必须解决信息的同步、漫游、保密和节能等问题。

1. 认证登记过程

信标是一种管理帧，由 AP 定期发送，用于进行时间同步。信标还用来识别 AP 和网络，其中包括基站 ID、时间戳、睡眠模式和功率管理等信息。

为了得到 WLAN 提供的服务，终端在进入 WLAN 区域时，必须进行同步搜索以定位 AP，并获取相关信息。同步方式有主动扫描和被动扫描两种。

- ▶ 主动扫描——终端在预约的各频道上连续扫描，发射探询请求帧，并等待各 AP 回答的响应帧。收到各 AP 的响应帧后，工作站将对各帧中的相关部分进行比较，以确定最佳 AP。
- ▶ 被动扫描——如果终端已位于 BSS 区域，那么它可以收到各 AP 周期性发射的信标帧，因为帧中含有同步信息，所以工作站在对各帧进行比较后，即可确定最佳 AP。

终端定位 AP 并获得了同步信息后开始认证过程。认证过程包括 AP 对工作站身份的确认和共享密钥的认证等。认证过程结束后，开始关联过程。关联过程包括：终端和 AP 交换信息，在分布式系统（DS）中建立终端和 AP 的映射关系，DS 将根据该映射关系来实现相同 BSS 及不同 BSS 用户间的信息传输。关联过程结束后，工作站就能够得到 BSS 提供的服务了。

2. 移动方式

IEEE 802.11 定义了 3 种移动方式：

- ▶ 无移动方式——终端是固定的或者仅在 BSA 内部移动；
- ▶ BSS 转移——终端在同一 ESS 内部的多个 BSS 之间的转移；
- ▶ ESS 转移——从一个 ESS 移动到另一个 ESS。

当终端开始漫游并逐步远离原 AP 时，它对原 AP 的接收信号将变坏，这时终端启动扫描功能重新定位 AP；一旦定位了新的 AP，工作站随即向新 AP 发送连接请求；新 AP 将终端的连接请求通知分布式系统（DS），DS 随即更改工作站与 AP 的映射关系，并通知原 AP 不再与该工作站关联。然后，新 AP 向该终端发送连接响应。至此，完成漫游过程。如果工作站没有接收到连接响应，它将重启扫描功能，定位其他 AP，重复上述过程，直到连接上新的 AP。

3. 安全管理

为了达到与有线网络同等的安全性能，IEEE 802.11 采取了认证和加密措施。IEEE 802.11 提供的加密方式采用有线等效保密（WEP）协议。WEP 协议对数据的加密和解密都使用同样的算法和密钥，包括"共享密钥"认证和数据加密两个过程。"共享密钥"认证使得那些没有正确 WEP 密钥的用户无法访问网络，而加密则要求网络中所有数据的发送和接收都必须使用密钥加密。

认证和数据加密过程采用 RC4 流加密算法，密钥长度最初为 40 位（5 个字符），后来增加到 128 位（13 个字符）。使用静态 WEP 加密时，可以设置 4 个 WEP 密钥；使用动态 WEP 加密时，WEP 密钥会随时间变化而变化。

2004 年 6 月公布的 IEEE 802.11i 标准是对 WEP 协议的改进。IEEE 802.11i 定义了新的密钥交换协议——临时密钥完整性协议（Temporal Key Integrity Protocol，TKIP）和高级加密标准（Advanced Encryption Standard，AES）。TKIP 提供报文完整性检查，每个数据包使用不同的混合密钥，每次建立连接时生成一个新的基本密钥。这些方法的使用使得诸如密钥共享、碰撞攻击和重放攻击等手段不再有效，从而弥补了 WEP 协议存在的安全隐患。

4. 电源管理

IEEE 802.11 允许空闲站处于睡眠状态，并在同步时钟的控制下周期性地唤醒处于睡眠态的空闲站。由 AP 发送的信标帧中的 TIM（业务指示表）指示算法有无数据暂存于 AP：若有，则向 AP 发探询帧，从 AP 接收数据，然后进入睡眠态；若无，则立即进入睡眠态。

IEEE 802.11 MAC 帧结构

IEEE 802.11 定义了 3 种不同类型的帧：管理帧、控制帧和数据帧。管理帧用于站点与 AP 发生关联或解除关联、定时和同步、身份认证和解除认证，控制帧用于在数据交换时的握手和确认操作，数据帧用来传输数据。MAC 头部提供了关于帧控制、持续时间、寻址和顺序控制的信息。每种帧包含用于 MAC 子层的一些字段的头。图 5.10 示出了 IEEE 802.11 MAC 帧的格式，它包括一个 MAC 帧头、有效载荷和一个 CRC 字段。

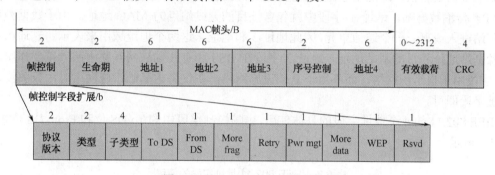

图 5.10　IEEE 802.11 MAC 帧格式

IEEE 802.11 帧控制字段

MAC 帧头部中的帧控制字段长 2 B，包含 11 个子字段或位，规定了以下内容：

（1）协议版本：允许两种版本的协议在同一时间、同一通信单元运行。IEEE 802.11 当前版本号为 0。

（2）类型字段：该字段用于指明帧类型，管理帧（00）、控制帧（01）和数据帧（10）。

（3）子类型字段：这个字段与类型字段一起用于区分关联。例如，若类型=管理，则子类型=关联请求；若类型=控制，则子类型=确认。

（4）To DS 位：当该位置 1 时，表示数据帧是发往通信单元的分布系统（如以太网）。

（5）From DS 位：当该位置 1 时，表示数据帧来自通信单元的分布系统（如以太网）。

（6）更多标识（More frag）位：表示有更多的分段将要传输。

（7）重试（Retry）位：该位用于标记重传先前的帧。在数据帧和管理帧中，重试字段设为 1，表示重传先前的帧，以利于接收端处理重复帧。

（8）功率管理（Pwr mgt）位：该位用来说明站点的电源管理模式，是置为休眠状态还是退出休眠状态。

（9）更多的数据（More data）位：该位指明发送端是否还有帧发送给接收端。

（10）有线等效保密（WEP）位：该位指明帧主体中的信息是否使用了 WEP 算法加密处

理；若已经使用了 WEP 加密处理，则 WEP 位置 1。

（11）Rsvd 位：告诉接收端帧序列是否必须严格按照顺序处理。

生命期字段

数据帧的第二个字段是生命期字段，长度为 2 B，告诉该帧及其响应帧占用信道的时间。这个字段也可用在控制帧中。

地址字段

MAC 帧头部包含 IEEE 802 标准格式的 4 个 6 B 的 MAC 地址域。前两个地址域表明数据帧的源地址、目的地址。如果一个移动无线站点发送数据帧，该站点的 MAC 地址就被插入在地址 2 字段。类似地，如果一个接入点（AP）发送数据帧，该 AP 的 MAC 地址也被插入在地址 2 字段。地址 1 字段表示要接收数据帧的移动无线站点的 MAC 地址。因此，如果一个移动无线站点传输数据帧，地址 1 字段中就包含该目的 AP 的 MAC 地址。类似地，如果一个接入点（AP）传输数据帧，地址 1 字段中就包含该目的无线站点的 MAC 地址。由于数据帧可以通过基站进入或离开一个通信单元，因此地址 3 和地址 4 这两个地址域用来表示跨越通信单元时的源基站地址和目的基站地址。地址 3 字段在 BSS 和有线局域网互联中起着重要作用。地址 4 字段用于自组织网络，而不用于基础设施网络。在仅考虑基础设施网络时，只关注前 3 个地址字段即可。

IEEE 802.11 的 4 个地址字段的具体使用，由帧控制字段中的 To DS 位和 From DS 位规定，如表 5.3 所示。

表 5.3　IEEE 802.11 地址字段的使用

To DS 位	From DS 位	地址 1	地址 2	地址 3	地址 4	含　义
0	0	目的地址	源地址	BSS ID	N/A	BSS 内站点到站点的数据帧
0	1	目的地址	BSS ID	源基站地址	N/A	离开主干分布系统的数据帧
1	0	BSS ID	源地址	目的基站地址	N/A	进入主干分布系统的数据帧
1	1	接收端地址	发送端地址	目的基站地址	源基站地址	从接入点（AP）发布到 AP 的有线等效加密帧

（1）To DS =0，From DS=0。这种情况对应从 BSS 中的一个站点向同一个 BSS 内的另一个站点传输数据帧。BSS 内的站点通过查看地址 1 字段来获悉数据帧是否是发给本站点的帧。地址 2 字段包含 ACK 帧将被送往的站点地址，地址 3 字段指定 BSS ID。

（2）To DS=0，From DS=1。这种情况对应从 DS 向 BSS 内的一个站点传输数据帧。BSS 内的站点查看地址 1 字段来了解该数据帧是否是发给它的。地址 2 字段包含 ACK 帧将被送往的站点地址，地址 3 字段指定源基站 MAC 地址。

（3）To DS=1，From DS=0。这种情况对应从 BSS 内的一个站点向 DS 传输数据帧。BSS 内的站点包括 AP，查看地址 1 字段来了解该数据帧是否是发给它的。地址 2 字段包含 ACK 帧将被送往的站点地址，这里是指源地址。地址 3 字段指明主干分布系统（DS）将帧发送到的目的基站地址。

（4）To DS=1，From DS=1。这种特殊情况应用于具有一个在 BSS 之间传输数据帧的无线分布系统（WDS）。地址 1 字段包含 WDS 中的 AP 内站点的接收端地址，该站点是该帧的下一个预期的直接接收端。地址 2 字段指明 WDS 中的 AP 内正在发送帧并接收 ACK 的站点的目的地址。地址 3 字段指明 ESS 中准备接收帧的站点的目的地址。地址 4 字段是 ESS 中发起帧传输站的源基站地址。

序号控制字段

序号控制字段的长度为 2 字节，其中 4 位用于指示每个分段的编号，12 位用于表示序列号，因此可有 4 096 个序列号。

有效载荷字段

有效载荷字段包含帧控制字段中规定的类型和子类型的信息。有效载荷字段是帧的核心，通常由一个 IP 数据报或者 ARP 分组组成。尽管这一字段允许的最大长度为 2 312 字节，但通常其长度小于 1 500 字节。

CRC 字段

最后 4 字节是 CRC 字段，用于 MAC 帧头部和有效载荷字段的循环冗余校验。

典型问题解析

【例 5-1】IEEE 802.11 采用类似于 IEEE 802.3 CSMA/CD 协议的 CSMA/CA 协议，之所以不采用 CSMA/CD 协议的原因是（　　　）。

    a. CSMA/CA 协议的效率更高　　　　b. CSMA/CD 协议的开销更大

    c. 为了解决隐蔽终端问题　　　　　　d. 为了引进其他业务

【解析】CSMA/CD 协议是以太网采用的协议，主要是为了解决信道共享问题。在无线网络中进行冲突检测是有困难的。例如，两个站点由于距离过大，或中间障碍物的分隔，导致检测不到冲突，但是位于它们之间的第三个站可能会检测到冲突，这就是所谓的隐蔽终端问题。采用冲突避免的方法可以解决隐蔽终端问题，因而采用类似于 IEEE 802.3 CSMA/CD 协议的 CSMA/CA 协议。参考答案是选项 c。

【例 5-2】在 IEEE 802.11 标准中使用了扩频通信技术，在下面的选项中，有关扩频通信技术的正确说法是（　　　）。

    a. 扩频技术是一种带宽很宽的红外线通信技术

    b. 扩频技术是指用伪随机序列对代表数据的模拟信号进行调制

    c. 扩频通信系统的带宽随着数据速率的提高而不断扩大

    d. 扩频技术就是扩大了频率许可证的使用范围

【解析】扩频通信系统的模型如图 5.11 所示。输入数据首先进入信道编码器，产生有关接近某中央频谱的较窄带的模拟信号，再用有关伪随机序列对这个信号进行编码。调制的结果是大大地拓宽了信号的带宽，即扩展了频谱。在接收端，使用同样的伪随机序列来恢复原来的信号，最后进入信道解码器恢复数据。参考答案是选项 b。

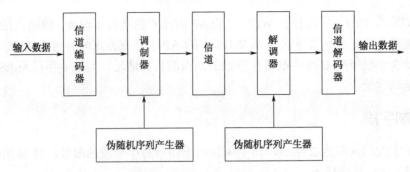

图 5.11 扩频通信系统的模型

练习

1. 关于无线局域网，下面叙述正确的是（　　）。

    a. 802.11a 和 802.11b 都可以在 2.4 GHz 频段工作

    b. 802.11b 和 802.11g 都可以在 2.4 GHz 频段工作

    c. 802.11a 和 802.11b 都可以在 5 GHz 频段工作

    d. 802.11b 和 802.11g 都可以在 5 GHz 频段工作

【提示】1997 年颁布的 IEEE 802.11 标准运行在 2.4 GHz 的 ISM 频段，采用扩频通信技术，支持 1 Mb/s 和 2 Mb/s 数据速率。1998 年推出的 IEEE 802.11b 标准也是运行在 ISM 频段，采用 CCK 技术，支持 11 Mb/s 的数据速率。1999 年推出的 IEEE 802.11a 标准运行在 5 GHz 的 U-NII 频段，采用 OFDM 调制技术，支持最高达 54 Mb/s 的数据速率。2003 年推出的 IEEE 802.11g 标准运行在 ISM 频段，采用 OFDM 技术，支持高达 54 Mb/s 的数据速率。参考答案是 b 选项。

2. WLAN 采用扩频技术传输数据，下面哪一项不是扩频技术的优点？（　　）

    a. 对无线噪声不敏感　　　　b. 占用的带宽小

    c. 产生的干扰小　　　　　　d. 有利于安全保密

【提示】扩频技术是一种在军事电子对抗中使用的方法。它是将数据基带信号频谱扩展几倍或几十倍，是以牺牲通频带为代价来提高无线通信系统的抗干扰性和安全性的。可见，选项 b 不是扩频技术的优点。

3. 下列关于 IEEE 802.11 标准的描述中，错误的是（　　）。

    a. 定义了无线结点和无线接入点两种类型的设备

    b. 无线结点的作用是提供无线网络和有线网络之间的桥接

    c. 物理层最初定义了 FHSS、DSSS 扩频技术和红外传播规范

    d. MAC 层的 CSMA/CA 协议利用 ACK 信号避免冲突的发生

【提示】参考答案是选项 b。

4. IEEE 802.11MAC 子层定义的竞争访问协议是（　　）。

    a. CSMA/CA　　b. CSMA/CB　　　　c. CSMA/CD　　　d. CSMA/CG

【提示】参考答案是选项 a。

5. 为什么无线局域网采用 CSMA/CA 协议而不采用 CSMA/CD 协议？

6. 描述远近效应的概念，并说明 802.11 MAC 方法是如何克服远近效应的。

7．使用 IEEE 802.3 和 IEEE 802.11 来讨论有线局域网和无线局域网的区别。

8．什么是结点隐藏效应？IEEE 802.11 MAC 层是如何解决结点隐藏问题的？

9．采用 FHSS 和 DSSS 扩展技术的 WLAN 能否在 MAC 子层上实现互通？为什么？

10．FHSS 和 DSSS 的 PLCP 协议数据单元，其共享字段的比特样式有何差异？接收站如何实现时钟同步？

补充练习

一个小型办公室用 IEEE 802.11b 无线网桥将笔记本计算机连接到有线网络。通过简单替换其无线接入点，可否将它升级到快速 IEEE 802.11a 标准的网络？

第三节　WLAN 硬件设备

无线局域网（WLAN）与有线局域网（LAN）在硬件上没有很大差别，WLAN 的组网设备主要包括无线网卡、无线接入点（AP）、无线路由器和无线天线等硬件。当然，并不是所有的 WLAN 都需要这 4 种组网设备的。事实上，只需要几块无线网卡，就可以组建一个小型的对等无线网络。当需要扩大网络规模时，或者需要将无线网络与有线局域网连接在一起时，才需要使用 AP。只有当实现互联网接入时，才需要无线路由器。而无线天线主要用于放大信号，以接收更远距离的无线信号，从而扩大无线网络的覆盖范围。

学习目标

▶　了解无线局域网（WLAN）组网硬件设备的类型；
▶　熟悉 WLAN 硬件设备的功能与使用方法。

关键知识点

▶　组建不同模式的 WLAN，所需的网络设备就不同。

无线网卡

WLAN 网卡简称无线网卡，是一种集微波收发、信号调制与网络控制于一体的网络适配器，除了具有有线网卡的网络功能，还具有天线接口、信号的收发及处理、扩频调制等功能。目前，无线网卡采用 IEEE 802.11 无线网络协议，一般工作于 2.4 GHz 或 5 GHz 的频带。

无线网卡的组成原理

无线网卡的硬件部分一般由一块包含专用的组件和大规模集成电路的电路板构成，主要包含射频单元、中频单元、基带处理单元和网络接口控制单元等部分，如图 5.12 所示。在物理实现上可能会将不同功能单元组合到一起。例如，NIC 与 BBP 都工作在基带，常将两者集成在一起。

网络接口控制（NIC）单元用于实现 IEEE 802.11 协议的 MAC 层功能，主要负责接入控制，具有 CSMA/CA 介质访问控制、分组传输、地址过滤、差错控制及数据缓存功能。当移动主机发送数据时，NIC 负责接收主机发送的数据，并按照一定的格式封装成帧，然后根据 CSMA/CA 介质访问控制协议把数据帧发送到信道中。当接收数据时，NIC 根据接收帧中的目的地址，判断是否为发往本主机的数据；如果是则接受该帧，并进行 CRC 校验。为了实现这些功能，NIC 还需要完成对发送和接收缓存的管理，通过计算机总线进行 DMA 操作和 I/O 操作，与计算机交换数据。

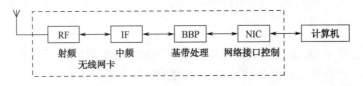

图 5.12　无线网卡的组成原理

由射频单元（RF）、中频单元（IF）、基带处理（BBP）单元组成的通信机，用来实现物理层功能，并与 NIC 进行必要的数据交换。在接收数据时，先由 RF 单元把射频信号变换到中频上，然后由 IF 进行中频处理，得到基带接收信号；BBP 对基带信号进行解调处理，恢复位定时信息，再把最后获得的数据交给 NIC 处理。在发送数据时，BBP 对数据进行调制，IF 处理器把基带数据调制到中频载波上，再由 RF 单元进行变频，把中频信号变换到射频上发射。

无线网卡的软件主要包括基于 MAC 控制芯片的固件和主机操作系统下的驱动程序。固件是网卡上最基本的控制系统，主要基于 MAC 芯片来实现对整个网卡的控制和管理。在固件中完成了最底层、最复杂的传输-发送模块功能，并可向下提供与物理层的接口，向上提供一个程序开发接口，为程序开发附加的移动主机功能提供支持。

无线网卡的类型

无线网卡根据接口类型不同，主要分为以下 3 种类型（如图 5.13 所示）：

▶ PCMCIA 无线网卡。这种无线网卡只适用于便携式计算机，支持热插拔，可以非常方便地实现移动式无线接入。

▶ PCI 无线网卡。这种无线网卡适用于普通的台式计算机，其实 PCI 无线网卡只是在 PCI 转接卡上插入了一块普通的 PC 卡。

▶ USB 接口无线网卡。这种无线网卡适用于便携式计算机和台式计算机，支持热插拔。

（a）PCMCIA 无线网卡　　　　　　（b）PCI 无线网卡　　　　　　（c）USB 接口无线网卡

图 5.13　不同类型的无线网卡

无线接入点

无线接入点（AP）简称无线 AP，如图 5.14 所示，其作用类似于以太网中的集线器或交换机，它能够把多个无线客户机连接起来，在所覆盖的范围内，提供无线工作站与有线局域网之间的相互通信。AP 一般通过标准以太网连接线接到有线网络上，并通过天线与无线设备进行通信，在具有多个 AP 时，用户可以在 AP 之间漫游切换。

图 5.14　无线 AP

从逻辑上讲，AP 由无线收发单元、有线收发单元、管理与软件和天线组成，如图 5.15 所示。AP 通常拥有一个或多个以太网接口，但至少应有一个无线端口，用于连接无线区域中的移动终端；还应具有一个有线端口，用于连接有线网络。在 AP 的无线端口，接收无线信道上的帧，经过格式转换后使其成为具有有线网络格式的帧结构，再转发到有线网络上。同样，AP 将从有线端口上接收到的帧转换成无线信道上的帧格式后再将其转发到无线端口上。AP 在对帧处理的过程中，可以相应地完成对帧的过滤及加密工作，从而保证无线信道上数据的安全。

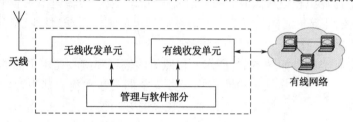

图 5.15　无线接入点组成示意图

安装在室外的 AP 通常称为无线网桥，主要用于实现室外的无线漫游，即无线网络的空中接力，或点对点、一点对多点的无线连接。

无线路由器

无线路由器是指带有无线覆盖功能的路由器，如图 5.16 所示；实际上就是无线 AP 与宽带路由器的结合，主要用于用户上网和无线覆盖。借助于无线路由器，可实现无线网络中的因特网连接共享。它可以与所有以太网的 ADSL 调制解调器或有线调制解调器直接相连，也可以通过交换机/集线器、宽带路由器等局域网方式接入。其内置简单的虚拟拨号软件，可以存储用户名和密码进行拨号上网；实现为拨号接入因特网的 ADSL、CM 等提供自动拨号功能，而无须手动拨号或占用一台计算机作为服务器使用。同时，无线路由器一般还具备相对更完善的安全防护功能。另外，无线路由器可以将与它连接的无线和有线终端分配到一个子网中，以便子网内的各种设备交换数据。

常见的无线路由器一般都有一个 RJ-45 口作为 WAN 口，也就是 UPLink 到外部网络的接口，其余 2～4 个口为 LAN 口，用来连接普通局域网，内部有一个网络交换机芯片，专门处理 LAN 接口之间的信息交换。无线路由的 WAN 口和 LAN 之间的路由工作模式一般都采用网络地址转换（NAT）方式。所以，无线路由器也可以作为有线路由器使用，实现无线与有线的连接，并共享因特网。

图 5.16　无线路由器

其他硬件

无线天线

无线天线的功能是将信号源发送的信号由天线传输至远处。通常，无线网络设备（如无线网卡、无线路由器等）自身都带有有线天线，同时也带有单独的无线天线。因为，当计算机与无线接入点或其他计算机相距较远时，随着信号的减弱，或者传输速率明显下降，或者根本无法实现与 AP 或其他计算机之间的通信，此时就必须借助无线天线对所收发的信号进行放大，以达到延伸传输距离的目的。

无线天线有多种类型，如图 5.17 所示。按照天线辐射和接收在水平面的方向性，无线天

线可分为定向天线与全向天线两类。其中，定向天线具有能量集中、高增益、较强的方向性和抗干扰能力，适用于远距离点对点通信；全向天线可以用来接收来自各个角度的信号和向各个角度辐射信号，适合在单点对多点通信环境中充当中心台的角色。

若按照天线使用的位置分类，无线天线有室内和室外两种。室内天线又有板状定向天线和柱状全向天线之分；室外天线的类型也比较多，常见的有锅状通信天线和棒状全向天线。

图 5.17　无线天线

蓝牙适配器和红外线适配器

蓝牙适配器是为了使各种数码产品能适应蓝牙设备而研发的接口转换器。蓝牙适配器基本上都是 USB 接口总线的。蓝牙适配器采用了全球通用的短距离无线连接技术，使用 2.4 GHz 的无线频段。

红外线适配器是指利用红外线技术在各种电子设备之间进行数据交换和传输的设备。

无线网桥

无线网桥是一种在链路层实现无线局域网互联的存储转发设备，能够通过无线（微波）进行远距离数据传输。

无线网桥有点对点、点对多点、中继连接 3 种工作方式，可用于固定数字设备之间的远距离（可达 20 km）、高速（可达 11 Mb/s）无线组网。

练习

1．建立一个家庭无线局域网，使得计算机不但能够连接因特网，而且在 WLAN 内部还可以直接通信，正确的组网方案是（　　　）。

  a．AP＋无线网卡   b．无线天线＋无线调制解调器

  c．无线路由器＋无线网卡   d．AP＋无线路由器

【提示】无线路由器是具有路由功能的 AP，一般情况下，它不仅具备无线 AP 的所有功能，还包括网络地址转换功能，因此可利用它建立一个较小范围的无线局域网，实现家庭无线网络中因特网连接共享，实现 ADSL 和小区宽带接入。参考答案是选项 c。

2．IEEE 802.11 标准定义的对等网络是一种（　　　）。

  a．需要 AP 支持的无线网络 b．无须有线网络和接入点支持的点对点网络

  c．采用特殊协议的有线网络 d．高速骨干数据网络

【提示】对等网络采用点对点模式。对等网络结构比较简单，不需要有线网络和接入点支持，网上的各台计算机均具有相同的功能，无主从之分。两台插上无线网卡的计算机即可通信。参考答案是选项 b。

3．在组建一个家庭局域网时，有 3 台计算机需要上网访问因特网，但 ISP 只提供一个到网络的逻辑接口，且只为其分配一个有效的 IP 地址。那么在组建这个家庭局域网时可选用的网络设备是（　　　）。

  a．无线路由器 b．无线接入点 c．无线网桥 d．局域网交换机

【提示】无线路由器和无线网关是具有路由功能的 AP，一般情况下它具有 NAT 功能，可以用它建立一个无线局域网。参考答案是选项 a。

4．下列关于无线网卡标准的描述，不正确的是（　　　）。

  a．IEEE 802.11a 传输速度为 54 Mb/s，与 802.11b 不兼容

  b．IEEE 802.11b 传输速度为 11 Mb/s

  c．IEEE 802.11g 传输速度为 54 Mb/s，可向下兼容 802.1a

  d．IEEE 802.11n 可向下兼容，最高传输速度为 300 Mb/s

5．下列关于无线路由器的描述，错误的是（　　　）。

  a．无线路由器是无线 AP 与宽带路由器的结合

  b．无线路由器集成了无线接入点 AP 的接入功能

  c．借助于无线路由器，可以实现无线共享接入

  d．无线路由器不能实现路由的选择功能

补充练习

在网络上检索组建无线局域网常用的主要硬件设备有哪些？各类设备的特点是什么？

第四节　组建 WLAN

随着无线通信技术的发展，人们越来越倾心于无线网络的使用。虽然无线网络的组建过程比有线网络省事，但组建一个让人满意的 WLAN 也并非易事。

　　常见的 WLAN 分为独立无线网络和混合无线网络两种类型，其中独立无线网络是指所有网络都使用无线通信。对于独立无线网络的组建方式，通常采用无线对等网络和借助无线 AP 构建无线网络等组网方式。在使用无线 AP 时，所有客户端的通信都要通过 AP 来转接。所谓混合无线网络，是指在网络中同时存在着无线和有线两种模式，基本架构方式是通过 AP 或无线路由器将有线网络扩展到无线网络。

学习目标

▶　掌握 WLAN 组网的无线 AP 接入和无线网卡对等网络两种组网方式。
▶　熟悉使用移动宽带连接到因特网的方法。

关键知识点

▶　以 Windows 操作系统为例的 WLAN 配置方法。

点对点模式无线网络

　　采用点对点（Point-to-point）模式组建的无线网络为无中心拓扑结构，各主机之间没有中心结点，不分服务器和客户机，故也称为对等无线网络。

　　对等无线网络只要有无线网卡即可组成局域网，这是最简单的无线网络组建方式，可以实现多台计算机的资源共享。但是，点对点模式中的一个结点必须能同时"看"到网络中的其他结点，否则就认为网络中断，因此对等网络只能用于少数用户的组网环境，如 3～5 个用户。点对点模式的无线网络如图 5.18 所示。该结构的工作原理类似于有线对等网的工作方式。它要求网中任意两个站点之间均能直接进行信息交换，每个站点既是工作站，也是服务器。此结构的无线局域网一般使用公用广播信道，MAC 层采用 CSMA 类型的多址接入协议。

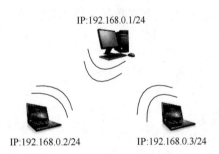

IP:192.168.0.1/24
IP:192.168.0.2/24　　　IP:192.168.0.3/24

图 5.18　点对点模式无线网络

　　点对点模式无线网络的优点是节省了无线 AP 的投资，只需为台式计算机购置一块 PCI 接口或 USB 接口的无线网卡。当然，如果便携式计算机没有内置的 Mini-PCI 无线网卡，还需要为它添置一块 Mini-PCI 接口或 PCMCIA 接口的无线网卡。

　　点对点模式无线网络的最大缺点是，各用户之间的通信距离较近，而且对墙壁的穿透能力较差。通常无线对等网络中的两台计算机之间的距离不要超过 30 m，相隔的墙壁也不要超过 2 堵，否则信号衰减会很大，稳定性也差。另一个缺点是，便携式计算机必须通过另一台已经连入因特网的台式计算机才能与网络相连，即台式计算机必须保持开机状态便携式计算机才可以上网。

　　在组建点对点模式无线网络时，一定要根据房间结构来设置提供上网服务的台式计算机的位置，应尽量选择信号穿墙少的房间。为改善信号质量，可以给台式计算机的 PCI 网卡加装外置的全向天线。另外，两块网卡的速度最好一样，假如一台计算机采用了 54 Mb/s 的无线网卡，那么另一台就不要使用 11 Mb/s 的网卡，因为只要两块网卡当中有一方只支持 11 Mb/s 的速度，那么整个无线网络都会将速率自动降为 11 Mb/s，这显然是不合算的。

点对点模式无线网络一般应用于网络规模较小、连接情况比较简单的情形，如 SOHO 网络等。例如，有两台笔记本计算机，两块 Intel(R) WiFi Link 5300 AGN 无线网卡，在 Windows 7 操作系统环境下，组建无线对等网的方法如下。

安装管理软件

管理软件通常已经自动安装。若没有安装，可在计算机驱动器中插入光盘，在光盘中选择 Intel(R) WiFi Link 5300 AGN\Utility，双击"Setup"按钮安装 Intel(R) WiFi Link 5300 AGN 的管理软件。再单击"Next"按钮继续，选择"NO，I Will Restart My Computer Later"选项，单击"Finish"按钮。最后手动关机。

安装无线网卡和驱动程序

先安装无线网卡，然后按以下步骤安装相应的网卡驱动程序：

（1）启动计算机，提示找到新硬件；

（2）单击"下一步"按钮，选择"搜索适于我的驱动程序"选项，再单击"下一步"按钮；

（3）指定驱动程序所在目录，找到驱动程序后单击"打开"按钮；

（4）单击"下一步"按钮和"完成"按钮。

检测是否安装成功

（1）查看在桌面右下角的任务栏中是否有显示图标，有则表示管理软件安装正确，且工作正常。

（2）检查无线网卡是否安装正确。选择"我的电脑"→"属性"→"硬件"→"设备管理器"命令，若显示如图 5.19 所示，则表明安装成功。

配置

对等无线网络的配置主要包括管理软件参数设置和无线网卡设置，具体步骤可参考产品说明书。

图 5.19　安装无线网卡窗口

基础架构模式的无线网络

大家知道，在有线局域网中利用集线器或交换机可组建星状网络，同样，也可利用无线 AP 或无线宽带路由器（它们都类似于集线器或交换机）组建星状结构的无线局域网，其工作方式和有线星状网络拓扑结构很相似。在该结构基础上的 WLAN，可采用类似于交换式以太网的工作方式，但在无线局域网中一般要求无线 AP 或无线宽带路由器应具有简单的网内交换功能，因此称为基础架构模式的无线网络。

基础架构模式的无线网络由无线访问点（AP）、无线工作站（STA）和分布式系统（DS）构成，覆盖的区域称为基本服务区（BSS）。基础架构模式的无线网络如图 5.20 所示，它将大量移动用户连接至有线网络，单个无线访问点能够覆盖几个到几十个用户,覆盖半径达上百米,能够为移动用户提供灵活的接入。

例如，若要在会议室临时举行一个会议，此会议室是旧式建筑，装修时没有考虑网络布线，该会议室有一台 PC，采用 ADSL 方式接入因特网（Internet），与会成员 6 人，每人一台笔记本计算机，则利用无线 AP 组建办公局域网的网络结构如图 5.21 所示。

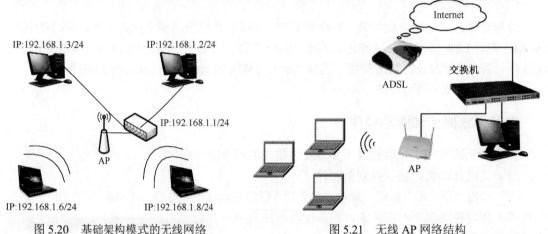

图 5.20   基础架构模式的无线网络   图 5.21   无线 AP 网络结构

硬件安装

（1）在无线设备和笔记本计算机上安装好无线网卡，打开笔记本计算机的无线网络开关。

（2）安装 AP。按拓扑结构图连接网络，将与 AP 分离的天线固定到 AP 上，将 AP 放置在一个最佳的位置，即将 AP 放置于无线网络环境的中心位置，且放在较高处，以达到比较好的信号收发效果。如果网络中有多个 AP，则应确保各 AP 之间不发生干扰。将 AP 连接上电源。

软件安装

1. 安装管理软件

通常，管理软件都支持 Utility 和 SNMP 两种管理方式。具体安装过程如下：

► 确保在安装软件之前没有 AP 接入计算机，打开计算机并进入操作系统；

► 把 AP 附带的光盘装入光驱并打开 SNMP 文件夹，运行 "Setup.exe" 程序进入安装界面，单击 "Next" 按钮继续；

► Windows 完成文件复制后会显示 "Windows has finished installing the software for this device"，单击 "Finish" 按钮完成安装；

► 重启计算机，重启后把 AP 通过 RJ-45 接口连上以太网。

2. 配置 AP

初始化 AP 后，对 AP 的基本参数进行配置，一般有如下 3 种方式：

（1）通过 SNMP 应用程序配置。

（2）用软件管理工具配置。依照该界面就可对 Encryption、IP config、Advanced 等选项卡进行配置。

（3）采用 Web 方式配置。

▶ 采用 Web 配置方式对 AP 进行初始化。首先用一条直通电缆把 AP 的局域网端口与台式计算机上的网卡的局域网端口连接起来。

▶ 开启计算机电源和 AP 电源。

▶ 在台式计算机上启动浏览器，对 AP 进行配置。

▶ 在浏览器地址栏中输入无线 AP 的默认 IP 地址 192.168.0.1（不同品牌和型号的 AP 地址可能不一样，这可从说明书中获得）。

▶ 进入默认页面后，要求输入默认用户名和密码（默认情况下，用户名和密码都是 Admin），单击"确定"按钮，进入无线 AP 的配置界面。

▶ 进入配置界面后，可以采用两种方式进行配置：一是运行配置向导，按照向导逐步配置；二是采用选单配置方式，打开界面上的每个选单进行配置。在配置界面中可对密码、用户名、模式、信道、安全、服务集标识符（Service Set Identifier，SSID）等方面进行配置。

混合型无线网络

为了覆盖更大的区域，常采用多 AP 模式组建无线局域网。多 AP 模式是指由多个 AP 和连接它们的分布式系统（DS）组成的基础架构模式网络，也称为扩展服务区（ESS）。扩展服务区里的每个 AP 都是一个独立的无线网络基本服务区（BSS），所有 AP 共用一个扩展服务区标识符（ESSID）。另外，有时候也可以采用无线网桥模式组建网络，即利用一对 AP 连接两个有线或者无线局域网网段。

一般而言，WLAN 主要用于企业级通信系统，典型的应用场合包括商业公司大厦、会展中心、医院、机场、校园等用户相对集中的服务区域。一个典型的混合型 WLAN 拓扑结构如图 5.22 所示。

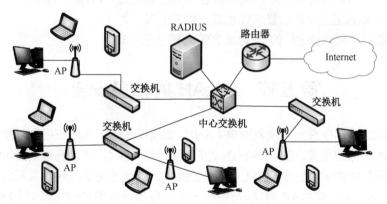

图 5.22　典型的混合型 WLAN 拓扑结构

根据配置情况，通过添加更多的 AP，可以扩充 WLAN。一个 AP 可以支持 15～250 个用户，一般为 30 个左右，其有效距离在 20～500 m 之间。各无线用户通过 AP 构成小型 WLAN。AP 与交换机连接，通过交换机与有线局域网相连。各个小型 WLAN 通过中心交换机组成标准的 WLAN，并可通过专线访问因特网（Internet）。在标准 WLAN 中，通常将 IEEE 802.1x 安全认证服务部署在物理分立的服务设备上，如图 5.22 中的远程用户拨号认证服务器（Remote Authentication Dial In User Server，RADIUS）就是提供接入认证服务的。

练习

1. 常见的无线局域网组建分为哪两种类型？
2. 简述家庭无线局域网的配置过程。
3. 使用两台无线主机组建简单无线对等网。
4. 使用无线 AP 组建小型无线接入网络。
5. 使用无线路由器组建因特网共享网络。

补充练习

图 5.23 所示是某高校图书馆的无线局域网拓扑图。该局域网采用动态 DHCP 方式解决用户接入网络问题。当用户连上无线 AP 接入点后，需要经过身份认证，然后由无线 AP 为用户自动分配 IP 地址。

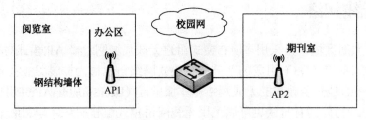

图 5.23　某高校图书馆无线局域网拓扑图

（1）当网络安装完之后，阅览室的用户经常反映连接质量差、信号弱等问题，试说明原因，并提出解决方案。

（2）由于两个 AP 离得太近，因此经常会使得办公区用户连接到 AP2 上，期刊室的用户连接到 AP1 上，如何通过 AP 配置来杜绝这一现象的发生？

（3）所有在局域网内的 PC 的 IP 地址有哪几种分配方式？

第五节　WLAN 的信息安全

以 IEEE 802.11 标准系列为代表的 WLAN 与有线局域网技术，在很大程度上能够很好地满足人们对个人通信的要求。随着 WLAN 的广泛部署和应用，对无线通信信道的安全性要求逐渐成为实际应用中的关键。早期 WLAN 所提供的安全性控制手段和标准不太完善，存在许多安全隐患。为此，在 IEEE 802.11i 标准中引入了一些改进或增强的信息安全技术。本节在介绍 WLAN 安全问题的基础上，以 IEEE 802.11i 为主介绍 WLAN 常用的安全技术及相应的标准。

学习目标

▶　了解 WLAN 的安全隐患问题；

▶　熟悉 IEEE 802.1x 认证机制和 IEEE 802.11i 安全技术标准。

关键知识点

▶　IEEE 802.11i 安全技术标准。

WLAN 的安全问题

由于 WLAN 具有网络隐蔽性、服务性能局限性和设置简单性等自身缺点，使其存在较多的安全性隐患。人们不可能对 WLAN 提供与有线网络一样的安全限制和管理策略，因为有线网络的安全可以限制到用户的连接端口，但是无线网络很难做到，只能通过加密和认证的方式来解决网络安全问题，但无法阻止无线网络用户对电波的控制。

WLAN 目前已经普及应用，由此而来也就出现了 WLAN 信息安全隐患。有许多安全威胁是 WLAN 所独有的，主要涉及以下方面：

（1）插入攻击。插入攻击以部署非授权的设备或创建新的无线网络为基础，这种部署或创建往往没有经过安全认证或安全检查。针对这类安全威胁，可对接入点进行配置，要求客户端接入时输入口令。如果不设置口令，入侵者就可以通过启用一个无线客户端与接入点通信，从而连接到内部网络。此外，有些接入点对所有客户端的访问口令竟然完全相同，这是非常危险的。

（2）漫游攻击。攻击者不必在物理上位于企业建筑物内部，就可以在移动的交通工具上利用便携式计算机或其他移动设备，使用网络扫描器（如 NetStumbler）等工具，嗅探出无线网络，对网络进行攻击。这种行为常被称为"wardriving"；而走在大街上或通过企业网站采取同样的行为，则被称为"warwalking"。

（3）欺诈性接入点。欺诈性接入点是指在未获得 WLAN 所有者许可或授权的情况下就设置或存在的 AP。一些存在侥幸心理的网络用户往往会利用未经授权的 AP 进行网络接入，这是非常危险的。对于个人用户来说，应当采取追踪、拦截等措施阻止非法 AP 的使用。IEEE 802.11a/b/g 和 IEEE 802.11n AP 能够使用 IEEE 802.1x 在拒绝陌生接入的同时连接认证用户。然而 IEEE 802.11n 仍不能阻止入侵者发送伪造的管理帧，这是一种断开合法用户或伪装成"evil twin" AP 的攻击方式。IEEE 802.11n 网络必须对无线攻击保持警惕性。WLAN 应该使用完整的无线入侵防御体系，以阻止来自欺诈、意外连接、未授权的 Ad Hoc 和其他 WiFi 的攻击。

（4）无线钓鱼。无线钓鱼有时也称为"双面恶魔攻击"。无线钓鱼是指一个以邻近的网络名称隐藏起来的欺诈性接入点。它等待着一些盲目信任的用户进入错误的接入点，然后窃取个别网络的数据或攻击计算机。

（5）窃取网络资源。有些用户喜欢从邻近的无线网络访问互联网，即使没有什么恶意企图，但仍会占用大量的网络带宽，严重影响网络性能。而更多的不速之客会利用这种连接在公司范围内发送邮件，或下载盗版内容，因此也会产生一些法律问题。

（6）拦截数据。网络黑客通过 WiFi 进行数据截取的现象已经日益普遍。不过幸运的是，目前所有支持 WiFi 认证的产品均支持 AES-CCMP 数据加密协议。但仍然存在一些早期推出的产品还在被用户使用，这些产品仅仅支持 TKIP，而 TKIP 由于存在安全漏洞，很容易被网络黑客进行信号盗取。因此，使用者应当将产品升级至 AES-CCMP。

（7）拒绝服务。WLAN 很容易遭受拒绝服务（DoS）攻击。尽管越来越多的用户开始采用 IEEE 802.11n 标准，使用并不拥挤的 5 GHz 频段，以减少 DoS 的发生，但仍会发生一些 DoS 攻击现象。目前，最新推出的产品开始支持 IEEE 802.11w 这一管理机制，可以避免发生 DoS

攻击现象。

（8）对无线通信的劫持和监视。正如在有线网络中一样，劫持和监视通过 WLAN 的网络通信是完全可能的。它包括两种情况。第一种情况是无线数据包分析，即攻击者用类似于有线网络的技术捕获无线通信数据包；其中有许多工具可以捕获连接会话的最初部分，而其数据一般会包含用户名和口令。攻击者然后就可以用所捕获的信息来冒称一个合法用户，并劫持用户会话和执行一些非授权的命令等。第二种情况是广播包监视，这种监视依赖于集线器，较少发生。

加密与认证技术

一般而言，网络信息安全主要包括对于机密性、完整性和可用性 3 个方面的要求。与这 3 个安全性特征相违背的情况是泄密、篡改和拒绝服务。用户对信息的服务控制主要包括认证、鉴权和不可否认。这些安全性需求或多或少地与信息加密相关。相对于有线环境下的 LAN，WLAN 在上述信息安全的要求上显得相当薄弱。为此，在 WLAN 中引入加密与认证技术成为 WLAN 应用的重要基础之一。

加密算法

经过多年的研究，已经发明了许多加密算法。最为著名的加密算法是数据加密标准（DES）、流加密算法（RC4）和高级加密标准（AES）等，其中 RC4 和 AES 算法已被引入 WLAN 安全体制之中。

1. RC4 加密算法

RC4 是一种流加密算法，1987 年由 RSA 算法的发明人之一（Ron Rivest）设计，但直到 1994 年才由人匿名通过因特网公开其源代码。"RC4" 为其正式注册的商标，因此，通常对它的论述也使用 "RC4" 这个名称。

在 RC4 算法中，使用两个 256 字节长的数组，分别用于记录原始密钥和随机化处理的中间结果，标记为 K 和 S。起始时，$S_i=i$（$i=0,1,\cdots,255$）。算法由两个循环计算组成，第一个循环是对 S 的随机化扰乱处理，按下述规则依次（$i=0,1,\cdots,255$）确定一个 j 并交换元素 S_i 与 S_j 的内容，即：

$$j = (j+S_i+K_i) \bmod 256 \tag{5-1}$$

其中，j 的初始值取为 0，mod 表示取模计算。

算法的第二个循环是在上述扰乱的 S 数组基础上，再按下述随机化的选取（和交换）步骤获得用于加密的异或计算密钥 R：

（1）$i = (i+1) \bmod 256$；

（2）$j = (j+S_i) \bmod 256$；

（3）交换 S_i 和 S_j 的值；

（4）$t = (S_i+S_j) \bmod 256$；

（5）$R = S_t$。

其中，i 和 j 的初始值均为 0。在加密时，R 用来与明文的一个字节进行异或计算，得到密文；在解密时，R 用来与密文的一个字节异或计算，得到明文。

RC4 算法本身的计算虽然简单，却具有相当强的抗攻击能力。但若运用不当，该算法也不能提供有效的保密性。

2. AES 加密算法

密码学中的高级加密标准（AES），又称为 Rijndael 加密算法，是美国联邦政府采用的一种区块加密标准。这个标准用来替代原先的 DES，已经被多方分析且为全世界所使用。经过 5 年的甄选流程，AES 由美国国家标准与技术研究院（NIST）于 2001 年 11 月 26 日发布于 FIPS PUB 197，并在 2002 年 5 月 26 日成为有效的标准。2006 年，AES 已成为对称密钥加密中最流行的算法之一。AES 也是美国国家标准技术研究所（NIST）旨在取代DES的 21 世纪加密标准。

AES 的基本要求是，采用对称分组密码体制，密钥长度最少支持 128 比特、192 比特、256 比特长（16 字节、24 字节和 32 字节）的密钥和分组大小，比 56 比特长的 DES 密钥具有更好的抗攻击能力。根据密钥或分组的大小不同，AES 加密协议进行 10 轮、12 轮或 14 轮的计算过程，每轮计算均需执行字节替换、移位、混合和子密钥接入 4 个步骤，但最后一轮不涉及混合计算。算法的计算细节可参阅相关文献资料。

AES 的解密过程是加密过程的逆过程，每一轮解密计算都涉及逆移位、逆变换、子密钥加入和逆混合；其中，子密钥是一个自逆过程。

IEEE 802.1x 认证

IEEE 802.1x 是 IEEE 802 委员会制定的 LAN 标准中的一个，是一种应用于 LAN 交换机和无线 LAN 接入点的用户认证技术。IEEE 802.1x 协议起源于 IEEE 802.11 协议，其初衷是采用基于端口的接入控制方法解决 WLAN 用户的接入认证问题。

1. 认证系统的体系结构

IEEE 802.1x 是在利用 LAN 交换机和无线 LAN 接入点之前对用户进行认证的技术。普通 LAN 交换机将缆线连接到端口上即可使用 LAN。不过，支持 IEEE 802.1x 的 LAN 交换机连接缆线后也不能直接使用 LAN。只有在对连接的个人计算机进行认证、确认是合法用户以后才能使用 LAN。通过认证，LAN 交换机就可以通过或者屏蔽用户发送过来的信息。无线 LAN 接入点基本上采用的也是这一工作原理。

IEEE 802.1x 协议是基于客户机/服务器的访问控制和认证协议。它可以限制未经授权的用户/设备通过接入端口访问 LAN/WLAN。在获得交换机或 LAN 提供的各种业务之前，IEEE 802.1x 对连接到交换机端口上的用户/设备进行认证。在认证通过之前，IEEE 802.1x 只允许 EAPoL（基于局域网的可扩展身份认证协议）数据通过设备连接的交换机端口；认证通过以后，正常的数据才可以顺利地通过以太网端口。IEEE 802.1x 的认证体系结构如图 5.24 所示。

网络访问技术的核心部分是端口访问实体（PAE）。在访问控制流程中，PAE 包含 3 部分：
▶　请求者——位于 LAN 链路一端的实体（被认证的用户/设备）；
▶　认证者——对接入的用户/设备进行认证的端口，该端口可以是物理端口也可以是逻辑端口，一般在用户接入设备（如 LAN 交换机或 AP）上实现 IEEE 802.1x 认证；
▶　认证服务器——根据认证者的信息对请求访问网络资源的用户/设备进行实际认证，一般使用 RADIUS 服务器实现认证和授权功能。

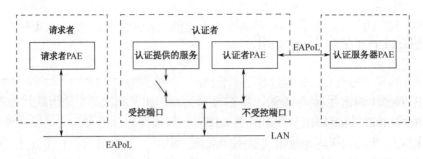

图 5.24　IEEE 802.1x 的认证体系结构

以太网的每个物理端口被分为受控和不受控的两个逻辑端口,物理端口收到的每个帧都被送到受控和不受控端口。其中,不受控端口始终处于双向连通状态,主要用于传输认证信息,而受控端口的连通或断开是由该端口的授权状态决定的。认证者的 PAE 根据认证服务器认证过程的结果,控制受控端口的授权/未授权状态。处在未授权状态的控制端口将拒绝用户/设备的访问。受控端口与不受控端口的划分,分离了认证数据和业务数据,提高了系统的接入管理和接入服务的工作效率。

2. 身份认证步骤

基于 IEEE 802.1x 的认证系统,在客户端和认证系统之间使用 EAPoL 传输认证信息,认证系统与认证服务器之间通过 RADIUS 协议传输认证信息。由于可扩展身份验证协议(Extensible Authentication Protocal,EAP)的可扩展性,基于 EAP 的认证系统可以使用多种不同的认证算法,如 EAP-MD5 等。

EAP-MD5 是一种单向认证机制,可以完成系统对用户的认证,但认证本身并不支持加密密钥的生成。基于 EAP-MD5 的身份认证流程包括以下步骤:

▶ 客户端向接入设备发送一个 EAPoL-Start 报文,开始 IEEE 802.1x 认证接入。

▶ 接入设备向客户端发送 EAP-Request/Identity 报文,要求客户端将用户名发送上来。

▶ 客户端回应一个 EAP-Response/Identity 给接入设备,其中包括用户名。

▶ 接入设备将 EAP-Response/Identity 报文封装到 RADIUS Access-Request 报文中,发送给认证服务器。

▶ 认证服务器产生一个 Challenge,通过接入设备将 RADIUS Access-Challenge 报文发送给客户端,其中包含 EAP-Request/MD5-Challenge。

▶ 接入设备通过 EAP-Request/MD5-Challenge 发送给客户端,要求客户端进行认证。

▶ 客户端收到 EAP-Request/MD5-Challenge 报文后,将密码和 Challenge 做 MD5 算法后的 Challenged-Password,在 EAP-Response/MD5-Challenge 回应给接入设备。

▶ 接入设备将 Challenge、Challenged Password 和用户名一起送到 RADIUS 服务器,由 RADIUS 服务器进行认证。

▶ RADIUS 服务器根据用户信息,做 MD5 算法,判断用户是否合法,然后回应认证成功/失败报文到接入设备。如果成功,携带协商参数和用户的相关业务属性给用户授权;如果认证失败,则流程到此结束。

▶ 如果通过认证,在需要时可以进行 IP 地址分配和计费等管理操作。

IEEE 802.11i 安全技术标准

在无线网络的发展过程中，安全问题是所有问题的焦点。IEEE 802.11 标准提供的加密发送采用有线等效保密（WEP）协议。2004 年公布的 IEEE 802.11i 对 WEP 协议进行了改进。为了能提供更高级别的加密保护，IEEE 802.11i 采用图 5.25 所示的协议结构，支持新的 AES，很好地解决了现有无线网络的安全缺陷和隐患。

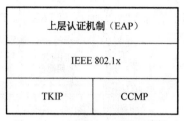

图 5.25　IEEE 802.11i 协议结构

EAP

IEEE 802.11i 协议采用 EAP 和 IEEE 802.1x，强迫使用者进行验证和交互验证，并且使用消息完整性编码（Message Integrity Code，MIC）检测所传输的字节是否有被修改的情况。此外，使用临时密钥完整性协议（Temporal Key Integrity Protocol，TKIP）、CCMP（Counter-Mode/CBC-MAC Protocol）和 WRAP（Wireless Robust Authenticated Protocol）3 种加密机制，使加密的过程由原来的静态变为动态，让攻击者更难以破解。

WPA

WPA（WiFi Protected Access）作为 IEEE 802.11i 标准的子集，包括认证、加密和数据完整性校验 3 个组成部分，是一个完整的安全方案。其核心是端口访问控制技术（IEEE 802.1x）和临时密钥完整性协议（TKIP）。

1. 端口访问控制技术

端口访问控制技术（IEEE 802.1x）是用于无线局域网的一种增强性网络安全解决方案。当无线工作站（STA）与无线访问点（AP）关联后，是否可以使用 AP 的服务取决于 IEEE 802.1x 的认证结果。如果认证通过，则 AP 为 STA 打开这个逻辑端口，否则不允许用户上网。IEEE 802.1x 要求无线工作站安装 802.1x 客户端软件，无线访问点要内嵌 IEEE 802.1x 认证代理，同时它还作为 RADIUS 客户端，将用户的认证信息转发给 RADIUS 服务器。IEEE 802.1x 除提供端口访问控制能力之外，还提供基于用户的认证系统和计费，特别适合公共无线接入解决方案。

2. 临时密钥完整性协议

临时密钥完整性协议（TKIP）是一种无线的动态加密技术。在 IEEE 802.11i 标准中，TKIP 负责处理无线安全问题的加密部分。TKIP 在基于 RC4 加密算法的基础上引入了下列 4 种新算法：

▶　扩展的 48 位初始化向量（IV）和向量顺序规则（IV Sequencing Rule）；

▶　逐帧密钥构建机制（Per-packet Key Construction）；

▶　Michael 消息完整性编码（Message Integrity Code, MIC）；

▶　密钥重新获取和分发机制。

TKIP 并不直接使用由成对临时密钥/组临时密钥（PTK/GTK）分解出来的密钥作为加密报文的密钥，而是将该密钥作为基础密钥（Base Key），经过两个阶段的密钥混合过程，从而生成一个新的、每一次报文传输都不一样的密钥，该密钥才是用来直接加密的密钥。通过这种方式可以进一步增强 WLAN 的安全性。TKIP 的加密过程如图 5.26 所示。其中，TA 为发送地址，TK 为临时密钥，TSC 为 TKIP 序列计数，DA 为 MSDU 头部中的目标 MAC 地址，SA 为 MSDU 头部中的源 MAC 地址，TTAK 为 TKIP 混合发送地址及密钥。

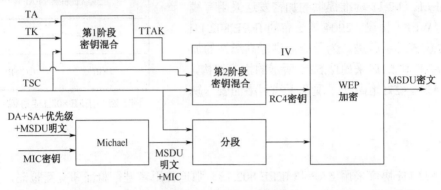

图 5.26　TKIP 的加密过程

TKIP 的一个重要特性是它改变了每个数据帧所使用的密钥。这也是"动态"名称的由来。密钥通过将多种因素混合在一起后生成，包括基本密钥（即 TKIP 中所谓的成对临时密钥）、发射站的 MAC 地址及数据帧的序列号。混合操作在设计上将对无线站和接入点的要求减小到最低程度，但仍具有足够的密码强度，使它不能被轻易破译。

利用 TKIP 传输的每一个数据帧都具有唯一的 48 位序列号，这个序列号在每次传输新数据包时递增，并被用作初始化向量和密钥的一部分。将序列号加到密钥中，确保了每个数据帧使用不同的密钥。这解决了 WEP 的"碰撞攻击"问题，这种攻击发生在两个不同数据帧使用同样的密钥时。在使用不同的密钥时，不会出现碰撞攻击。

以数据帧序列号作为初始化向量，还解决了另一个 WEP 问题，即所谓的"重放攻击"（Replay Attack）。由于 48 位序列号需要数千年时间才会出现重复，因此没有人可以重放来自无线连接的老数据帧：由于序列号不正确，这些数据帧将作为失序帧被检测出来。

CCMP

除了 TKIP 算法，IEEE 802.11i 还规定了一个基于 AES（高级加密标准）加密算法的计数器模式密码块链消息完整码协议（CCMP）数据加密模式。与 TKIP 相同，CCMP 也采用 48 位初始化向量和向量顺序规则，其消息完整检测算法采用 CCM 算法。

CCMP 主要由两个算法组合而成，分别是 CTR 模式以及 CBC-MAC 模式。CTR 模式为加密算法，CBC-MAC 用于信息完整性的运算。在 IEEE 802.11i 标准中，CCMP 为默认模式，在 RSN 网络中扮演相当重要的角色。

CTR 的全名为 Advanced Encryption Standard (AES) in Counter Mode。在 CCMP 中使用的 AES 是基于 Rijndael 算法发展而来的算法，它主要经过了 NIST 修改和认证，其中不再有 TKIP 支持 WEP 系统的既有攻击，所以在安全强度上具有一定的水平。

CBC-MAC 的全名为 Cipher Block Chaining Message Authentication Code，就如同其名，主要针对消息块做运算，最后输出消息鉴权码，达到验证消息的效果（因为 CTR 模式并没有提供签权机制）。

CBC-MAC 模式的加解密过程主要是把消息块经由块加密算法加密后,再把输出送给下一个块作为输入使用。一开始,第一个块没有输入,所以 IV 用 0 代入。在 CCMP 里会把低位的 64 比特无条件地去掉,只取高位 64 比特当作 MIC。

练习

1．IEEE 802.11i 标准增强了 WLAN 的安全性。在下面关于 IEEE 802.11i 的描述中,错误的是（　　）。

     a．用 IEEE 802.1x 实现访问控制

     b．其加密算法采用高级加密标准（AES）

     c．其加密算法采用有线等效保密（WEP）协议

     d．通过使用 TKIP 实现动态的加密过程

【提示】IEEE 802.11 标准提供的加密发送采用 WEP 协议。2004 年公布的 IEEE 802.11i 是对 WEP 协议的改进,为无线局域网通过了全新的安全技术。IEEE 802.11i 定义了新的密钥交换协议——TKIP 和高级加密标准（AES）。参考答案是选项 c。

2．下面关于 WLAN 安全标准 IEEE 802.11 的描述中,错误的是（　　）。

     a．采用了高级加密标准（AES）　　　　b．定义了新的密钥交换协议——TKIP

     c．采用 IEEE 802.1x 实现访问控制　　　d．提供的加密方式为 WEP

【提示】在 IEEE 802.11 标准出现之前,WLAN 的主流安全标准是 WEP、CCMP 和 WRAP 三种加密机制。其中 TKIP 采用 WEP 机制中的 RC4 作为核心加密算法,可以通过在现有设备上升级固件和驱动程序的方法达到提高 WLAN 安全的目的。CCMP 机制基于 AES 加密算法和 CCM 认证方式,使得 WLAN 的安全程度大大提高,是实现 RSN 的强制性要求。由于 AES 对硬件要求比较高,因此 CCMP 无法通过在现有设备的基础上进行升级实现。WRAP 机制基于 AES 加密算法和 OCB,是一种可选的加密机制。参考答案是选项 d。

3．IEEE 802.11i 所采用的加密算法为（　　）。

     a．DES　　　　　b．3DES　　　　　c．IDEA　　　　　d．AES

【提示】IEEE 802.11i 规定使用 IEEE 802.1x 认证和密钥管理方式,在数据加密方面,定义了 TKIP、CCMP 和 WRAP 三种加密机制。其中 TKIP 采用 WEP 机制里的 RC4 作为核心算法,可以通过在现有的设备上升级固件和驱动程序的方法达到提高 WLAN 安全的目的。CCMP 机制基于 AES 加密算法和 CCM 认证方式,使得 WLAN 的安全程度大大提高,是实现 RSN 的强制性要求。WRAP 机制基于 AES 加密算法和 OCB,是一种可选的加密机制。参考答案是选项 d。

补充练习

1．利用因特网上的网络资源,检索无线网络信息安全问题,并总结出解决 WLAN 安全的基本技术措施。

2．选择某大型企业,调查研究其是否组建了无线网络,是否存在网络安全问题,以及存在哪些安全隐患,并写出调查研究报告。

本 章 小 结

  无线局域网（WLAN）越来越普及，家庭、办公室、图书馆、机场等公共场所都有相应的无线网络设施。通过它们可以把计算机、PDA 和智能手机连接到因特网。WLAN 也可实现附近两台或多台计算机之间的通信而无须接入因特网。

  WLAN 提出了新的问题，就是很难侦听到传输冲突，而且站点所覆盖的区域可能有所不同。在主宰无线局域网的 IEEE 802.11 中，站点使用 CSMA/CA，通过留有很小的时间间隔来避免冲突，从而减轻第一个问题。站点还可以使用 RTS/CTS 协议来对抗由于第二个问题引起的隐蔽终端。IEEE 802.11 通常用于把便携式计算机和其他设备连接到无线接入点，但它也可以用来将不同机构的设备联网。

  WLAN 对计算机网络产生了革命性的影响。随着它的发展，不仅使网络接入变得更容易，而且产生了许多新的应用服务。WLAN 是在有线局域网的基础上通过无线 Hub、无线访问点、无线网桥、无线网卡等设备使无线通信得以实现。WLAN 采用的传输介质有红波（红外线、激光）和无线电波（短波或超短波、微波）。

小测验

  1．IEEE 802.11a 无线局域网标准采用哪种信号传输方式？（ ）

    a．直接序列扩频（DSSS）   b．频分复用（FDM）

    c．跳频扩频（FHSS）   d．正交时分复用

  2．一位经理使用一台配备 IEEE 802.11b 无线网卡的笔记本计算机。无线接入点安装在其办公室附近。当她在办公室工作时，其网络性能很好，而当她在大楼后面的会议室开会时网络性能下降。这是什么原因引起的？（ ）

      a．在接入点与会议室之间有太多的遮挡物   b．会议室离接入点太远

      c．在接入点与会议室之间有无线电干扰源   d．以上都是

  3．以下关于 IEEE 802.11 无线局域网结构的描述中，错误的是（ ）。

    a．IEEE 802.11 在有基站的情况下支持两种基本的结构单元：BSS 与 ESS

    b．BSS 的一个 AP 就是一个基站，覆盖范围的直径一般小于 100 m

    c．通过多个路由器可以将多个 AP 组成的 BSS 互连起来，构成一个 ESS

    d．Ad Hoc 网络中不存在基站，主机之间采用对等方式通信

  4．IEEE 802.11 定义了 3 种物理层通信技术：直接序列扩频、跳频扩频和漫反射红外线。IEEE 802.11 标准定义的分布式协调功能采用了（ ）协议。

      a．CSMA/CD   b．CSMA/CA   c．CDMA/CD   d．CDMA/CA

  【提示】IEEE 802.11 标准 MAC 定义的分布式协调功能采用了带冲突避免的载波侦听多址访问（CSMA/CA）协议，而不是 CSMA/CD 协议。这是因为在无线网络中进行冲突检测，设备必须能够一边接收数据信号，一边传输数据信号，而这在无线通信系统中是无法办到的。CSMA/CA 利用 ACK 信号来避免冲突的发生，也就是说，只有当客户端收到网络上的 ACK 信号后才能确认送出的数据已经到达目的地。参考答案是选项 b。

5．无线局域网标准 IEEE 802.11i 提出了 TKIP 来解决（　　）中存在的安全隐患。

  a．WAP 协议　　　b．WEP 协议　　　c．MD5　　　d．无线路由器

【提示】IEEE 802.11i 标准是对 WEP 协议的改进。IEEE 802.11i 协议定义了新的密钥交换协议——TKIP 和高级加密标准（AES）。TKIP 提供报文完整性检查，每个数据包使用不同的混合密钥，每次建立连接时生成一个新的基本密钥，这些方法的采用使得诸如密钥共享、碰撞攻击和重放攻击等手段不再有效，从而弥补了 WEP 协议的安全隐患。参考答案是选项 b。

6．在 IEEE 802.11 中采用优先级来进行不同业务的区分，优先级最低的是（　　）。

  a．服务访问点轮询　　　　　　　　b．服务访问点轮询的应答

  c．分布式协调功能竞争访问　　　　d．分布式协调功能竞争访问帧的应答

【提示】在 IEEE 802.11 标准中，为了使各种 MAC 操作互相配合，IEEE 802.11 推荐使用 3 种帧间隔(IFS)，以便提供基于优先级的访问控制：

▶　DIFS(分布式协调 IFS)：最长的 IFS，优先级最低，用于异步帧竞争访问的时延。

▶　PIFS(点协调 IFS)：中等长度的 IFS，优先级居中，在 PCF 操作中使用。

▶　SIFS(短 IFS)：最短的 IFS，优先级最高，用于需要立即响应的操作。

DIFS 用在 CSMA/CA 协议中，只要 MAC 层有数据要发送，就监听信道是否空闲。如果信道空闲，等待 DIFS 时段后再开始发送；如果信道忙，就继续监听，直到可以发送为止。

参考答案是选项 c。

7．影响无线局域网覆盖范围的主要因素有哪些？

8．判断正误：基于 IEEE 802.11a 标准的无线局域网设备完全向下兼容 IEEE 802.11b 设备。

9．无线局域网 IEEE 802.11 规定的数据传输速率为 11 Mb/s。如果一台接入 WLAN 的主机连续发送长度为 64 字节的帧，已知无线信道的误码率为 10^{-7}，那么这个信道上每秒传错的帧是多少？

第六章　局域网联网软件

在前几章，比较详细地讨论了局域网（LAN）的物理结构，介绍了网卡与网卡之间是怎样通过线缆和集线器或交换机彼此连接的；同时还讨论了一些帧协议，主要涉及以太网（Ethernet）、IEEE 802.3 和 IEEE 802.11 等。这些协议用来通过局域网的物理层结构传递信息帧。现在，将从物理层协议和数据链路层协议转移到更高层协议。这些层由桌面操作系统（如微软的 Windows）提供的客户机软件和由网络操作系统（NOS）支持的服务器软件来实现。

从网络应用系统的工作模式来看，网络应用主要为客户机/服务器（C/S）模式。在许多局域网的应用中，通常是将应用程序放在服务器上，以供客户机访问。存放这些共享应用程序的服务器通常安装了运行这些软件所需的硬件。有些应用程序也可以放在客户机上，它们只在文件共享和打印共享时才使用服务器资源。

当客户机程序通过网络请求服务时，应用程序接口（API）为应用程序编写人员提供远程过程调用（RPC）的通用接口。RPC 使得客户机和服务器之间为了专门完成特定的任务而实行交互。每个 RPC 激活通信进程，生成通过网络传递信息的协议头。

鉴于应用程序支持客户机/服务器模型的普遍性，一些重要的信息和应用程序趋向于被分配到网络中的服务器和用户计算机上。从逻辑上说，这意味着，进行备份和故障修复的责任落到了网络管理人员身上。目前，人们对灾难备份与恢复进行了广泛研究，提出了多种用于灾难备份与恢复的技术和管理措施，也已经有了多种存储产品和应用程序，可以用来简化基本的网络日常维护工作。

本章讨论客户机/服务器通信模式以及网络操作系统的构件，并将结合具体的网络操作系统软件产品，分析网络操作系统、远程工程调用（RPC）、各类服务器及其工作机制，最后简单介绍数据备份和事故预防的一些策略。

第一节　客户机/服务器和 NOS

客户机/服务器（Client/Server，C/S）交互模式是一种系统分工、协同的工作方式，有时也称为 C/S 模式、C/S 系统。在客户机/服务器交互模式通信网络中，服务器是网络的核心，而客户机是网络的基础，客户机依靠服务器获得所需的网络资源，而服务器则为客户机提供必需的网络资源。大多数个人计算机（PC）的局域网都使用客户机/服务器交互模式来共享资源。

本节主要介绍客户机/服务器通信的基本概念，以及客户机/服务器通信所必需的网络操作系统（NOS）。

学习目标

▶　了解客户机/服务器交互模式中常见的一些典型服务名称；
▶　掌握客户机和服务器的主要功能；
▶　了解网络操作系统（NOS）各构件名称；

- ▶ 掌握客户机采用 NOS 软件与服务器通信的过程；
- ▶ 了解重定向器的功能。

关键知识点

- ▶ 客户机/服务器交互模式通信网络可用于资源分配。

客户机/服务器模型

客户机/服务器系统是一种按应用模式运行的分布式计算机系统。在这种应用模式中，用户只关心完整地解决自己的应用问题，而不关心这些应用问题由系统中哪台或哪几台计算机来完成。在 C/S 系统中，能为应用提供服务（如文件服务、打印服务、复制服务、图像服务、通信管理服务等）的计算机或处理器，当其被请求服务时就成为服务器。一台计算机可能提供多种服务，一项服务也可能要由多台计算机组合完成。与服务器相对应，提出服务请求的计算机或处理器在当时就是客户机。从客户应用的角度看，这个应用的一部分工作在客户机上完成，其他部分的工作则在（一个或多个）服务器上完成。

客户机/服务器交互模式

客户机/服务器交互模式是所有网络应用的基础。实质上它是把一个任务分成两部分，并且在网络的不同系统上分别执行。例如，将建立一个报告的任务划分成负责创建报告（客户机进程）的应用程序部分和负责打印报告（服务器进程）的服务器部分。典型的客户机/服务器模型如图 6.1 所示。通过发送请求/应答信号，客户机进程与服务器进程进行交互通信。客户机进程通过向服务器发送请求来开始工作，服务器进程则用一个应答来回应请求；如果服务器不能满足这一请求，服务器进程就会发出一个出错信息。其通信交互模式如表 6.1 所示。

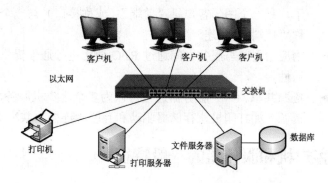

图 6.1　典型客户机/服务器模型

表 6.1　客户机/服务器通信的交互模式

服务器进程	客户机进程
首先运行	随后运行
并不需要知道哪个客户机将要连接它	必须知道想要连接的服务器
被动等待来自客户机的连接请求，且等待时间任意长	在需要通信的任何时候发起连接请求
通过发送和接收数据来与客户机进行通信	通过发送和接收数据与服务器进行通信
在实现一个客户机的服务后，维持运行并等待另一个请求	在完成与服务器的交互后，可以终止运行

客户机/服务器通信使用的协议

在互联网中，客户机和服务器通过使用 TCP/IP 协议栈来完成交互通信。因此，客户机和服务器所在的计算机要求支持完全的协议栈。客户机/服务器通过套接字访问传输层服务。在传输层，客户机/服务器之间可以是基于连接的 TCP，要求建立和释放连接，适用于可靠的交互过程；也可以是无连接的 UDP，适用于可靠性要求不高的或实时的交互过程；或者同时使用 TCP 和 UDP 服务，有两种服务器软件的实现或服务器软件同时和 TCP、UDP 交互，不对客户机做限制。

客户机如何识别服务器呢？客户机是通过服务的标识来访问某种服务的，比如在互联网中，服务是用端口号来标识的，UNIX 在/etc/services 文件中定义。服务器软件启动时将其标识通知传输层实体。

客户机/服务器模型的优点

客户机/服务器模型主要有以下优点：

▶　简化了执行体。可以在用户态服务器中构造各种各样的应用程序接口（API），而不会有任何冲突或重复；可以很容易地加入新的 API。

▶　为分布式计算奠定了一定基础。在网络上，应用程序能够根据其对资源的要求而划分成几部分。例如，服务器可以用其很高的计算能力来提供集中的计算服务，而运行于工作站的客户机则可以提供高分辨率的图形显示功能。这种分布式应用的一个典型例子，是一个图形客户机"前端"（或称接口）与一个大型的基于服务器的数据库（或称"后端"）相连。

▶　为应用程序与服务之间通过 RPC 调用进行通信提供了一致的方法，且没有限制其灵活性。

▶　资源共享。一个服务器进程可以为多个客户机服务，因此客户机/服务器模型是实现资源（如打印机、存储器驱动和互联网连接）共享的一个好方法。

客户机和服务器的一般特征

客户机/服务器分别指参与一次通信的两个应用进程。谁是客户机、服务器取决于谁发起连接请求。一旦连接建立后，就可以进行双向通信，即数据可以从客户机流向服务器，或从服务器流向客户机。一般是客户机向服务器发送一个请求，服务器向客户机返回一个响应。在某些情况下，客户机可以向服务器发送一系列请求，服务器则返回一系列响应，例如，一个数据库客户机程序可能允许用户一次查询一个以上的记录。因此，客户机或者服务器都是由应用程序构成的，一台计算机可以同时运行多个应用程序。一台计算机允许运行多个客户机程序是非常有用的，因为服务器可以被同时访问。例如，一个用户同时运行 3 个应用程序——Web 浏览、即时聊天和视频会议，每个应用程序都是客户机，并各自连接到彼此独立的特定服务器上。

对于"服务器"这个术语，有时会出现一些混淆。专业的说法是，服务器是指一个被动等待通信的程序，而不是指运行服务器程序的那台计算机。然而，当一台计算机专门用来运行一个或几个服务器程序时，IT 人员通常也称这台计算机本身为"服务器"。这种混乱多半是由计算机硬件供应商造成的，因为它们将那些具有快速 CPU、大容量存储器和强大操作系统的计算机分类为服务器机。

客户机/服务器通信交互模式具有如下一些基本特征。

客户机软件

▶　是一个任意的应用程序，仅在需要进行远程访问时才暂时成为客户机；

▶　由用户直接调用，并且只执行一个会话过程；

▶　在用户的 PC 或设备上本地运行；

▶　主动发起连接服务器请求；

▶　能访问所需的多种服务，但通常一次只限与一个远地服务器请求连接；

▶　不需要强大的计算机硬件和复杂的操作系统。

服务器软件

▶　一个提供特定服务功能的专用程序；

▶　在系统启动时自动调入执行，持续不断地运行很多次会话；

▶　运行在专用计算机系统上；

▶　被动地等待来自任意远端客户机的连接；

▶　同一时间内可接受多个客户机的连接请求，但只提供单一服务；

▶　要求强大的硬件和多任务操作系统支持。

服务器软件一般分为两部分：一部分用于接受请求并创建新的进程或线程，另一部分用于处理实际的通信过程。由于服务器软件要支持多个客户机的同时访问，必须具备并发性。服务器软件为每个新到的客户创建一个进程或线程来处理和这个客户的通信。服务器方传输层实体使用客户的源端口号和服务的端口号来确定正确的服务器软件进程（线程）。

局域网提供的服务

客户机请求和服务器提供的远程服务一般有以下几种类型：

▶　应用程序访问——客户机可请求远程执行一个服务器结点上的应用程序。客户机使用嵌入在远程过程调用（RPC）中的应用程序接口（API）函数，获得对服务器应用程序的访问。

▶　数据库访问——使用结构查询语言（SQL）的句法，可以产生从客户机到服务器的数据库访问请求。SQL 是许多厂家使用的一种工业标准数据库查询语言。

▶　打印服务——客户机发出打印请求，由一个打印服务器为该打印请求提供服务。打印服务器将作业进行排队，当打印作业完成时，通知客户机打印已经结束。

▶　窗口服务——网络操作系统可以在客户工作站上提供软件，将来自远程服务器的状态消息窗弹出。

▶　网络通信——客户机通过应用程序接口（API）函数访问网络，API 可使用各种通信协议，如网际包交换（IPX）协议、传输控制协议/网际协议（TCP/IP）、以太网协议、令牌环协议及其他一些协议。通过使用这些协议，应用程序可以交换文件，并在两个远程应用程序之间发送消息。

▶　Web 服务——客户机利用因特网（Internet）可以访问各种 Web 服务，如 Web 页面和基于 Web 的文件。

网络操作系统（NOS）

NOS 是驻留在一个专用服务器上并为网络上客户机提供资源的软件。NOS 主要包含 4 个构件：

▶ 服务器平台；
▶ 网络服务软件；
▶ 网络重定向软件；
▶ 通信协议软件。

这些构件协同工作，把网络服务分配给用户，它们之间的关系如图 6.2 所示。

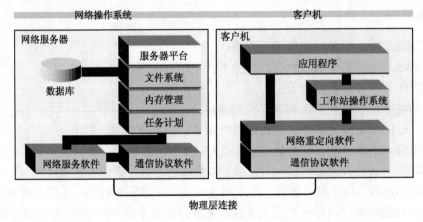

图 6.2 网络操作系统平台构件之间的关系

服务器平台

服务器平台支持基本的网络操作，如网络文件系统（NFS）、内存管理和任务计划等。一般来说，服务器平台可以提供：

▶ 抢先多任务——允许具有更高优先权的任务优先访问服务器的处理程序。
▶ 内存共享——用来更新可供多客户机访问的共享文件。
▶ 内存保护——用于隔离应用程序，可以在一个应用程序发生错误时，防止应用程序互相"串门"。

网络应用服务软件

运行于服务器平台上的网络应用服务软件，可以为用户提供各种服务。这些服务可以是最基本的服务（如文件和记录加锁），也可以是非常复杂的服务（如数据库查询）。服务器的安全是网络操作系统的另一个重要方面。通过使用登录 ID 或其他一些控制方法，服务器能够限制对应用程序和数据的访问。

网络重定向软件

网络重定向软件与操作系统（Windows、MS-DOS、OS/2 或者 Macintosh 操作系统）同时存在于用户的工作站或 PC 上。应用程序可通过此软件访问网络上的服务。在客户机这一端，重定向器判断应用程序是请求使用本地资源还是远程资源。如果是远程资源，重定向器软件就通过网络将请求"重定向"到服务器上去。

通信协议软件

通信协议软件提供了通过网络发送服务请求所需的协议。服务器使用相同通信软件接收这些请求，处理它们，并将应答返回给发出请求的 PC 或工作站。所有的网络操作系统都具有这些处理功能，但是由于体系结构不同，其功能、可靠性和性能有很大差别。

到目前为止，最常见的网络操作系统是微软公司的 Windows 系列。Windows 是一个大家族。Microsoft 公司的 Windows 系统不仅在个人操作系统中占有绝对优势，它在网络操作系统中也具有非常强劲的力量。在局域网中，微软的网络操作系统最新版本为 Windows Server 2016。工作站系统可以采用任一个 Windows 或非 Windows 操作系统，包括个人操作系统，如 Windows 7/10 等。

一般来说，UNIX 和 Linux 软件应看作一个工作站操作系统，一般不作为网络操作系统。但 UNIX 拥有很多网络操作系统的特征，而且经常作为一个网络操作系统来为客户机提供文件访问、打印和 Web 服务等。因此，当 UNIX 用来提供网络服务时，也可以看作一个网络操作系统。

练习

1. 简述客户机/服务器模型信息交换过程。
2. 简述客户机/服务器模型的基本特征。
3. 列出网络操作系统的 4 个主要组成部分。
4. 描述重定向器的功能。
5. 网络操作系统和桌面操作系统主要的不同点有哪些？
6. 服务器平台一般具有哪些性能特点？
7. 什么情况下用一个对等的网络操作系统比用一个完全的客户机/服务器网络操作系统更有意义？什么情况下用一个完全的客户机/服务器网络操作系统比用一个对等的网络操作系统更有意义？
8. 对于下面的应用程序，分别讨论它们是怎样在客户机和服务器之间分配的：
   a. 字处理程序　　　　b. 数据库程序　　　　c. 软件开发程序

补充练习

1. 用 Web 搜索引擎，查找微软等公司发布的最新操作系统产品，并列出其每种新产品的主要特点。
2. 使用 Web 浏览器查找与这一节介绍的局域网服务相关的信息。查找有关服务器提供以下服务的信息：
   a. 使用驻留在局域网服务器上而被客户机访问的应用程序
   b. 使用驻留在局域网服务器上而被客户机访问的数据库程序
   c. 文件服务和打印服务

第二节　远程过程调用（RPC）

随着越来越高级的网络应用程序的相继开发与应用，出现了一种支持其发展的新型编程技术——远程过程调用（Remote Procedure Call，RPC）。例如，Sun 微系统公司就采用 RPC 技术作为其网络文件系统（NFS）的基础。而在其他编程技术（如微软的联网技术）中，则采用消息发送协议，如 SMB（服务器信息块）。远程过程调用也称为远程函数调用。

本节讨论远程过程调用（RPC）的基本概念与实现。

学习目标

- ▶ 了解本地过程调用和远程过程调用（RPC）之间的差别，以及 RPC 的优点；
- ▶ 掌握应用程序、操作系统（OS）和网络之间的关系；
- ▶ 了解桌面操作系统和 NOS 之间的区别。

关键知识点

- ▶ 远程过程调用能够在应用程序与网络服务之间提供一个公共接口。

本地过程调用

进程间通信（IPC）是在多任务操作系统或联网的计算机之间运行的程序和进程所采用的一种通信技术。进程间通信有两种类型；一是本地过程调用（LPC），LPC 用在多任务操作系统中，使得同时运行的任务能互相会话。这些任务共享内存空间，可使任务同步和互相发送信息。二是远程过程调用（RPC），RPC 类似于 LPC，但只是在网络上工作。要理解 RPC 就需要理解什么是本地过程调用，所以下面首先解释本地过程调用。典型本地过程调用如图 6.3 所示。

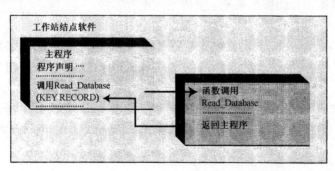

图 6.3　典型本地过程调用

一个程序（或应用程序）由一系列的计算机指令组成。在开发程序时，程序员经常发现在程序中某些计算或者操作会重复出现。例如，一个程序可能会多次访问数据库。

任何程序设计语言都允许程序员将指令放入称为子程序、函数或过程的可重用构件中，而不必反复编写数据库访问指令。于是，程序员可以编写一个能执行这个程序构件的子程序调用或者过程调用代码。过程调用代码能够给子程序提供参数，这些参数可以告诉子程序怎样完成特定的要求和如何处理子程序的输出结果。

　　例如，如图 6.3 所示，程序员要编写一个名为"Read_Database"的子程序，每次从数据库中读记录时都要调用此子程序。这个子程序能够接受各种参数，如"KEY"和"RECORD"。"KEY"提供要读取记录的关键字，"RECORD"为读出的记录提供存储空间。

　　子程序可以是程序源代码的一部分，也可以是独立的代码，这些独立的代码经过编译后可并入主程序。这两种形式的最终效果是一样的。

　　通过过程调用，程序能够调用操作系统的大多数服务程序，事实上也能调用一个通信子系统的所有服务程序，如虚拟通信接入方式（VTAM）。VTAM 是 IBM 公司的一个应用程序接口（API），可以与通信设备及其用户进行通信。

远程过程调用协议

　　假定程序员想要把上述程序转变成一个客户机/服务器程序，其中主程序在工作站结点上运行，而数据库访问在一个网络服务器结点上进行。这是如何实现的呢？

　　从程序员的角度看，远程过程调用方式的确很有吸引力。顾名思义，远程过程调用可以通过网络远程调用类似于"Read_Database"这样的子程序，如图 6.4 所示。

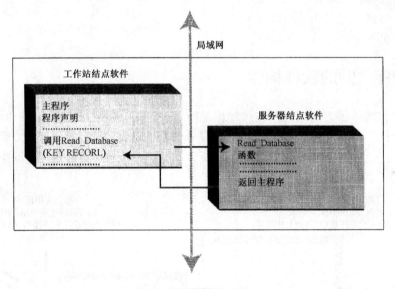

图 6.4　远程过程调用

　　当要在基于服务器的应用程序中加入一段过程代码时，这段过程代码不必一定要加入相应的客户机应用程序中。客户机应用程序只需知道如何调用这个远程过程即可。因此，客户机并不通过网络给服务器发送许多不同的指令，而是通过发送一个短的过程调用指令来做同样的工作。

　　远程过程调用协议是一种可以通过网络从远程计算机程序上请求服务，而不需要了解底层网络技术的协议。RPC 协议假定某些传输协议已经存在，如 TCP 或 UDP，在通信程序之间携带信息数据。在 OSI 网络通信模型中，RPC 跨越了传输层和应用层。RPC 使得开发包括网络分布式多程序在内的应用程序更加容易。

　　RPC 采用客户机/服务器模式。请求程序就是一个客户机，而服务提供程序就是一个服务器。首先，客户机调用进程发送一个有进程参数的调用信息到服务进程，然后等待应答信息。在服务器端，进程保持睡眠状态直到调用信息的到达为止。当一个调用信息到达后，服务器获得进程参数，计算结果，发送答复信息，然后等待下一个调用信息。最后，客户端调用进程接收答复信息，获得进程结果，然后调用执行继续进行。

远程过程调用在概念上相当简单，但实现起来比较困难。对本地过程块进行的过程调用必须百分之百可靠。调用的过程如果失败，主程序也同样会失败。如果工作站结点出现设备故障，主程序和调用的过程都会中止。远程过程调用需要注意的问题还远不止这些。远程过程调用的实现，必须考虑发送和接收请求/应答对在经过相对比较慢的通信链路时出现的时延。例如，服务器结点在接收并确认一个请求之后可能会因出现故障而来不及发送应答，这时就可能出现对应于一个请求回应两个应答的情况。

远程过程调用（RPC）是一项编程技术，它推动了数据通信开发方面的重大进步。使用 RPC 的应用程序和网络工具很多，已有多种 RPC 协议标准。很多公司都开发了有关 RPC 的工具，其中包括 Sun 微系统公司和 IBM 公司。实现远程过程调用的步骤如下：

- ▶ 客户机程序运行一个远程过程调用；
- ▶ 程序调用 RPC 运行库的例行程序来建立连接；
- ▶ 客户机发送参数和关于远程过程的信息；
- ▶ 远程过程在远端计算机上运行；
- ▶ 把应答集中起来并返回给客户机；
- ▶ 客户机继续执行下一条指令。

应用程序之间的软件构件

当客户机和服务器之间通过网络传输信息时，会同时需要多个软件构件和硬件构件的支持，如图 6.5 所示。图中表示的是从客户机到服务器有请求时的信息流动情况。需要说明的是，在服务器端执行远程过程调用（RPC）之后，反方向的信息流（从服务器经过网络到达客户机）开始流动。

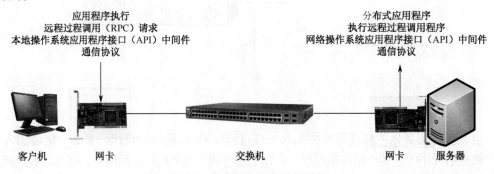

图 6.5　客户机与服务器的通信

RPC 处理的第一步，是应用程序对将要通过网络发送到安装有此应用程序的服务器的 RPC 进行格式化。RPC 包含目标服务器的地址和需要远端服务器处理的服务请求。RPC 要经过一个应用程序接口（API），由 API 提供与服务器网络操作系统相匹配的正确格式。RPC 和 API 组成称为中间件的设备。例如，网络输入/输出系统（NetBIOS）是一种在基于 PC 的局域网中常用的 API。

然后，RPC 通过网络传到服务器上；网络操作系统把信息传给处理请求的服务器应用程序；处理结果随后以类似的方式传回客户机。

这里说明一点，本节中提到了两种操作系统：本机操作系统和网络操作系统。

本机操作系统负责完成应用程序及其底层的计算机硬件之间的交互处理。当应用程序产生一个远程过程调用请求时，本机操作系统必须把这些请求捆绑在通信协议中，通过网络将其传到合适的服务器上。事实上，本机操作系统是使用远端的硬件（和软件）来处理应用程序请求的。

在网络服务器端，网络操作系统负责处理客户机应用程序的请求。网络操作系统必须能够处理连接到网络上的很多客户机的请求，所以要求这种类型的操作系统本身必须具有多任务处理功能。

练习

1．判断对错：多任务处理需要多个中央处理器。

2．使用远程过程调用的一个缺点是什么？

3．请结合本节中介绍的远程过程调用的实现步骤，描述当部件应用程序用户请求查询一个特定部件的供货和价格信息时，其部件数据库程序是怎样利用 RPC 做出请求的。

4．描述抢先多任务处理和协作多任务处理的区别。

5．请描述一下，连接到 TCP/IP 网络的一台客户机，通过因特网从一个 Web 服务器上访问信息的信息流动情况，包括所需的程序和协议。

6．API 是什么？它有什么用途？

7．试比较桌面操作系统与服务器上的网络操作系统之间的不同。

8．API 和 RPC 之间的区别是什么？

补充练习

1．使用 Web 搜索引擎，研究 NetBEUI 和 NetBIOS 之间的区别，并指出哪个是 API，以及应用程序如何利用它在局域网上发送和接收信息。

2．用一个 Web 浏览器，找到并阅读介绍远程过程调用的 RFC 1057（或其更新版本）。

第三节　网络服务器

在网络应用中有一个非常重要的核心设备，即网络服务器，它在提供对内/对外的各种网络服务中起着关键作用。例如，Web 服务器就是万维网（Web）的关键构件。当用浏览器访问 Web 页面时，其请求是由一个远端的 Web 服务器进行响应的。当然，在专用计算机网络中也可使用 Web 服务器。内联网（Intranet）服务器是在单位内部使用的 Web 服务器，外联网（Extranet）服务器是在单位内部使用但是带有一定外部访问功能的 Web 服务器。Intranet 和 Extranet 普及的一个原因，是互联网技术使得两个网络环境之间的超媒体互换起来很容易。其中一些环境或客户机可以是终端浏览器，运行 Windows 的 PC、Macintosh 计算机，也可以是工作站上的 X-Windows，但它们都可以使用超文本传输协议（HTTP）来访问 Web 服务器。因此，网络服务器是计算机网络中的核心设备。

本节简要介绍网络服务器的概念、作用和分类，以及网络中常用的服务器。

▶ 了解计算机网络中服务器承担的任务，了解服务器的基本功能；
▶ 掌握服务器的基本操作；
▶ 掌握 Web 服务器的基本功能，熟悉几种用于 Web 服务的软硬件平台；
▶ 了解为什么动态主机配置协议（DHCP）服务器在大型网络中是通用的。

▶ 文件服务是网络操作系统的一项基本功能；
▶ 内联网、因特网、外联网的服务器都使用 Web 服务器技术；
▶ 服务器是存放共享资源的计算机。

网络服务器的基本概念

网络服务器是指在网络环境中为客户机提供各种服务的、特殊的专用计算机系统，在网络中承担着数据的存储、转发、发布等关键任务，是各类计算机网络中不可或缺的重要组成部分。

网络服务器是计算机局域网的核心部件。在网络服务器上运行着网络操作系统（NOS），网络服务器的效率直接影响整个网络的效率。服务器作为硬件来说，通常是指那些具有较高计算能力、能够让多个用户使用的计算机。因此，一般要选用高档计算机或专用服务器作为网络服务器。服务器在网络中具有非常重要的地位，这种地位是与其所提供的服务密不可分的，总的来讲，网络服务器主要有以下 4 个方面的用途：

▶ 运行 NOS。通过 NOS 控制和协调网络中各计算机之间的工作，最大限度地满足用户的要求，并做出响应和处理。
▶ 数据存储。存储和管理网络中的共享资源，如数据库、文件、应用程序、磁盘空间、打印机、绘图仪等。
▶ 网络服务。各种各样的网络服务，如 WWW、FTP、E-Mail、即时信息、代理等各种服务都是由服务器提供的，服务器一旦瘫痪，则相关服务立即停止。例如，但代理服务器出现故障时，局域网内的用户将无法访问互联网，互联网的一切服务如站点浏览、聊天、电子邮件、软件下载等都将中断。
▶ 监控网络。对网络活动进行监督和控制，对网络进行实际管理，分配系统资源，了解和调整系统运行状态，关闭/启动某些资源等。

服务器的组成与划分

服务器英文名称为"Server"，服务器指的是网络环境下为客户机（Client）提供某种服务的专用计算机，其中安装有网络操作系统（如 Windows Server 2016、Linux、UNIX 等）和各种服务器应用系统软件（如 Web 服务、电子邮件服务）。这里的"客户机"指安装有 DOS、Windows 7/10 等普通用户使用的操作系统的计算机。因此可以从硬件、软件两个方面理解服务器的内涵。

服务器硬件

从服务器的硬件的角度看，服务器是提供计算服务的设备。服务器的构成包括中央处理器（CPU）、硬盘、内存、系统总线等，与通用的计算机架构类似，但是由于需要提供高可靠的服务，因此在处理能力、稳定性、可靠性、安全性、可扩展性、可管理性等方面要求较高。服务器大都采用部件冗余技术、RAID 技术、内存纠错技术和管理软件。高端的服务器采用多处理器、支持双 CPU 以上的对称处理器结构。在选择服务器硬件时，除了考虑档次和具体功能定位外，还需要重点了解服务器的主要参数和特性，包括处理器构架、可扩展性、服务器结构、I/O 能力和故障恢复能力等。可以按多种标准来划分服务器类型。

1. 按体系架构划分

若按照服务器的体系架构来划分，服务器主要分为两大类：
- ▶ 非 X86 服务器：包括大型机、小型机和 UNIX 服务器，使用精简指令集（RISC）或并行指令计算（EPIC）处理器，并且主要采用 UNIX 和其他专用操作系统的服务器。
- ▶ X86 服务器：又称复杂指令集（CISC）架构服务器，即通常所说的 PC 服务器。

2. 根据应用层次或规模档次划分

- ▶ 入门级服务器：最低档服务器，主要用于办公室的文件和打印服务。
- ▶ 工作组级服务器：适于规模较小的网络，适用于为中小企业提供 Web、邮件等服务。
- ▶ 部门级服务器：中档服务器，适合中型企业的数据中心、Web 网站等应用。
- ▶ 企业级服务器：高档服务器，具有超强的数据处理能力，适合作为大型网络数据库服务器。

3. 根据服务器结构（即外形）划分

- ▶ 台式服务器：也称为塔式服务器，这是最为传统的结构，具有较好的扩展性。
- ▶ 机架式服务器：机架式服务器安装在标准的 19 英寸（1 英寸=2.54 cm）机柜里面，根据高度有 1U（1U=1.75 英寸）、2U、4U 和 6U 等规格。
- ▶ 刀片式服务器：是一种高可用、高密度的低成本服务器平台，专门为特殊应用行业和高密度计算机环境设计，每一块"刀片"实际上就是一块系统主板。
- ▶ 机柜式服务器：机箱是机柜式的，在服务器中需要安装许多模块组件。

服务器软件

在网络环境下，根据服务器提供的服务类型不同，分为文件服务器、数据库服务器、应用程序服务器、Web 服务器等。

服务器软件的定义如前面所述，服务器软件工作在客户机/服务器或浏览器/服务器模式，有很多形式的服务器，常用的包括：
- ▶ 文件服务器：如 FTP 服务器、Mobox 文件服务器等。
- ▶ 数据库服务器：如 Oracle 数据库服务器、MySQL、Microsoft SQL Server 等。
- ▶ 邮件服务器：Sendmail、Postfix、Qmail、Microsoft Exchange、Lotus Domino 等。
- ▶ 网页服务器：如 Apache、thttpd、微软的 IIS 等。
- ▶ FTP 服务器：Pureftpd、Proftpd、WU-ftpd、Serv-U、VSFTP 等。

▶　应用服务器：如 Bea 公司的 WebLogic、JBoss、Sun 的 GlassFish。

▶　代理服务器：如 Squid cache。

▶　域名服务器：如微软的 DNS 和 WINS 服务器。

▶　云服务器：云服务器是一种简单高效、安全可靠、处理能力可弹性伸缩的计算服务。
　　其管理方式比物理服务器更简单高效。用户无须提前购买硬件，即可迅速创建或释放
　　任意多台云服务器。

典型服务器简介

在网络环境下有多种服务器，根据服务器提供的服务类型不同，比较典型的是文件服务器、
Web 服务器、通信服务器、应用程序服务器等。

文件服务器

由于网络操作系统软件可以给 PC 提供文件服务的功能，因而 PC 可成为文件服务器。文
件服务器的任务是确保共享资源能够以一种有序而无冲突的方式接受访问。服务器与应用程序
协同工作，确保在需要的时候提交并发送文件，而在文件不应出现时阻止文件提交。文件服务
器通过采用多种网络操作系统安全机制来控制访问，不同的网络操作系统提供安全性的能力可
能会有所不同，如图 6.6 所示。

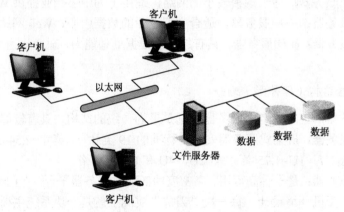

图 6.6　文件服务器

因为通常对服务器的要求很高，所以与普通的工作站相比，服务器的设计必须能够满足更
高的性能要求。拥有一个功能强大的局域网服务器，会相应降低对工作站电源、随机存储器
（RAM）及磁盘容量的要求，从而明显降低网络的直接和间接费用（如维护费用）。

1. 文件的访问属性

所有的文件都有访问属性。例如，文件可以设置为只读属性或者可读写属性。这些访问属
性的设置通常由应用程序来完成，而且可以由用户修改。网络文件与普通的文件有所不同，因
为网络文件可能由多个用户所共享。

一般而言，与文件服务器有关的文件属性有以下几种：

▶　专用——此类文件不能共享；

▶　拒绝进行写访问——此类文件只能进行读操作；

► 无拒绝访问限制——此类文件可以共享，任何用户都可以对其进行读写操作。

通常，文件的访问权限由应用程序分配，但是用户可以对其进行修改。因此，第一步是进行访问控制。

2. 同步

为确保文件不会同时被不同的用户更新，以免引起文件逻辑混乱或出现错误，需要建立同步。当某个用户想访问正在被另一个用户所访问的文件时，服务器会发出一些警示信息，表示此文件正在被使用。

一项同步技术是文件锁定。通过使用专用的或者拒绝进行写访问的文件共享属性，可防止多用户同时对文件进行更新（例如，同时对文件进行写操作）。文件可以同时被多个用户共享读出，但只能有一个用户可以进行写操作。

另一项同步技术是记录锁定。记录锁定比文件锁定复杂，共有两种锁定形式：物理锁定和逻辑锁定。

► 物理锁定是阻止对存放在硬盘上的一个或一系列的文件记录进行访问，从而实现对文件记录的保护。

► 逻辑锁定是给需要保护的记录分配一个锁定标志，其他的应用程序必须检验锁定标志及其属性，而无权访问带有锁定标志的记录。

3. 信标或标志位

除了磁盘、文件和记录之外，其他的设备也可以在文件服务器上共享，因此也需要一个程序来安排对它们的访问。一些网络操作系统使用信标来完成这项功能。与记录锁定和文件锁定不同，信标技术可以普遍用于文件、记录、记录组或共享的外围设备（如调制解调器或打印机）。

信标比记录锁定具有更多的特性，远比记录锁定灵活，因而可用于更复杂的控制功能。信标可以具有任何分配给它的含义，它与逻辑锁定之间的联系比与物理锁定之间的联系更密切。不同的应用程序开发商和网络操作系统销售商，可以有很多种信标的使用方式。

Web 服务器

Web 服务器也称为 HTTP 服务器，它是一种管理因特网资源和为了响应来自 Web 浏览器的请求而发送因特网资源的应用程序。Web 浏览器使用 HTTP 发送对 Web 页和其他文档的请求，而 Web 服务器则使用 HTTP 来传递所请求的信息。

Web 服务器也可用来提供目录和索引，并根据用户身份验证来限制对这些目录的访问。一旦一个用户被识别，Web 服务器也可以对错误操作提供客户化的响应。

图 6.7 所示为 Web 服务器响应图，其中详细显示了一个典型的客户机和服务器的协议栈。

在图 6.7 中，作为服务器的计算机正在运行 Web 服务器软件，如 Apache 或 Windows 的因特网信息服务器（IIS）软件。这个软件不仅包括应用程序，而且包括把 Web 文件发送到客户机所需的协议。这些应用程序使用超文本传输协议（HTTP），负责用适当的信息来对客户机做出响应。

Web 服务器软件与网络操作系统（NOS）软件一起运行，可以为多个客户机提供服务。尽管多数服务器是在单位内部使用的，但一般而言，Web 服务器同时适用于内部访问和外部访问。这些访问可能来自连接因特网的特定用户群或上百万个用户。

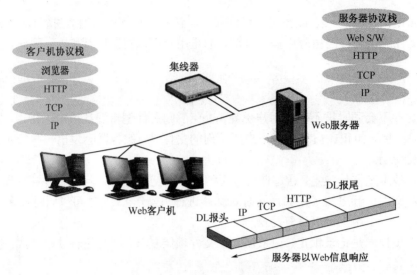

图 6.7　Web 服务器响应图

Web 服务器在初始设计上虽然相对比较简单，但随着应用的发展，会不断地添加越来越多的专有性能，这使得在选择 Web 服务器时要尤为明智。下面介绍适用于不同平台的几种 Web 服务器。

1. 基于 UNIX 系统的 Web 服务器

由于 UNIX 系统与因特网的衔接性，基于 UNIX 的 HTTP 服务器比其他任何一种平台都被更多地采用。在 UNIX 系统中，常有的典型 HTTP 服务器当属 Apache Web 服务器。

Apache 的 HTTP 服务器是一种大众化的服务器。根据 Netcraft 对 Web 服务器的调查（http://www.netcraft.co.uk/Survey/），Apache 拥有超过 50%的 Web 服务器市场。

Apache 的一个显著长处是其开放性。所有的可执行程序（包括源码、更新、粘贴和修补程序）和文档均可从 Apache 网站下载。其源码可自由修改，因而必要时可添加客户化的特性。UNIX 阵营中强烈的开放软件理念促使 Apache 的开发水平达到或超过了许多商用软件。

Apache Web 服务器的主要缺点是配置困难。与 Microsoft 和 Netscape 等基于 Windows 的厂家开发的产品不同，Apache 没有丰富的图形化环境。任何对服务器的改动都必须修改配置文件才行。这会使那些没有很强的 UNIX 背景的开发人员望而生畏，而且容易出错（其中一些错误可能是致命的）。

2. Microsoft Windows 系列 Web 服务器

随着 Windows 平台的普遍使用，适于这种平台的 HTTP 服务器的市场也得到了快速增长，所以说，这个市场的真正强有力的争夺者主要是 Microsoft。

- ▶ Microsoft IIS—— 一种最容易安装和维护的 HTTP 服务器。它对所有的 Windows 授权用户都是免费的，而且其产品综合化程度很高。这种高综合化水平使 IIS 非常适用于已经拥有运行 Windows 网络的公司。由于 IIS 只运行于 Windows 环境，因而对于企业网络建立在 UNIX 之上的公司来说不太适合。

- ▶ 个人 Web 服务器—— 一种基于 Windows 工作站的服务器，可以对工作组/内联网级别的小型站点进行共享和评估。但若要提供强大的动态目录生成或者电子商务功能，则需要移到 IIS 上。

3. Macintosh Web 服务器

如果因特网或内联网是在 Macintosh 环境下安装的，则基于 Macintosh 的 HTTP 服务器将是一个最佳选择。有了功能强大的 Apple G4 处理器，Macintosh 服务器对许多企业来说正在成为一个有生命力的服务器选择。基于 Macintosh 的 HTTP 服务器也属于最容易安装和维护的服务器。它包括以下几类：

▶ WebSTAR——一种商用 HTTP 服务器，其特点是具有一个内置的 Java 虚拟机，支持 Java 扩展。

▶ AppleShare IP——非专用的 Web 服务器产品，但它是 Mac OS 的一个扩展。Mac OS 提供了一整套的因特网工具和服务。在 AppleShare IP 中，含有一个功能有限的 Web 服务器，虽然它的性能特点不如许多基于 Windows 和 UNIX 的"全职"Web 服务器那样丰富，但它对 Macintosh 环境来说确实便于使用。

▶ WebTen——Tenon Intersystems 公司专门为 Macintosh 平台而设计的全性能 Web 服务器。WebTen 强大的功能源于 Apache Web 服务器，它是 Apache 的一个与 Macintosh 兼容的版本，具有图形接口和 Tenon 添加的其他功能。WebTen 的核心功能来自一个 UNIX 虚拟机，这个虚拟机运行于基于 PowerPC 的 Macintosh 平台。Apache Web 服务器在虚拟机中运行，但其管理模块是基于 Web 的应用程序，既可运行于与服务器相同的 Macintosh 平台，也可以远程运行。WebTen 中的 TCP/IP 协议栈是 Tenon 公司的专有产品，它不需要 MacTCP 的支持。

其他常用服务器

在网络中，几乎任何共享资源都可存放在自己的服务器平台上。根据它们被使用的频繁程度，各种资源都可以有其专用的服务器计算机，也可以几种资源公用同一个服务器。网络中常用的其他几种类型的服务器，主要包括应用程序服务器、通信服务器和地址服务器。

1. 应用程序服务器

如果局域网用户超过一定的数量，这时购买多个单机版本的应用软件会比购买单个网络版本的费用高。同时，基于局域网的应用程序通常更易于管理，特别是当许多用户共享单个程序时。例如，当需要新应用软件的版本时，可在服务器上一次性地进行升级，而不必对每个用户的软件都升级一遍。

应用程序服务器优化了一些应用程序的运行，这是因为，应用程序服务器有更强的处理能力、更大的磁盘容量、更大的内存、更多的输入输出端口和（或）插卡槽，这些都提高了所支持的应用程序的性能。例如，数据库服务器需要有访问速度非常快的大型磁盘驱动器，而财务应用服务器则需要一个带有数学协处理器的超快速 CPU。

单用户软件、多用户软件和网络软件之间是存在差别的。了解这些差别对于购买应用软件是很重要的。这 3 类常用软件在局域网上的用法如下：

▶ 单用户软件：保存在文件服务器上的单用户软件，可以通过局域网下载到一台或多台工作站上，并在各工作站上分别运行。这种软件经常被看作"是可在网上工作的"。一些单用户软件包具有网络应用方面的配置选项，以此来吸引用户使用。也有一些单用户软件不适用于网络环境。例如，软件启动后，可能无法保存用户要求设计的设置属性，或者这些设置属性可能会被其他用户按照自己的喜好做了修改。此外，当文件在网络包中时，不能同时共享它们。

▶ 多用户软件：多用户软件支持对安装在用户磁盘上的单用户程序生成的文件进行共享。这一点比单用户软件优越。多用户软件使用文件锁定或记录锁定，使多个用户可对同一组数据进行操作。

▶ 网络软件：网络软件能利用所有可用的共享资源，如调制解调器、打印机和传真服务器等。

当一个单用户软件在网上正确地运行时，在多个用户中共享这个软件是很诱人的。然而，单用户软件在法律上每次只允许一个用户使用。因此，当技术上通过网络可以实现对一个独立应用程序的共享时，这种行为就侵犯了软件使用许可权。

在许多情况下，网络管理员有责任确保一个组织遵守其软件的使用许可条款。因此，对应用程序的使用进行指导与其说是技术要求，不如说是法律规定。

对网络上可用的软件来说，其许可权使用的方式多种多样，通常有以下两种方式：

▶ 预定许可权：规定某一时间可以运行此程序的用户数。只要同时访问的用户数不超过许可限制，任何用户都可以访问该程序（如果安全要求允许）。例如，如果目前有 5 个用户正在使用一个五用户应用程序，则试图运行该程序的第 6 个用户将被拒绝访问。预定许可权存在的一个问题是用户登录到一个程序而忘记注销，这会阻止其他用户登录进来。自动注销软件可解决这个问题，并监视应用程序的使用状况。

▶ 站点许可权：在单个网络中运行该程序的用户数不受限制。站点许可权要比预定许可权昂贵，但对于一个大型机构中人人使用的应用程序来说则具有较大的经济意义。

2. 通信服务器

在很多情况下需要拥有一台打印服务器，同样理由，可能还需要一台单独的通信服务器。通信服务器可用于集中资源。这种类型的服务器也称作远程访问服务器或者支持远程访问服务（RAS）的服务器。图 6.8 所示的远程访问服务器正是这样的一个通信服务器。

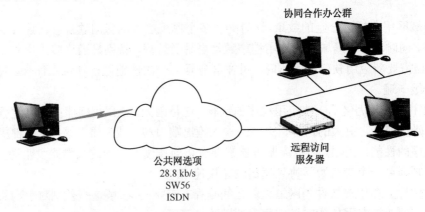

图 6.8　远程访问服务器

3. 地址服务器（DHCP 服务器）

在一个 TCP/IP 网络中，每个结点的 32 位 IP 地址既标识该结点本身，也标识包含该结点的网络或子网的号码。地址最左边部分是网络号或子网号，而最右边部分用来标识该结点。大型网络常常被分成不同的子网，每个子网通过不同的网络号来标识。因此，当一台计算机从一个子网移到另一个子网时，就必须修改其 IP 地址，即使用新子网的网络号。这在小型网络中问题不大，但对于大型网络来说，就需要花费大量的时间和精力来重新配置其内部 IP 地址。为了解决这个问题，Microsoft 开发了动态主机配置协议（DHCP），这是一种嵌入 Windows 客户机和服务器操作系统中的基于 TCP/IP 的解决方案。

DHCP 在服务器上运行，它会定期给每个逻辑端站自动分配 IP 地址。当 DHCP 服务器检测到一台工作站的物理位置不再与分配给它的 IP 地址相对应时，就给此端站分配一个新的地址。利用 DHCP，网络管理员无须手工配置各工作站的 IP 地址就可将它从一个子网移动到另一个子网。

练习

1．画一个包含 20 个客户机和 2 个文件服务器的网络。此网络应该是包含交换式主干网的以太网。此网络的交换机有 12 个端口：10 个 10 Mb/s 的端口和 2 个 100 Mb/s 的端口。

2．描述文件服务器的功能。

3．比较文件锁定和记录锁定的异同。

4．因特网服务器、内联网服务器和外联网服务器之间的区别是什么？

5．用于各种 Web 服务器上的产品有哪些？

6．至少列出 Web 服务器的两种功能。

7．讨论在网络服务器上运行单用户软件与运行多用户软件的优缺点。

8．预定许可权与站点许可权的不同之处是什么？

补充练习

1．通过 Web 检索，研究下面几种 Web 服务器的最新产品和发布的标准（把各种产品的特点列成一个矩阵）：

　　a. Apache　　　　b. Microsoft IIS　　　　c. WebTen　　　　d. WebSTAR

2．使用 Web 检索并比较远程访问服务（RAS）和虚拟专用网（VPN）的异同及它们的优缺点。

3．使用 Web 浏览器，搜索可以建立虚拟专用网的产品。说明其特征和功能有哪些？它们是如何提供连接的？

4．找出一些能为移动用户提供远程访问的产品。说明其特征和功能有哪些？它们是如何提供连接的？

第四节　备份与事故预防

很多人没有在计算机上备份数据的习惯。不仅是单个用户不会备份计算机数据，网络服务器也经常没有进行令人满意的备份。备份是一件很简单的工作，但是很多人却总忽略定期备份。如果计算机上的数据信息丢失，那么很可能几周甚至几个月的工作白做。如果一个公司丢了保存在服务器上的数据信息，那就可能引起灾难性的后果。本节讨论数据备份与事故预防的一些基本策略。

▶ 掌握将存储信息进行备份的不同方式；
▶ 了解构造容错存储系统的方法。

▶ 真正的事故是在事故发生时无法从中恢复。

数据备份策略

选择备份策略步骤的第一步是正确评价不及时备份可能对个人或单位所造成的危害。这里既包括丢失数据的实际费用，也包括重新修复丢失信息的费用。通常必须了解的问题有：

▶ 如果单位的计算机出现了故障，把数据破坏了，需要多长时间才能恢复数据？
▶ 这会给单位带来多大损失？

有几种选择可以尽量阻止出现了故障却无法恢复的情况发生。首先，可以建立和维护一个备份程序。此备份程序应该包含在常规情况下对所有文件完全备份。其次，可以对数据进行当场存储，在发生火灾、洪水或其他自然灾害时保护备份介质。一般而言，一个小的防火保险箱或防火存储盒就足够了。最后，为备份存储提供一种非现场的安全存储设备。很多单位提供数据定期备份的非现场服务，在出现故障的时候，工作可以迅速转移到后备设备上进行。

一般而言，一系列有序的增量备份和完全备份能为大多数现场提供安全性，这应该放在防备数据丢失的首位。介质的选择有很多种，其中包括存储能力为数吉字节（GB）的数据录音带（DAT）。很多单位每周都要对所有的服务器进行一次完全备份和增量备份。整个备份过程在后台进行，一般情况下在晚上进行，因网速的不同，可能需要1小时至数小时。

备份的类型

在大型系统中，备份策略常常选择增量方式。备份软件程序通常有如下几种备份选择：

▶ 复制——对指定的文件进行备份，备份时不加备份标志；
▶ 完全备份——把给定文件系统中的所有文件都进行备份，并加上备份标志；
▶ 增量备份——把上次进行完全备份或增量备份之后又改变了的指定文件进行备份，并加上备份标志；
▶ 日常备份——把当天改变了的没有加上备份标志的文件进行备份；
▶ 有区别的备份——把上次进行完全备份或增量备份之后又改变了却没有加上备份标志的文件进行备份。

许多单位采用下面的备份日程安排：

▶ 每天备份——所有工作站和服务器每天都进行增量备份。这种备份应保留一个月。
▶ 每周备份——每个服务器每周进行一次完全备份。这种备份保留到下次的每周备份完成之后。

▶ 每月备份——所有服务器和工作站每个月都要进行一次完全备份。这种备份要保留到下次的每月备份完成之后。

▶ 每年备份——所有服务器和工作站每年都要进行一次年度备份，这种备份要保留 5 年。

尽管这种日程安排并不适用于任何情况、地点，但提供了一定程度的数据恢复保障。这种日程安排与那些在很多大型机和小型机环境下使用的日程安排很相似。

大多数备份系统及其备份介质上都存有日志记录。日志包含的信息有：卷名、文件名、计算机系统备份和其他与站点有关的信息。记录保存与存储位置信息能够保证该站点的数据从灾难性的故障中及时恢复。

不间断电源（UPS）

在主电源供电出现故障时，由于安装了一种不间断电源（UPS）的备份供电系统，可以保持系统连续运转或者完成对系统资源的选择性断电停工操作。不间断电源系统最常用的两种选择是：

▶ 电池供电——使服务器能够运转足够的时间，直到正常关闭，而不是突然非正常关闭。很多操作系统在电池 UPS 的帮助下，可以在出现供电故障时能够自动关闭。

▶ 供电发电机——在出现供电故障的情况下，供电发电机可以自动启动，在主电源启动之前，能够使系统保持运转。为了保证信息畅通，很多单位在主电源恢复和正常操作启动之前必须确保机房和路由器能得到供电。

使用不间断电源系统，需要进行定期的现场维护和资源检测。如果主电源出现故障后发电机不能马上启动，那么这个系统就没有一点价值。有很多设备的系统安装成本很高，却不具备维护功能。其实，维护 UPS 系统就像检查发电机燃油是否充足一样简单。

遗憾的是，电源系统的确会出现故障。备份数据和（或）采用附加的电源系统是否能够保证系统在所能接受的风险线以下运行？很多公司没有辅助供电或电池备份系统，当供电出现故障时，工作只能被迫中止。如果这种情况可以接受，那就不必采取预防措施。

容错能力与磁盘阵列

容错是系统保护数据不丢失的一种能力。备份是一种容错措施，数据冗余也是避免初始数据丢失的一种保护措施。常用的一种数据冗余系统是独立冗余磁盘阵列（RAID）。

独立冗余磁盘阵列（RAID）是一种使用磁盘驱动器的方法。RAID 将一组独立的物理硬盘按照某种逻辑方式组合起来，形成一个磁盘硬盘使用，它可提供比单个硬盘更高的存储性能和安全性能。一般情况下，组成的逻辑磁盘驱动器的容量小于各个磁盘驱动器容量的总和。RAID 的具体实现即可以通过硬件也可以通过软件。软件实现 RAID 需要操作系统的支持，硬件实现就是使用专用的 RAID 卡。通常，RAID 是在 SCSI 磁盘驱动器上实现的，因为 IDE 磁盘驱动器的性能发挥受限于 IDE 接口（IDE 只能接 2 个磁盘驱动器，传输速率最高为 1.5MB/s）。IDE 通道最多只能接 4 个磁盘驱动器，在同一时刻只有一个磁盘驱动器能够传输数据，而且 IDE 通道上一般还接有光驱，光驱引起的延迟会严重影响系统速度。SCSI 适配器可以保证每个 SCSI 通道随时都是畅通的，在同一时刻每个 SCSI 磁盘驱动器都能自由地向主机传输数据，不会出现类似于 IDE 磁盘驱动器争用设备通道的现象。

RAID 的工作原理是利用数组方式作为磁盘组，配合数据分散排列的设计，提升数据的安全性。利用 RAID 技术可以将数据切割成许多区段，分别存放在各个硬盘上。磁盘阵列还能利用同位检查的概念，在数组中任一个硬盘发生故障时，仍可读出数据。在进行数据重构时，可将数据经计算后重新置入新硬盘中。在保存时，类似于自动镜像的功能，可将数据自动保存在相邻的硬盘中。RAID 规范包括 RAID 0～RAID 7 多个等级，经常使用的 RAID 阵列主要为 RAID 0、RAID 1 和 RAID 5。

第 0 级——磁盘分区（RAID 0）

RAID 0 需要两个以上的芯片驱动器，每个磁盘划分为不同的区块，数据按 区块 A1、A2、A3…的顺序存储。数据访问采用交叉存取、并行传输的方式。磁盘分区把数据分到几个驱动器上，从而使性能得到提高，但是却不能提供数据保护，系统的故障率较高，属于非冗余系统，如图 6.9 所示。

第 1 级——磁盘镜像与双工（RAID 1）

RAID 1 由磁盘对组成，每一个工作盘都有其对应的镜像盘，上面保存着与工作盘完全相同的数据副本，具有较高的安全性，但磁盘利用率只有 50%。如图 6.10 所示，在一个四磁盘的 RAID 中，两个磁盘映射两个磁盘。所有的初始磁盘都有镜像，这样可以提供高水平的数据保护。初始磁盘和镜像磁盘在服务器上的同一控制器下工作。

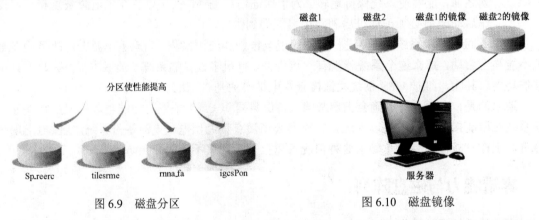

图 6.9　磁盘分区　　　　　　　　　　图 6.10　磁盘镜像

双工是一个磁盘使用单独控制器的镜像系统。这种设置的优点就是能够提供更好的性能，这是因为每个驱动器都有单独的数据通道。镜像磁盘是对原始磁盘的连续备份，在原始磁盘出现故障时能够自动工作。

第 2 级——有纠错码（ECC）的磁盘分区（RAID 2）

RAID 2 提供对所有驱动器的磁盘分区；采用海明码纠错技术，纠错码保存在驱动器上，因此会占用相当大的磁盘空间；实际应用中很少使用 RAID 2。

第 3 级——纠错码（ECC）作为奇偶校验（RAID 3）

RAID 3 与 RAID 2 相似，不同的是这一级别有一个用作奇偶校验的存储驱动器。这样，在一个四驱动器的系列中，3 个驱动器用作存储，1 个驱动器用作奇偶校验。实际应用中一般不使用 RAID 3。

第 4 级——磁盘的大块分区（RAID 4）

第 2 级和第 3 级在位或者字节级别上分割数据，RAID 4 却使用整块数据，用一个单独的磁盘来存储奇偶校验信息。在第 2 级和第 3 级中，只要对磁盘进行写操作，就必须更新奇偶校验磁盘。这种方式用在大的数据块中效率会很高，但是用在进行定向处理的小数据区时，效率就很低，此时不采用第 4 级方案。

第 5 级——带有奇偶校验的磁盘分区（RAID 5）

在 RAID 5 的情况下，各块独立硬盘进行条带化分割，相同的条带区进行奇偶校验（或异或运算），校验数据平均分布在每块硬盘上，如图 6.11 所示。以 n 块硬盘构建 RAID 5 阵列可以有 $n-1$ 块硬盘的容量，产品空间利用率为 $(n-1)/n$。RAID 5 支持更快的输入/输出（I/O）传输。如果出现故障，奇偶校验的数据条块在磁盘上对每个数据条（行）进行修复。

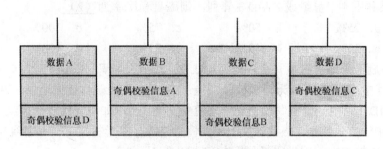

图 6.11　带有奇偶校验的磁盘分区

带有奇偶校验的磁盘分区是目前最流行的数据冗余技术之一，它具有磁盘分区的所有速度上的优势，而无须维护单独的奇偶校验磁盘。RAID 5 是目前使用的比较多的一种阵列。

此外，RAID 6 使用扩展了的 RAID 5；RAID 7 采用一个实时嵌入式操作系统作为控制器，一个高速总线用于缓存，能够提供快速的 I/O 接口，但价格昂贵。

在实际使用中，可用性（数据冗余）、性能和成本是选用 RAID 级别的 3 个主要因素。如果不要求可用性，选择 RAID0 以获得最佳性能。如果可用性和性能是重要的而成本不是主要因素，则根据硬盘数量选择 RAID 1。如果可用性、成本和性能都同样重要，则根据一般的数据传输和硬盘的数量选择 RAID3、RAID5。

事故恢复计划

事故恢复计划应列出发生网络故障（从单个网络构件损坏到整个网络瘫痪）时要执行的特定程序。虽然从逻辑上讲，该计划的重点是网络及其服务，但也应该预见到危及网络的所有问题，如火灾、洪水、地震、内乱、疾病流行、安全性缺口，以及因操作者粗心大意而造成的网络失效等。

此外，事故恢复计划必须列出关键的主要网络资源和备份网络资源，如 IP 地址和 MAC 地址、密码、现场以外的备份地点、软硬件系统及其版本号，以及所有的基线网络统计资料。该计划还必须将关键的个人、团队、系统、服务提供者和网络运行所必不可少的其他人员记录在册，简要描述他们在各种类型的事故发生时所承担的责任，并提供详细的联络信息。

当然，要预见各种类型的事故是不可能的。但是，针对最可能出现的问题所制订的计划，将是建立可靠完备的系统和过程的基础，使之能快速应对突发事件。

网络/IT 事故计划必须是总体事故计划的一个组成部分。但是，网络必须有自己的事故恢复计划，即使公司没有该计划。当然，该计划必须在现场以外保存一份。

练习

1. 列出并描述备份的 5 种方案。

2. 为什么在进行增量备份之前必须先进行完全备份？

3. "容错"是什么意思？

4. 列出并简单描述 RAID 技术提供的所有级别的保护措施。

5. 独立磁盘冗余阵列（RAID）利用冗余技术实现高可靠性，其中 RAID1 的磁盘利用率为__(1)__；如果利用 4 个盘组成 RAID 3 阵列，则磁盘利用率为__(2)__。

    （1）a. 25%　　　　b. 50%　　　　c. 75%　　　　d. 100%

    （2）a. 25%　　　　b. 50%　　　　c. 75%　　　　d. 100%

【提示】本题考查廉价磁盘冗余阵列（RALD）的相关知识。RAID 分为 0～7 这 8 个不同的冗余级别，其中：RAID 0 级无冗余校验功能；RAID 1 采用磁盘镜像功能，磁盘容量的利用率是 50%；RAID 3 利用一台奇偶校验盘完成容错功能。所以如果利用 4 个盘组成 RAID 阵列，可以有 3 个盘用于有效数据，磁盘容量的利用率为 75%。参考答案：（1）选项 b；（2）选项 c。

6. 在 RAID 技术中，磁盘容量利用率最高的是（　　　）。

    a. RAID 0　　　　　b. RAID 1　　　　c. RAID 3　　　　d. RAID 5

【提示】RAID 0 需要两个以上硬盘驱动器，每个磁盘划分为不同的区块，数据按区块 A1、A2、A3…的顺序存储，数据访问采用交叉存取、并行传输的方式。将数据分布在不同驱动器上可以提高传输速度，平衡驱动器的负载。因为没有镜像盘，也没有差错控制措施，所以 RAID 0 的磁盘容量利用率在 RAID 技术中最高。参考答案是选项 a。

补充练习

1. 用互联网，查找为局域网中常见的服务器提供磁带备份系统的销售商，并依据这些设备的存储能力，总结出您的观点。

2. 用互联网，查找与 RAID 硬件实现相比更属于软件实现的那部分 RAID 的相关信息，并对这两类 RAID 进行简单的对比。

本 章 小 结

当构建一种网络应用时，首先要决定该应用程序的体系结构。在选择应用程序体系结构时，目前有客户机/服务器、基于 Web 的客户机/服务器和 P2P 网络等模式可供使用。在局域网中，大多数采用客户机/服务器模式。客户机/服务器模式是指一个应用进程被动等待另一个应用进程来启动通信过程的一种通信方式。这一章主要讨论了客户机与服务器通信的过程和常用的专用服务器类型。

客户机/服务器模式的框架由客户机、服务器和中间件（Middle Ware）3 部分组成：

▶　客户机的主要功能是执行用户一方的应用程序，供用户与数据进行交互。

▶　服务器的功能主要是进行共享资源管理。

▶　中间件是支持客户机/服务器进行对话、实施分布式应用的各种软件的总称。中间件主要具有连接和管理两方面的功能。这些功能具体体现在分布式服务、应用服务及管理服务方面，大致可分成传输栈、远程过程调用、分布式计算环境、面向消息、屏幕转换、数据库互访，以及系统管理等几类。

目前，广泛应用的客户机/服务器模式是面向文件系统和面向数据库系统的，未来的发展趋势将是面向分布式对象应用。

促使客户机/服务器实现和使用的基本技术如下：

▶　用户应用处理。一般采用基于图形用户界面的应用开发工具处理用户应用。这类工具支持用户直接参与应用软件开发，只需少量编程，就可方便地把现有实用程序适当地组成新的应用软件。

▶　操作系统（OS）。目前客户机和服务器使用分开的操作系统，同时正在向支持分布式对象应用的综合型操作系统发展。

▶　数据库。目前使用的是关系型数据库管理（包括对异机型应用互操作的支持）系统（DBMS），并正向建立数据仓库、支持分布式、面向对象的数据库管理系统发展。

与其他计算机应用模式相比，客户机/服务器模式能提供较高性能的服务，因为客户机和服务器将应用处理要求进行合理划分，同时又协同实现其处理要求。服务器为多个客户机管理数据库，而客户机发送、请求和分析从服务器接收的数据。在一个客户机/服务器应用系统中，客户机应用程序是针对小的特定数据集合建立的，它封锁和返回一个客户机请求的数据，因此保证了并发性，使网络上的信息流减到最小，因而可以改善系统的性能。

备份和事故预防在一定程度上能避免由于各种软硬件故障、人为误操作和病毒侵袭等造成的损失，并且在发生大范围灾害性突发事件时，能够充分保护网络系统中有价值的信息，保证网络系统仍能正常工作。

小测验

1．什么情况下应该使用对等网络操作系统代替完全的客户机/服务器网络操作系统？什么时候应该使用完全的客户机/服务器网络操作系统代替对等网络操作系统？

2．说出两种常见服务器类型的名字，并列出它们的基本功能。

3．远程过程调用（RPC）对应 OSI 模型的哪一层？

4．虚拟专用网（VPN）与远程访问服务（RAS）之间的区别是什么？

5．为什么多用户网络应用需要文件锁定？

6．在客户机/服务器结构中，请求通常在哪里产生？（　　　）

　　a. 客户机　　　　b. 服务器　　　　c. 客户机或服务器　　　d. 网络接口卡

7．在客户机/服务器环境中，用户申请局域网服务的请求的目的地址由什么软件决定？（　　　）

　　a. 重定向器　　　b. 初始化程序　　c. IP 协议　　　　　　d. IPX 协议

8．当客户机应用程序调用运行于服务器应用程序的软件例程时，它正在使用（　　　）。

　　a. 远程协议通信　　　　b. 远程过程调用

　　　　c．冗余处理调用　　　　　　　d．远程处理连接

9．对你的计算机进行设置，以便操作系统在空闲期间执行常规的硬盘维护工作。当某天你休息完回到办公室时，计算机正在执行此项维护工作，而一旦你用最喜欢的应用程序恢复工作，这项工作就会停止。请问这是由操作系统的哪个特性引起的？（　　　）

　　　　a．抢先多任务处理　　　　　　b．多线程
　　　　c．假脱机　　　　　　　　　　d．多处理

10．当一个 Web 浏览器从 Web 服务器检查一份 HTML 文档时，这属于（　　　）。

　　　　a．主/从通信　　　　　　　　　b．客户机/服务器通信
　　　　c．虚拟专用网　　　　　　　　　d．远程过程调用

11．一所大学允许学生将笔记本计算机连接到教室和图书馆的墙壁插座上。校园网被分成 6 个子网，而所有学生每天都要在几个子网之间移动。以下哪个技术方案最佳？（　　　）

　　　　a．给每个学生分配 6 个 IP 地址　　b．设立 DHCP 服务器
　　　　c．使用 NAT　　　　　　　　　　　d．在各个墙壁的插座上贴上网络号

12．一个公司需要一个容错存储系统，但不能降低其文件访问速度，则最佳选择是（　　　）。

　　　　a．RAID 5　　　　b．RAID 0　　　　c．SLED 3　　　　d．RAID 6

第七章 网络操作系统

无论是企业网络、校园网，还是任何其他网络，都需要有操作系统的支持，才能为用户提供服务。例如，一个校园网，它需要提供的服务有 Web 服务、FTP 服务、E-mail 服务、数据库、办公自动化系统、教学管理系统等。这些服务都需要网络操作系统（NOS）的支撑。网络操作系统实质上就是具有网络功能的操作系统。

操作系统（OS）是用户与计算机硬件系统之间的接口，在计算机上配置的操作系统主要用来管理系统中的资源，方便用户使用，因此也称为本地操作系统。网络操作系统（NOS）除了能够实现单机操作系统的功能，还具备管理网络中的共享资源、实现多用户通信以及方便用户使用网络等功能；它是用于网络管理的核心软件。因而，网络操作系统是使网络上的各计算机能方便而有效地共享网络资源，为用户提供所需的各种网络服务的软件和有关规程的集合。网络操作系统和本地操作系统这两个概念的区别比较模糊。例如，Windows 7 如果提供网络服务，它就可以说成是网络操作系统（NOS）；如果不提供网络服务，它就可以说成是本地操作系统。可以这样理解，NOS 是 OS 的网络表现形式，是 OS 的扩展模式。当然，OS 变成 NOS 必须具备先天条件，即本身是否具备提供网络服务的能力。

目前流行的主要网络操作系统都支持构架局域网、内联网和因特网等网络。

本章先讲述网络操作系统的概念、分类和组成，必要时指出其不同技术之间的重要差别；然后分别介绍目前的主流网络操作系统——Windows Server 2016 和 Linux，以及客户端操作系统——Windows 10、Linux 桌面版和 Mac OS X。

第一节　网络操作系统的概念

操作系统（Operating System，OS）是管理和控制计算机硬件与软件资源的计算机程序，是直接运行在"裸机"上的最基本的系统软件，任何其他软件都必须在操作系统的支持下才能运行。在 20 世纪 90 年代初期，操作系统的功能还非常简单，只能提供基本的数据通信和资源共享服务。随着操作系统的迅速发展，到 90 年代中期，其功能已相当丰富，性能也有大幅度提高，因而对环境的要求也有所提高。

在局域网中，服务器是网络的核心，而网络操作系统（NOS）则是服务器的灵魂。所有应用程序都架构在操作系统之上，丰富的网络服务只有通过 NOS 才可能得以实现。局域网操作系统是指：在局域网低层所提供的数据传输能力的基础上，为高层网络用户提供共享资源管理和其他网络服务功能的局域网系统软件。

学习目标

▶ 了解网络操作系统的演变过程和基本的服务功能；
▶ 熟悉网络操作系统的类型与组成；
▶ 掌握 Windows 网络操作系统的基本概念。

关键知识点

▶ 操作系统是用户与计算机硬件系统之间的接口，在计算机上配置 NOS 的主要目的是管理系统中的资源以方便用户使用网络通信。

操作系统简介

操作系统是用户和计算机的接口，同时也是计算机硬件和其他软件的接口。操作系统的功能包括管理计算机系统的硬件、软件及数据资源，控制程序运行，改善人机界面，为其他应用软件提供支持，让计算机系统所有资源最大限度地发挥作用，提供各种形式的用户界面，使用户有一个好的工作环境，为其他软件的开发提供必要的服务和相应的接口等。实际上，用户是不用接触操作系统的，操作系统管理着计算机硬件资源，同时按照应用程序的资源请求来分配资源（如：划分 CPU 时间，内存空间的开辟，调用打印机等）。

操作系统的发展及类型

从 1946 年诞生第一台电子计算机以来，计算机硬件在发展的同时，也加速了操作系统的形成和发展。最初的计算机并没有操作系统，人们通过各种操作按钮来控制计算机，后来出现了汇编语言，操作人员通过有孔的纸带将程序输入电脑进行编译。为了解决不利于设备、程序共用的问题，就出现了操作系统。

随着计算技术和大规模集成电路的发展，微型计算机迅速发展起来。从 20 世纪 70 年代中期开始出现了计算机操作系统。1976 年，美国 Digital Research 软件公司研制出 8 位的 CP/M 操作系统。这个系统允许用户通过控制台的键盘对系统进行控制和管理，其主要功能是对文件信息进行管理，以实现硬盘文件或其他设备文件的自动存取。此后出现的一些 8 位操作系统多采用 CP/M 结构。计算机操作系统的发展主要经历了以下两个阶段：

第一个阶段为单用户、单任务的操作系统，继 CP/M 操作系统之后，还出现了 C-DOS、M-DOS、TRS-DOS、S-DOS 和 MS-DOS 等磁盘操作系统。单机操作系统只能为本地用户使用本机资源提供服务，不能满足开放网络环境的要求。对于联网的计算机系统，它们不仅要为本地用户使用本地资源和网络资源提供服务，还要为远程网络用户使用网络资源提供服务。NOS 的基本任务就是为用户提供各种基本的网络服务功能，完成对网络共享系统资源的管理，并提供网络系统的安全性服务。

第二个阶段是多用户、多任务和分时的网络操作系统（NOS），其典型代表有 UNIX、XENIX、OS/2 以及 Windows 操作系统。分时的多用户、多任务、树形结构的文件系统以及重定向和管道是 UNIX 的三大特点。NOS 可以分为两类：面向任务型 NOS 和通用型 NOS。面向任务型 NOS 是指为满足某一种特殊网络应用要求而设计的 NOS；通用型 NOS 能提供基本的网络服务功能，以支持各个领域应用的需求。通用型 NOS 又可以分为变形级系统和基础级系统两类。变形级系统是以原单机操作系统为基础，通过增加网络服务功能而构成的网络操作系统；基础级系统则是以计算机裸机的硬件为基础，根据网络服务的特殊要求，直接利用计算机硬件和少量软件资源进行设计的网络操作系统。

纵观几十年来的发展，NOS 经历了从对等结构向非对等结构演变的过程，如图 7.1 所示。

对等结构网络操作系统

对等结构 NOS 的特点是：联网结点地位平等；每个网络结点上安装的 NOS 软件均相同；联网计算机的资源原则上均可相互共享。各联网计算机均以前后台方式工作，前台为本地用户提供服务，后台为其他结点的网络用户提供服务。对等结构 NOS 可以提供共享硬盘、共享打印机、共享 CPU、共享屏幕、电子邮件等服务。

对等结构 NOS 的优点是结构简单，网络中任意两个结点间均可直接通信；其缺点是每台联网计算机既是服务器又是工作站，结点要承担较重的通信管理、网络资源管理和网络服务管理等工作。对于早期资源较少、处理能力有限的微型计算机而言，要同时承担多项管理任务，势必降低性能指标。因此，对等结构 NOS 所支持的网络系统一般规模均较小。

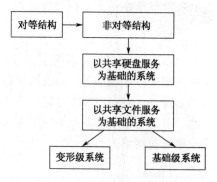

图 7.1　操作系统的发展演变

非对等结构网络操作系统

非对等结构 NOS 的设计思想，是将结点计算机分为网络服务器（Server）和网络工作站（Work Station，WS）两类。网络服务器采用高配置、高性能计算机，以集中方式管理局域网的共享资源，为网络工作站提供服务；网络工作站一般为配置较低的 PC，用于为本地用户访问本地资源和网络资源提供服务。

非对等结构 NOS 的软件也分为两部分：一部分运行在服务器上；另一部分运行在工作站上。安装并运行在服务器上的软件，是 NOS 的核心部分，其性能直接决定网络服务功能的强弱。

早期的非对等结构 NOS 以共享硬盘服务器为基础，向网络工作站用户提供共享硬盘、共享打印机、电子邮件、通信等基本服务功能。这种系统效率低、安全性差，使用也不方便。为了克服这些缺点，提出了基于文件服务器的 NOS 设计思想。

基于文件服务器的 NOS 软件由文件服务器软件和工作站软件两部分组成。文件服务器具有分时系统文件管理的全部功能，向网络用户提供完善的数据、文件和目录服务。

初期开发的基于文件服务器的 NOS 属于变形级系统，其典型实例是 3+网操作系统。由于对硬盘的存取控制通过 BIOS 进行，因此当服务器进行大量读/写操作时会造成网络性能的下降。

后期开发的 NOS 均属于基础级系统，它们具有优越的网络性能，能提供很强的网络服务功能，所以大多数 NOS 都采用这种方式。目前，典型的 NOS 主要有 Windows、UNIX 和 Linux 三种类型。

1. Windows

对于 Windows 操作系统相信用过计算机的人都不会陌生，这是全球最大的软件开发商 Microsoft（微软）公司开发的。在局域网配置中，Windows 操作系统配置是最常见的；但由于它对服务器硬件的要求较高，且性能稳定性不是很高，所以微软的网络操作系统一般只用于中低档服务器。在局域网中，微软的网络操作系统主要有：Windows Server 2003/ 2008/2012，以及较新的 Windows Server 2016；工作站系统可以采用任何一个 Windows 或非 Windows 操作系统，包括个人操作系统，如 Windows 7/10 等。其中，Windows Server 2016 是微软官方新推出的服务器操作系统，它在整体的设计风格与功能上更加接近 Windows 10。

2. UNIX

目前常用的 UNIX 系统主要有 UNIX SU R4.0、HP-UX 11.0，SUN 的 Solaris 8.0 等，它们支持网络文件系统服务，提供数据等应用，功能强大。这种网络操作系统的稳定性能和安全性能均非常好，但它们多数是以命令方式进行操作的，不容易掌握，特别是对于初级用户。正因如此，小型局域网基本上不使用 UNIX 作为网络操作系统，UNIX 一般用于大型网站或大型企事业单位的网络。

3. Linux

Linux 是一种新型的网络操作系统，它的最大特点是源代码开放，可以免费得到许多应用程序。目前已有中文版本的 Linux，在国内也得到了充分的肯定。它在安全性和稳定性方面与 UNIX 有许多类似之处，目前这类操作系统主要应用于中、高档服务器，常用的版本有 RHEL 6.x 和 7.x，Ubuntu 10 以上版本较新。

Linux 的另一个常用发行版是社区企业操作系统（Community Enterprise Operating System，CentOS）。它由来自于 Red Hat Enterprise Linux 依照开放源代码规定释出的源代码所编译而成，相对于其他 Linux 发行版，其稳定性值得信赖。由于出自同样的源代码，因此有些要求高度稳定性的服务器以 CentOS 替代商业版的 Red Hat Enterprise Linux 使用。CentOS 在 2014 初被宣布加入 Red Hat。

以上几种网络操作系统完全可以实现互联，也就是说，在一个局域网中可以同时存在以上几种类型的网络操作系统。

目前，已经进入适应大型机与嵌入式系统使用的多样化的操作系统时期。在服务器方面，Linux、UNIX 和 Windows Server 占据了市场的大部分份额。

NOS 的功能与特性

操作系统的功能可以从不同的角度来理解，例如可以从资源管理的角度或者从方便用户（人机交互）的角度来理解：

- ▶ 进程管理——进程控制、进程通信、状态转换、资源分配和作业调度等；
- ▶ 存储管理——存储分配和回收，存储保护、地址映射和主存扩充；
- ▶ 设备管理——输入输出设备的分配、启动、完成和回收；
- ▶ 文件管理——文件存储空间管理、目录管理、文件的读写管理和存取控制；
- ▶ 作业管理——任务管理、界面管理、人机交互、图形界面、语音控制和虚拟现实等。

为实现操作系统的功能，需要在操作系统中建立各种进程，编制不同的功能模块，按层次结构将功能模块有机地组织起来，以完成处理器管理、存储系统管理、文件系统管理、设备管理和作业控制等功能。

网络操作系统（NOS）是向连入网络的一组计算机用户提供各种服务的一种操作系统。作为操作系统，NOS 应提供单机操作系统的各项功能，其中包括进程管理、存储管理、文件系统管理和设备管理。除此之外，NOS 还具备以下主要功能：

（1）网络通信。网络通信的任务是为通信双方提供无差错、透明的数据传输服务，主要包括：建立和拆除通信链路，对传输中的分组进行路由选择和流量控制，传输数据的差错检测和纠正等。这些功能通常由数据链路层、网络层和传输层的硬件和相应的网络软件共同完成。

（2）共享资源管理。NOS 采用有效方法统一管理网络中的共享资源（硬件和软件），协调各用户对共享资源的使用，使用户在访问远程共享资源时能像访问本地资源一样方便。

（3）网络管理。网络管理最基本的一项内容是安全管理，主要反映在通过"存取控制"来确保数据的安全性，通过"容错技术"来保证系统发生故障时数据的安全性。此外，还包括对网络设备故障进行检测，对使用情况进行统计，以及为提高网络性能和记账而提供必要的信息。

（4）网络服务。网络服务是指直接面向用户提供的服务，包括文件服务、信息服务、共享打印服务、分布式服务，以及数据库服务和共享硬件服务等。

- ▶ 文件服务——局域网操作系统的最重要、最基本的网络服务功能。文件服务器以集中方式管理共享文件，为网络工作站提供完整的数据、文件、目录服务。用户可以根据所规定的权限对文件进行建立、打开、关闭、删除、读写等操作。

- ▶ 信息服务——局域网既可以采取存储转发方式或对等的点到点通信方式向用户提供电子邮件服务，也可以向用户提供文本文件、二进制数据文件的传输服务，以及图像、视频、语音等数据的同步传输服务。

- ▶ 共享打印服务——局域网操作系统所提供的又一种基本网络服务功能。共享打印服务可以通过设置专门的打印服务器来实现，而打印服务器也可由文件服务器或工作站兼任。局域网中可以设置一台或多台共享打印机，向网络用户提供远程共享打印服务。打印服务可实现对用户打印请求的接收、打印格式的说明、打印机的配置、打印队列的管理等功能。

- ▶ 分布式服务——将不同地理位置的互联局域网中的资源组织在一个全局性、可复制的分布式数据库中，而网络中的多个服务器均有该数据库的副本。用户在一个工作站上注册，便可与多个服务器连接。服务器资源的存放位置对于用户来说是透明的，用户可以通过简单的操作访问大型互联局域网中的所有资源。

（5）互操作。互操作是指把若干相同或不相同的设备和网络互联起来，用户可以透明地访问每个服务点、主机，以实现更大范围的用户通信和资源共享。

（6）提供网络接口。提供网络接口是指向用户提供一组方便、有效、统一的获取网络服务的接口，以改善用户界面，如命令接口、选单和窗口等。

NOS 与 OS 的不同之处在于它们所提供的服务。一般而言，NOS 侧重于将与网络活动相关的特性加以优化，即通过网络来管理诸如共享数据文件、软件应用和外部设备之类的资源等；OS 则侧重于优化用户与系统之间的接口，以及在其上面运行的应用程序。

NOS 的基本构成

一种开放式的网络操作系统必须符合国际公认的标准。根据目前操作系统的发展，NOS 在 OSI 模型中的大致分布如图 7.2 所示。

从分层的角度看，NOS 由网络驱动程序、网络协议软件和应用程序接口软件三大部分组成。NOS 通过网络驱动程序与网络硬件（分布在物理层和数据链路层）通信，驱动网络运行。在局域网中，网络驱动程序介于网络接口板（即网卡）与网络协议软件之间，起着中间联系体的作用。网络协议软件是指在整个网络范围内传输数据单元所必需的通信协议软件。应用程序接口软件与网络协议软件之间的通信，支持 NOS 实现高层服务。

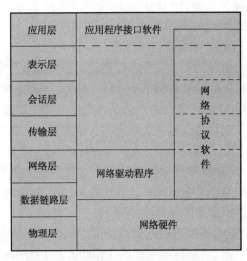

图 7.2　NOS 在 OSI 模型中的大致分布

网络驱动程序

网络驱动程序涉及 OSI 的第 2 层和第 3 层，是网卡和高层协议间的桥梁或接口。网络驱动程序把网卡对来自和发往高层的数据包所使用的方法进行了屏蔽，使高层不必了解收发操作的复杂性；而网络驱动程序本身必须对网卡的操作有详细的了解，如网卡上的各种控制寄存器和状态寄存器，DMA 和 I/O 端口等。符合 LAN 标准的网卡，尽管厂家不同，但因为是按照同一标准生产的，所以必定能够通过 LAN 进行通信。例如，中断请求 IRQ、DMA 和 I/O 端口尽管有不同的分配方式，但不会影响通信。由于对标准的具体实现不同，网络驱动程序也就不同。正因为这样，网络集成商对其所使用的网卡必须选择相应的驱动程序，并将所用的网络驱动程序同 NOS 集成在一起。

网络协议软件

网络协议软件主要涉及 OSI 模型的第 3 层、第 4 层和第 5 层。第 3 层（网络层）建立在数据链路层提供的点到点连接上。网络层的主要任务是如何对通信量进行路由选择，并提供拥塞和流量控制。网络层的一项重要服务是提供统一的网络寻址方法。

传输层（又称运输层）可对网络层提供的服务进行提升，以确保可靠的数据交付。该层依靠其校验机制，保证了端到端的数据完整性。所以，如果低层服务质量不能满足用户要求，传输层就可以弥补。在这种意义下，传输层具有缓冲作用。

会话层提供有序的会话服务，如可对会话提供会话控制、权标管理和活动管理。会话控制是指对使用全双工方式还是半双工方式进行控制。有些协议，一次只允许会话一方进行关键操作。因此，必须提供一种机制，用以防止双方同时进行这种操作，这就需要控制。实现这种控制的一种方法称为权标，持有权标的一方可进行此操作。确定哪一方保持权标以及权标在双方间如何交接，称为权标管理。

为了说明活动管理的概念，不妨举一个极端的例子。如果一个人在两台机器之间进行文件传输，但网络每 30 min 出现一次故障，那么这种文件传输任务永远不能完成。其原因是：一旦网络出现故障，就得放弃传输，且必须重新启动。要避免这一问题的出现，可将整个文件传输作为一个活动，并将校验点插入数据流中。如果网络出现故障，可同步到前一个校验点，文件传输不必重新从头开始，因而即使每 30 min 出现一次故障，也可将文件传输完。这种操作便称为活动管理。

应用程序接口（API）软件

应用层提供多种应用协议和服务，其中应用服务与应用程序之间的接口软件用于完成本地操作与网络环境的联系。这类软件也属于 NOS。

Windows 操作系统基本概念

目前在局域网中，常用的操作系统主要有 Windows 7/10，网络操作系统主要为 Windows Server 2008/2012/2016。下面简要介绍它们共有的一些基本概念。

工作组

Windows 有工作组（Work Group）和域（Domain）两种网络环境，默认为工作组网络环境。工作组是指一种将资源、管理和安全性都分布在整个网络里的网络方案，也就是说，将不同的计算机按功能分别列入不同的工作组，以方便管理。工作组网络也称为"对等式"网络，因为工作组网络中的所有计算机之间是一种平等关系，没有从属之分，也没有主次之分。工作组中的每一台计算机都有自己的"本机安全账户数据库"，称为 SAM 数据库。

在一个网络内，可能有成百上千台计算机，如果这些计算机不进行分组，都列在"网上邻居"内，可想而知会有多么乱。为了解决这一问题，Windows 9x/NT/2000 开始引入"工作组"这个概念，将不同的计算机按功能分别列入不同的组中，如财务处的计算机都列入"财务处"工作组中，人事处的计算机都列入"人事处"工作组中。若要访问某个部门的资源，就在"网上邻居"里找到那个部门的工作组名，双击它就可以看到那个部门的计算机了。在安装非家庭版本的 Windows 操作系统时，工作组名一般默认为"workgroup"，用户可以根据需要更改工作组名称。

可见，工作组网络方式的优点是：对少量较集中的工作站很方便，且工作组中的所有计算机之间是一种平等关系，管理维护方便，实现简单。其缺点是：不适合对工作站较多的网络的管理，无集中式的账号管理、资源管理、安全性策略，从而可能使得网络效率降低、管理混乱，网络资源的安全性难以保证。

Windows 域

域也称为域模型，是指一个有安全边界的计算机集合，是一种网络管理和安全策略集中的网络方案。一个域可以包含一个或多个服务器和工作站，而一个网络又可以由多个域组成。"域"是一个相对严格的组织，是指服务器可以控制网络上的计算机能否加入的计算机组合。在两个独立的域中，一个域中的用户无法访问另一个域中的资源。

域环境与工作组环境最大的不同在于，域内所有的计算机共享一个集中式的目录数据库（又称为活动目录数据库），它包含着整个域内的对象（用户账户、计算机账户、打印机、共享文件等）和安全信息等。而活动目录负责目录数据库的添加、更新和删除。

在"域"结构的网络中，计算机身份是一种不平等的关系，存在着域控制器（Domain Controller，DC）、成员服务器、独立服务器、域中的客户端 4 种类型。其中，域控制器中包含这个域的账户、密码、属于这个域的计算机等信息构成的数据库，负责每一台连入网络的计算机和用户的验证工作，相当于一个单位的门卫。当计算机连入网络时，域控制器首先要鉴别这台计算机是否属于这个域，用户使用的登录账号是否存在、密码是否正确。如果以上信息不正确，域控制器就拒绝这个用户从这台计算机登录。不能登录，用户就不能访问服务器上有权限保护的资源，只能以对等网络用户的方式访问 Windows 共享的资源，这样就在一定程度上保护了网络上的信息资源。

1. 域的组成

一个域由以下服务器和工作站组成：

► 主域控制器（PDC）。PDC 必须是一台运行 Windows Server 2008/20012/2016 的服务器，负责审核登录者的身份。域中所有用户账号、组以及安全设置等数据都保存在"主域控制器"的目录数据库中。注意，一个域中只能有一个 PDC。

► 备份域控制器。备份域控制器用于保存域账户数据的副本。所以，所有的备份域控制器和主域控制器均可处理来自域中用户账户的登录请求。

主域控制器会定期将其中目录数据库复制一份到备份域控制器中。域内一般最少有一台备份域控制器。对于大型网络，则需要多台域控制器。这样做的优点，一是可以分担审核登录者身份的负荷，二是可以增加系统的可靠性。

2. 域模型

域模型包括：

► 单域模型。在单域模型中，网络只有一个域。由于网络中只有一个域，不需要信任关系。

► 主域模型。网络中存在若干域，但在主域模型中，只在一个域中创建网络的所有用户，而所有的域信任这个域。可以认为主域是一个账户域，主要作用是管理网络的用户账户。

► 多主域模型。在多主域模型中，有小数目的主域。主域作为账户域，所有网络账户建立在其中一个主域上。每个主域信任所有其他的主域。

► 完全信任模型。在此模型中，网络中所有的域相互信任。

用户组

每一个登录到 Windows 服务器的用户，都必须有一个账号，称为用户账号。用户账号包含用户名、密码、用户说明和用户权限等信息。

在整个网络中，访问网络的每个用户的权限可能不同，而把具有相同权限的用户归结在一起，统一授权，就形成了用户组。用户组可分为全局组、本地组和特殊组。

► 全局组——可以通行所有域的组，组内的成员可以到其他的域登录。全局组只能包含所属域的用户，不能包含其他域内的用户或组。

► 本地组——可以包含本域中的用户、本域中的全局组用户、受托域的用户账号、受托域的全局账号、本地计算机的用户账号。

► 特殊组——在系统安装完毕后自动建立的几个组，包括 INTERACTIVE 组（任何在本机登录的用户）、NETWORK 组（任何通过网络连接的用户）、SYSTEM 组（操作系统本身）、CREATOR OWNER 组（目录、文件及打印工作的管理者/所有者）、EVERYONE 组（任何使用计算机的人员）。

例如，在 Windows Server 2016 中有几个常见的用户组，其中包括 Administrators、guests、Remote Desktop Users、Network Configuration Operators 和 Users 等，默认新建立的用户属于 Users 组。其中 Administrators 组的用户具有与 administrator 相同的权限。

用户账号

用户账号是指将用户定义到某一系统的所有信息组成的记录，包括用户名和用户登录所需的密码，以及用户使用计算机和网络并访问其资源的权利和权限。也就是说，使用网络必须在网络的某个域中有用户账号。用户账号保存用户的信息，包括用户名、密码，以及用户权利和访问权限。用户账号分两类：全局账号和本地账号。例如，Windows NT Server 系统会自动建立两个账号：administrator 和 guest。其中：administrator 是管理整个域的账号，不能删除，但可以改名，称为系统管理员；guest 是供临时用户使用的，可以改名，也可以删除。

支持的网络协议

目前，Windows 网络操作系统能够支持常见的所有网络协议，主要包括 NetBEUI 协议、IPX/SPX、TCP/IP、DHCP 和 WINS 等。

活动目录

提起"活动目录"这一术语，很容易想到 DOS 下的"目录"、"路径"和 Windows 9X/ME 下的"文件夹"。那里的"目录"或"文件夹"仅代表一个文件在磁盘上存储的位置和层次关系。一个文件在生成之后，这个文件所在的目录也就固定了（当然可以删除、转移等，现在不考虑这些），也就是说它的属性也就相对固定了，是静态的。这个目录所能代表的只是这个目录下所有文件的存放位置和所有文件总的大小，并不能得出其他有关信息。这样就会影响目录的使用效率，也就会影响系统的整体效率，使系统的整个管理变得复杂。因为没有相互关联，所以在不同应用程序中同一对象要进行多次配置，管理起来也很复杂。为了改变这种效率低下的状况，加强与因特网（Internet）上有关协议的关联，Microsoft 公司自 Windows 2000 开始放弃了 Windows NT 的域管理方式，引入了"活动目录"的概念。

活动目录是一种目录服务，它存储有关网络对象（如用户、组、计算机、共享资源、打印机和联系人等）的信息，并将结构化数据存储作为目录信息逻辑和分层组织的基础，使管理员可以比较方便地查找和使用这些网络信息。活动目录涉及目录及与目录相关的服务两个方面：

▶ 目录——存储有关网络上的各种对象信息的树状层次结构，如用户、计算机、文件和打印机等资源。若从静态的角度理解活动目录，与 DOS 系统的"目录"和"文件夹"没有本质区别，仅仅是一个对象，是一个实体。

▶ 目录服务——提供目录数据存储及网络用户、系统管理员访问目录数据的方法，是使目录中所有信息和资源发挥作用的一种服务。活动目录是一个分布式的目录服务，信息可以分散在多台不同的计算机上，以保证用户能够快速地进行访问。

活动目录涉及许多名词或术语，下面简要介绍其含义。

（1）名字空间。从本质上讲，活动目录就是一个名字空间，可以把名字空间理解为任何给定名字的解析边界，而这个边界则是指这个名字所能提供或关联、映射的所有信息范围。通俗地说，名字空间是指在服务器上通过查找一个对象可以查到的所有关联信息的总和。例如一个用户，如果在服务器已给这个用户定义了用户名、用户密码、工作单位、联系电话、家庭住址等，那上面所说的总和在广义上的理解就是"用户"这个名字的名字空间，因为只需输入用户名即可找到上面所列的一切信息。名字解析是指把一个名字翻译成该名字所代表的对象或者信息的处理过程。

（2）对象。对象是活动目录中的信息实体，也就是通常所说的"属性"，但它是一组属性的集合，往往代表了有形的实体，如用户账户、文件名等。对象通过属性描述它的基本特征。

例如，一个用户账号的属性中可能包括用户姓名、电话号码、电子邮件地址和家庭住址等。

（3）容器。容器是活动目录名字空间的一部分，与目录对象一样，它也有属性。但与目录对象不同的是，它不代表有形的实体，而是代表存放对象的空间。因为它仅代表存放一个对象的空间，所以它比名字空间小。例如一个用户，它是一个对象，但这个对象的容器就仅限于从这个对象本身所能提供的信息空间，如它仅能提供用户名、用户密码；而其他的信息，如工作单位、联系电话、家庭住址等则不属于这个对象的容器范围。

（4）目录树。在任何一个名字空间中，目录树是指由容器和对象构成的层次结构。树的叶子、结点往往是对象，树的非叶子结点则是容器。目录树表达了对象的连接方式，也显示了从一个对象到另一个对象的路径。在活动目录中，目录树是一种基本的结构，以每一个容器作为起点，层层深入，都可以构成一棵子树。一个简单的目录可以构成一棵树，一个计算机网络或者一个域也可以构成一棵树。

（5）域。域是指网络系统的安全性边界。域为活动目录的核心单元，为容器对象。活动目录中采用 DNS 域名来对域进行标记，如 reskit.com。活动目录为每个域建立一个目录数据库的副本，这个副本只存储用于这个域的对象中。

（6）组织单元。组织单元属于一个逻辑概念。由于管理的需要可把域内的对象组织成逻辑组，如用户组、打印机组等。组织单元也是一个对象的容器，用来组织、管理一个域内的对象，但其中不能包括来自其他域的对象。组织单元可以包含各种对象，如用户账户、用户组、计算机、打印机等，甚至可以包括其他的组织单元，所以可以利用组织单元把域中的对象形成一个逻辑上的层次结构。

（7）域树。域树是指由域所组成的集合。在域树中，每个域都拥有自己的目录数据库副本来存储自己的对象。如果从根域开始，每加入一个域，则新的域就成为树中的一个子域。域树的第一个域是该域树的根（Root），域树中的域通过信任关系连接起来。域树中的域层次越深级别越低，一个 "." 代表一个层次，如域 child.Microsoft.com 就比 Microsoft.com 这个域级别低，因为它有两个层次关系，而 Microsoft.com 只有一个层次。域树中的域通过双向可传递信任关系连接在一起。因为域是安全界限，所以必须在每个域的基础上为用户指派相应的权利和权限。

（8）域林。域林是指由域树所组成的集合，由信任关系相关联，共享一个公共的目录模式、配置数据和全局目录。域林与域树最明显的区别在于，这些域树之间没有形成连续的名字空间，而域树则由一些具有连续名字空间的域组成。但域林中的所有域树仍共享同一个表结构、配置和全局目录。域林中的所有域树通过 Kerberos 信任关系建立，所以每个域树都知道 Kerberos 信任关系，不同域树可以交叉引用其他域树中的对象。域林有根域，域林的根域是域林中创建的第一个域，域林中所有域树的根域与域林的根域建立可传递的信任关系。

（9）域间信任关系。在默认情况下，一个在域 A 中的用户，其身份的有效性只限于域 A。通过在域 A 和域 B 之间建立信任关系，可使得域 A 的用户在本域登录后获得域 B 的信任。域间信任关系涉及施信域和受信域。施信域将自己对用户等对象的验证委托给受信域，而受信域对用户身份有效性验证的结果则可得到施信域的认可。域间的信任关系只影响用户身份有效性的范围。域间信任关系分为单向信任、双向信任、可传递信任和不可传递信任。

▶ 单向信任——域 A（施信域）信任域 B（受信域），但域 B 不信任域 A。

▶ 双向信任——域 A 信任域 B，域 B 也信任域 A。

▶ 可传递信任——延伸到一个域的信任关系也自动延伸到该域所信任的任何一个域。例如，域树中父子域之间的信任关系为可传递信任。

▶　不可传递信任——信任关系只限于施信域和受信域两个域，并且默认是单向信任，不能通过域之间上下传递。

（10）站点（Site）。站点是指包括活动目录域服务器的一个网络位置，通常是一个或多个通过 TCP/IP 连接的子网。站点内部的子网通过可靠、快速的网络连接。站点的划分使得管理员可以很方便地配置活动目录的复杂结构，更好地利用物理网络特性，使网络通信处于最优状态。当用户登录到网络时，活动目录客户机在同一个站点内找到活动目录域服务器，由于同一个站点内的网络通信是可靠、快速和高效的，所以对于用户来说，它可以在最短的时间内登录到网络系统。因为站点是以子网为边界的，所以活动目录在登录时很容易找到用户所在的站点，进而找到活动目录域服务器完成登录工作。

（11）域控制器。域控制器是指使用活动目录安装向导配置的 Windows Server 的计算机。活动目录安装向导的安装和配置，可为网络用户和计算机提供活动目录服务的组件以供用户选择使用。为了获得高可用性和容错能力，使用单个局域网（LAN）的小型单位可能只需要一个具有两个域控制器的域。具有多个网络位置的大公司则在每个位置都需要一个或多个域控制器，以提供高可用性和容错能力。

典型问题解析

【例 7-1】活动目录是由组织单元、域、__(1)__ 和域林构成的层次结构，安装活动目录要求分区的文件系统为 __(2)__ 。

（1）a. 超域　　　　　　b. 域树　　　　　　c. 团体　　　　　　d. 域控制器

（2）a. FAT 16　　　　　b. FAT 332　　　　　c. ext 2　　　　　　d. NTFS

【解析】Windows 的活动目录逻辑单元包括组织单元、域、域树和域林，它们构成了一种层次结构；域林由域树组成，域树又由域组成，域中的对象则按组织单元划分；组织单元负责把对象组织起来。安装活动目录要求分区的文件系统为 NTFS。参考答案：（1）选项 b；（2）选项 d。

【例 7-2】默认情况下，远程桌面用户组成员对终端服务器（　　　）。

　　a. 具有完全控制权　　　　b. 具有用户访问权和来宾访问权

　　c. 仅具有来宾访问权　　　　d. 仅具有用户访问权

【解析】默认情况下，只有系统管理员用户组和系统用户拥有访问和完全控制终端服务器的权限。远程桌面用户组的成员只具有访问权而不具备完全控制权。参考答案是选项 b。

【例 7-3】在 Windows 系统下，通过运行（　　　）命令可以打开 Windows 管理控制台。

　　a. regedit　　　　　b. cmd　　　　c. mmc　　　　d. mfc

【解析】本题的目的是让读者了解 Windows 管理控制台的操作命令，选项 a 是打开注册表，选项 b 是打开命令窗口，选项 c 是用于打开 Windows 管理控制台的命令，选项 d 是干扰项。参考答案是选项 c。

练习

1. 若在 Windows "运行"窗口中键入（　　　）命令，可以查看和修改注册表。

　　a. CMD　　　　　b. MMC　　　　　c. AUTOEXE　　　　　d. regedit

【提示】在"运行"窗口中键入 CMD 命令，可以打开 DOS 命令窗口；键入 MMC 命令，可以打开控制台窗口；键入 regedit，可以打开注册表编辑窗口，查看和修改注册表。参考答案是选项 d。

2．Windows 操作系统下可以通过安装（   ）组件来提供 FTP 服务。

    a. IIS   b. IE   c. Outlook   d. Apache

【提示】在 Windows 操作系统中，IIS 可以提供包括 WWW、FTP 等多种网络服务，IE 可以用来访问各种网络服务，Outlook 可以用来接收和发送电子邮件，Apache 可以用来架设 WWW 站点。参考答案是选项 a。

3．在 Windows 网络操作系统中，通过域模型实现网络安全管理策略。下列除 (1) 以外都是基于域的网络模型。在一个域模型中不包含 (2) 。

（1）a. 单域模型   b. 主域模型   c. 从域模型   d. 多主域模型

（2）a. 多个主域控制器 b. 多个备份域控制器 c. 多个主域   d. 多个服务器

【提示】Windows 网络操作系统具有 4 种基本域模型：单域模型、主域模型、多主域模型和完全委托域模型。因此，（1）的答案是选项 c。

在一个域内，有 3 种类型服务器，即主域控制器（PDC）、备份域控制器（BDC）和成员服务器，但每个域中只能有一台 PDC 和多台 BDC。因此，（2）的答案是选项 a。

补充练习

在教师的指导下，完成下面的实验：

    a. 安装 Windows 10 操作系统   b. 磁盘分区管理

    c. NTFS 管理   d. 硬盘分区

第二节　Windows Server 操作系统

微软（Microsoft）推出了系列网络操作系统。Windows Server 是微软在 2003 年 4 月 24 日推出的 Windows 服务器操作系统，其核心是 Microsoft Windows Server System（WSS），每个 Windows Server 都与其家用（工作站）版对应（2003 R2 除外）。Windows Server 新版本是 Windows Server 2016。在 Windows Server 2016 系统中，Microsoft 官方虽然发布了许多新的功能和特性，但在用户组策略功能上同以前的系统版本没有大的变化。

本节以 Windows Server 2016 为例介绍 Windows Server 操作系统及其基本配置。

学习目标

▶　掌握 Windows Server 2016 网络系统的配置技术；

▶　了解 Windows Server 2016 的新增功能。

关键知识点

▶　网络操作系统的配置和网络服务。

Windows Server 2016 简介

Windows Server 2016 是 Microsoft 公司推出的又一款服务器操作系统。除了继承以前版本（如 Windows Server 2008/2012）的功能强大、界面友好、使用便捷等优点外，在 Windows Server 2016 系统中，Microsoft 官方发布了许多新的功能和特性；Windows Server 2016 在用户组策略功能上没有大的变化，其整个组策略架构没有改变，系统用户和用户组策略及管理功能仍然存在。这些组策略设置权限可以在域、用户组织单位（OU）、站点或本地计算机权限层级上申请。

Windows Server 2016 的新增功能

云计算服务技术近年得到广泛应用与快速发展，虚拟化技术就是其典型代表。Windows Server 2016 为适应对虚拟化技术的需要而增添了相关功能。Windows Server 2016 全新功能或经过改进的功能包括：

- ▶ 分立设备分配（简称 DDA）：允许用户在 PC 中接入部分 PCIe 设备，并将其直接交付虚拟机使用。这项性能强化机制允许各虚拟机直接访问 PCI 设备，即绕过虚拟化堆栈。

- ▶ 主机资源保护：在这一新功能的支持下，各虚拟机将仅能使用自身被分配到的资源额度。如果某虚拟机被发现擅自占用大量资源，则其资源配额会被下调，以防止它影响其他虚拟机性能。

- ▶ 虚拟网络适配器与虚拟机内存的"热"变更：这些功能允许用户随意添加或者移除适配器（仅适用于 Gen 2 虚拟机），而无须进行关闭和重启。另外，用户也可以随意对尚未启用的动态内存进行调整（同时适用于 Gen 1 与 Gen 2 虚拟机）。

- ▶ 嵌套虚拟化：允许在子虚拟机内运行 Hyper-V，从而将其作为主机服务器使用，从而进行开发、测试与培训工作。

- ▶ 生产型虚拟机检查点：与快照功能类似，上代版本中的检查点能够为虚拟机的当前状态保存快照，从而用于开发/测试恢复。新的生产型检查点结合了 VSS，因此完全能够适应生产环境的实际要求。

- ▶ 虚拟可信平台模块（TPM）与屏蔽虚拟机：虚拟 TPM 允许大家利用微软的 BitLocker 技术进行虚拟机加密，其具体方式与使用物理 TPM 保护物理驱动器一样。屏蔽虚拟机同样利用虚拟 TPM 由 BitLocker（或者其他加密工具）实现加密。这样，虚拟机能够利用 TPM 预防恶意人员对设备的访问。

- ▶ PowerShell Direct：允许用户以远程方式管理运行在 Windows 10 或者 Windows Server 2016 之上的虚拟机。用户可经由 VMBus 利用 PowerShell 命令进行操控，而无须对主机或者虚拟机进行网络配置或者远程管理设置。

Windows Server 2016 的版本

Windows Server 2016 分为精华、标准和数据中心三个版本：

- ▶ Windows Server 2016 Datacenter（数据中心版）——适用于高度虚拟化的和软件定义的数据中心环境。

- ▶ Windows Server 2016 Standard（标准版）——适用于具有低密度或非虚拟化环境的

客户。

▶ Windows Server 2016 Essentials（精华版）——是云连接优先的服务器，适用于最多 25 个用户和 50 台设备的小型企业。对于当前在使用基础版（没有随 Windows Server 2016 提供）的客户，精华版是一个很好的选择：它几乎包含标准和数据中心版的所有功能；没有"Server Core"安装选项；其物理或虚拟主机仅限于 1 个；最多 25 个用户和 50 个设备。

Windows Server 2016 的 Datacenter 与 Standard 的主要差别如表 7.1 所示。

表 7.1　Windows Server 2016 Datacenter 与 Standard 的主要差别

功　能	Datacenter	Standard
Core functionality of Windows Server	Yes	Yes
Hyper-V container	Unlimited	2
Windows Server containers	Unlimited	Unlimited
Host Guardian Service	Yes	Yes
Nano Server installation option	Yes	Yes
Storage Spaces Direct	Yes	No
Storage Replic	Yes	No
Shielded Virtual Machines	Yes	No
Networking stack	Yes	No

Windows Server 2016 系统安装软硬件要求

在安装 Windows Server 2016 之前，应该考虑如下问题：

▶ 安装哪一个版本的 Windows Server 2016？不同版本的许可费用有所不同。

▶ 使用哪一个安装选项？"Server Core"选项和"Desktop Experience"选项对硬件的需求不一样。

▶ 该服务器需要哪些角色和功能？功能不同，对服务器要求的负载不同，需要的许可也不同。注意：需要考虑第三方应用程序的资源负载。

▶ 使用什么样的虚拟化策略？是否需要虚拟化？

下面简介适用于所有安装选项以及标准版和数据中心版的最低系统要求。如果计算机未满足"最低"要求，将无法正确安装 Windows Server 2016。

1. 处理器

处理器性能不仅取决于处理器的时钟频率，还取决于处理器内核数以及处理器缓存的大小。　Windows Server 2016 对处理器的要求如下：

▶ 1.4 GHz、64 位中央处理器；

▶ 与 x64 指令集兼容；

▶ 支持 NX 和 DEP；

▶ 支持 CMPXCHG16b、LAHF/SAHF 和 PrefetchW；

▶ 支持二级地址转换（EPT 或 NPT）。

Coreinfo 工具软件可用来确认 CPU 具有上述功能中的哪种功能。

2. RAM

Windows Server 2016 对 RAM 的最低要求如下：

▶ Server Core，512 MB；Desktop Experience，2 GB。

▶ ECC（纠错代码）类型或类似技术。

注意：如果要使用所支持的最低硬件参数（1 个处理器核心，512 MB RAM）创建一个虚拟机，然后尝试在该虚拟机上安装此版本，则安装将会失败。为避免这个问题，执行下列操作之一：

▶ 向要在其上安装此版本的虚拟机分配 800 MB 以上的 RAM。在完成安装后，可以根据实际服务器配置更改 RAM 分配，最少分配量可为 512 MB。

▶ 使用 Shift+F10 组合键中断此版本在虚拟机上的引导进程。在打开的命令提示符下，使用 Diskpart.exe 创建并格式化一个安装分区。运行 Wpeutil createpagefile /path=C:\pf.sys （假设创建的安装分区为 C:），然后关闭命令提示符并继续安装。

3. 存储控制器和磁盘空间要求

运行 Windows Server 2016 的计算机必须包括符合 PCI Express 体系结构规范的存储适配器。服务器上归类为硬盘驱动器的永久存储设备不能为 PATA。Windows Server 2016 不允许将 ATA/PATA/IDE/EIDE 用于启动驱动器、页面驱动器或数据驱动器。

系统分区对磁盘空间的最低要求为：32 GB。

注意：32 GB 应视为确保成功安装的绝对最低值。满足此最低值就应该能够以"Server Core"（服务器核心）模式安装包含 Web 服务（IIS）服务器角色的 Windows Server 2016。Server Core 模式中的服务器比带有 GUI 模式的相同服务器大 4 GB 左右。

如果通过网络安装系统，系统分区将需要额外空间；RAM 超过 16 GB 的计算机还需要为页面文件、休眠文件和转储文件分配额外磁盘空间。

4. 网络适配器要求

与 Windows Server 2016 一起使用的网络适配器应包含以下特征：

▶ 至少有 1 Gb/s 吞吐量的以太网适配器；

▶ 符合 PCI Express 体系结构规范；

▶ 支持预启动执行环境（PXE）；

▶ 支持网络调试（KDNet）的网络适配器很有用，但不是最低要求。

5. 附加的硬件和软件要求

以下软硬件只对某些特定功能是必需的：

▶ 基于 UEFI 2.3.1c 的系统和支持安全启动的固件；

▶ 受信任的平台模块；

▶ 支持超级 VGA（1024×768）或更高分辨率的图形设备和监视器；

▶ 键盘和 Microsoft® 鼠标（或其他兼容的指针设备）；

▶ 互联网访问（可能需要付费）；

▶ 受支持的客户端操作系统，如 Windows 7/8、Macintosh 操作系统 X 版本 10.5～10.8；

▶ 路由器或支持 IPv4 NAT 或 IPv6 的防火墙。

注：尽管必须安装可信平台模块（TPM）芯片才能使用某些功能（如 BitLocker 驱动器

加密），但它不是安装此版本的硬性要求。如果计算机使用 TPM，则需满足以下要求：

▶ 基于硬件的 TPM 必须实现 TPM 规范的 2.0 版。

▶ 实现 2.0 版的 TPM 必须具有符合以下条件之一的 EK 证书：① 由硬件供应商预配到 TPM；② 在首次启动期间能够由设备进行检索。

▶ 实现 2.0 版的 TPM 必须随附有 SHA 256 PCR 库。

▶ 不要求用于关闭 TPM 的 UEFI 选项。

当然，实际要求将因系统配置和所安装应用程序及功能而异。

Windows Server 2016 的安装

如果需要 Windows Server 2016 系统，比较好的方法是全新安装；但这将删除以前的操作系统，所以需要先备份原来的数据，并重新制订安装应用程序计划。

Windows Server 2016 全新安装

Windows Server 2016 的安装过程与 Windows7/10 基本相同，或者说与 Windows Server 2016 的前几个版本大同小异。主要安装步骤如下：

（1）将系统盘放进光驱并从光驱启动，或使用其他启动介质（如 U 盘）启动。在加载系统光盘时，需要按一下任意键，从光驱启动。

（2）选择安装语言（一般保持默认），并单击"Next"按钮。

（3）选择"Install now"。注意：在选择"Install now"之后，会有让你输入序列号（密钥）的选项，可以输入已经拥有的序列号，或者选择"I don't have a product key"（但后面可能无法激活）。

（4）选择需要安装的操作系统版本，并单击"Next"按钮（只需选择其中一个版本，窗口下面有版本介绍），如图 7.3 所示。可选的版本如下：

▶ Windows Server 2016 标准版；

▶ Windows Server 2016 标准版（桌面体验）；

▶ Windows Server 2016 数据中心版；

▶ Windows Server 2016 数据中心版（桌面体验）。

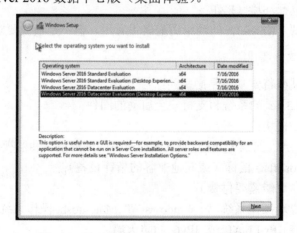

图 7.3　Windows Server 2016 版本选择窗口

　　注意：对于第一次接触 Windows 服务器系统安装的用户来说，需要清楚各选项的含义并恰当选择。如果不是专业用户，或者没有桌面就不知道怎么使用计算机，则切记要选择桌面体验（Desktop Experience）版（带桌面的图形界面）。如果选择桌面体验版，使用方法与 Windows 10 基本一致；否则，安装之后需要用命令行操作。以数据中心版（桌面体验）为例，在完成了主体安装后，在后续设置阶段只需设置管理员密码即可。

　　（5）阅读许可条款，勾选"I accept the license terms"复选框，并单击"Next"按钮。

　　（6）由于是全新安装，故选择"Custom：Install Windows only（advanced）"，如图 7.4 所示。

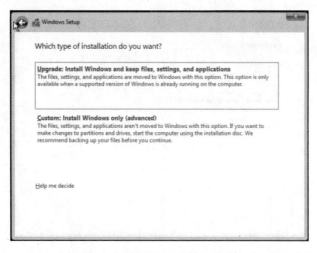

图 7.4　升级或全新安装选择窗口

　　（7）安装系统会列出服务器上所有磁盘或分区，窗口下方给出若干选项（如图 7.5 所示）：Refresh 表示刷新分区；Load driver 表示添加外部存储硬盘驱动器，如 CD-ROM or USB drive；Delete 表示从硬盘中删除一个现有的分区；Extend 表示扩大现有分区；Format 表示格式化一个现有分区；New 表示在一个硬盘上创建一个新的分区。由于是全新安装，需要新建分区，故选择"New"新建分区。

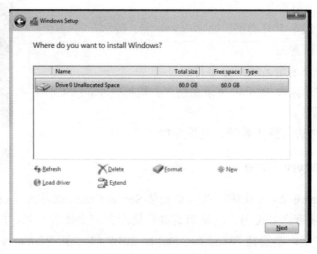

图 7.5　硬盘分区选择

（8）在"Size"框中输入所要新建分区的大小，并选择"Apply"。选择 "Apply"时，会弹出一个对话框提示要确保 Windows 的所有功能都能正常使用，Windows 会为系统文件创建额外的分区，选择"OK"，然后单击"Next"按钮。

注意：若是测试环境，可以只创建一个分区。如果是生产环境，一定要创建两个（或更多）的分区：一个用来存放操作系统，另一个用于存放数据。

（9）如果已经存在分区，可以使用"Delete"和"Format"更改分区。

（10）单击"Next"按钮后，系统提示正在安装，如图 7.6 所示。需要稍等，在安装过程中会重启几次（自动），直到系统安装完毕。

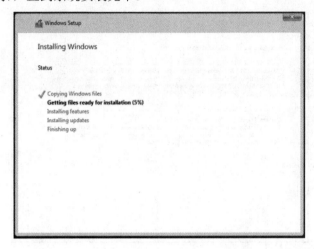

图 7.6　Windows Server 2016 系统安装状态提示

（11）Windows Server 2016 系统安装完成后，会有一个自定义设置，用以设置管理员（Administrator）密码。输入两次密码，并单击"Finish"按钮。

注意：Windows 系统对于密码复杂性是有规则的，虽然可以在组策略中禁用该规则，但出于安全考虑，还是遵守默认的规则好。在输入密码时，Windows 系统只会在复杂度不够时提示不符合要求，但并不告知规则内容。实际中，默认规则要符合以下条件：

► 长度 6 位以上；

► 包含 3 种及以上字符类型，如字母大小写、数字和符号（字母大小写算两种）；

► 不得包含用户名全名或部分字符。

（12）成功设置密码后，就可以登录系统了。根据提示，按 Ctrl + Alt + Delete 组合键解锁。

（13）输入密码，进入操作系统，其界面如图 7.7 所示。

图 7.7　系统安装完成界面

安装和配置 Server Core

安装 Windows Server 2016 系统后还需要安装 Server Core（服务器核心）。因为运行服务器使用 Server Core 选项有许多优势，包括节省硬件资源、减少硬盘空间、较少的更新、减少攻击面等。其安装方法是：当安装 Windows Server 2016 时，在 Windows 安装向导上，选择"Select The Operating System You Want To Install"页面，其他与桌面体验版的安装一样。

注意：在 Windows Server 2016 中，不能在安装操作系统后添加或删除 GUI 元素。此外，也没有最小服务器界面选项。

Server Core 配置步骤如下：

（1）Network configuring：在 CMD 窗口输入"powershell"调用 PowerShell 会话。

（2）通过使用 Get-NetAdapter 命令查看接口索引（Interface Index，简称 ifIndex），如图 7.8 所示。

图 7.8　用 Get-NetAdapter 命令查看接口索引

（3）使用 New-NetIPAddress 配置 IP 地址。

▶ InterfaceIndex：确认这个计算机要配置的网络适配器，以及使用 Get-NetAdapter 命令显示的索引号。

▶ ipaddress：指定要分配给这个网络适配器的 IP 地址。

▶ prefixlength：指定这个网络适配器的子网掩码值。这个数指定了网络中的 IP 地址的数量，例如 prefixlength 值是 24，表示子网掩码值是 255.255.255.0。

▶ defaultgateway：指定这个 IP 地址用于计算机访问其他网络的本地路由地址。

（4）使用 Set-DnsClientServerAddress 配置 DNS 地址。"ServerAddress"指定要分配给这个网络适配器的 DNS 服务器地址。如果有两个，则使用","隔开。

（5）使用 Add-Computer 对计算机重命名，并加入域。在弹出的窗口中，输入有相关权限的用户名和密码。

▶ Domainname：指定想要将计算机加入域的域名。

▶ Newname（Options）：指定一个新的计算机名。

▶ credential：指定拥有加入域权限的用户账户。

加入域后，可以使用 shutdown 命令重启计算机：shutdown /r。

（6）使用 Remote-Computer 命令退域。在弹出的窗口中，输入有相关权限的用户名密码，然后选择"OK"；在出现"Do you wish to continue？"时输入"Y"，并回车。

（7）使用 HostName.exe 命令查看计算机名；然后使用 HostName.exe 命令重命名计算机，并在出现"Do you want to proceed？"时输入"Y"，然后回车。

（8）Windows 远程 PowerShell 会话管理。在 Windows Server 2016 中，Windows 远程管理（WinRM）服务是默认开启的，所以可以使用 New-PsSession 命令创建一个远程 PowerShell 会话。一旦创建会话后，就能使用 Enter-PsSession 命令进行连接，指定刚才所创建的会话 ID。要结束远程会话并回到本地 PowerShell，可运行 Exit-PsSession 命令或输入"exit"；要终止这个会话，可运行 Disconnect-PsSession 命令。

（9）其他一些常规配置，可以使用 sconfig 命令打开 Server Configuration 窗口进行配置。

安装和配置 Nano Server

在 Windows Server 2016 中，微软发布了一个新的安装选项——Nano Server。Nano Server 具有一个已更新的模块，用于构建 Nano Server 映像，包括物理主机和来宾虚拟机功能的更大分离度，以及对不同 Windows Server 版本的支持。恢复控制台也有改进，其中包括入站和出站防火墙规则分离以及 WinRM 配置修复功能。Nano Server 没有本地用户界面和 32 位的应用程序支持库，也没有对远程桌面的支持，只有最基本的配置控制。为了管理系统，需要使用远程 PowerShell 连接。其管理工具包括 PowerShell、MM、Server Manager 和 System Center。Nano Server 的优势在于：

▶　极小的占用空间；

▶　启动快（仅需几秒），明显比 Windows Server 或 Server Core 速度快；

▶　更少的更新；

▶　更小的攻击面；

▶　减少了关机时间；

▶　更少的开放端口。

1. 安装 Nano Server

（1）将 Windows Server 2016 系统盘放入光驱，或使用虚拟光驱加载系统 ISO 镜像，在 D:\NanoServer\NanoServerImageGenerator 目录下，其中"D："是用户光驱或虚拟光驱的盘符。复制 3 个 PowerShell 脚本文件到 C:\Nano 目录下（注意：这个目录需要用户自己创建，用于存放 Nano Server VHD 文件）。

（2）以管理员身份运行 PowerShell，并输入 Import-module "C:\Nano\NanoServerImage Generator.psm1"（此处的 C:\Nano 目录就是刚刚复制文件的目录，NanoServerImage Generator.psm1 就是刚刚复制的 3 个文件中的一个）。如果出现"此系统上禁止运行脚本"的错误信息，可使用 Set-ExecutionPolicy 命令选择合适的 PowerShell 脚本策略。

（3）通过添加其他参数自定义 Nano Server，如：

▶　ComputerName——分配给这个 Nano Server 的计算机名；

▶　InterfaceNameOrIndex——网络适配器的名称或索引号；

▶　Ipv4Address——IPv4 的地址；

▶　Ipv4SubnetMask——IPv4 的子网掩码；

▶　Ipv4Gateway——IPv4 的默认网关；

▶　Ipv4Dns——IPv4 的 DNS。

（4）创建虚拟机。在连接虚拟硬盘页面选择"使用现有虚拟硬盘"，并通过"浏览"来选择之前所创建的 Nano Server 的虚拟磁盘。

（5）打开虚拟机，使用管理员（Administrator）账号和密码登录系统。

2. 配置 Nano Server

进入系统后，可以对系统进行一些简单的配置，如：

▶　Networking——配置网络；

▶　Inbound Firewall Rules——防火墙的入站规则；

▶ Outbound Firewall Rules——防火墙的出站规则。

重启和关机

非管理员账户无法重启和关机，因为对于服务器来说最好永远开机，不能人人都可以关机。即便是管理员，要想重启和关机也得有明确理由才行。选择"重启"或"关机"后，系统会给出为什么要关机的选项（非管理员账户选择电源图标后会弹出空白）。选择理由之后点击"继续"才可以重启或关机，但关机行为已记录在案。这个功能可以帮助服务器管理员判断非正常关机等意外情况，最好不要在组策略下关机。

练习

1. Windows Server 2016 有哪几个版本？各个版本的特点是什么？
2. Windows Server 2016 只能安装在什么文件系统的分区中？
3. 安装 Windows Server 2016 时，内存不能低于（　　），硬盘的可用空间不能低于（　　）。
4. 默认情况下，远程桌面用户组（Remote Desktop Users）成员对终端服务器（　　）。
    a．具有完全控制权　　　　b．具有用户访问权和来宾访问权
    c．仅具有来宾访问权　　　d．仅具有用户访问权
【提示】本题考查 Windows 操作系统中远程桌面组用户的默认权限。默认情况下，远程桌面用户组成员具有用户访问权和来宾访问权。参考答案是选项 b。

补充练习

在教师指导下，安装 Windows Server 2012/2016 网络操作系统。

第三节　Linux 操作系统

Linux 是一种自由和开放源码的类 UNIX 操作系统。目前存在着许多不同的 Linux，但它们都使用了 Linux 内核。Linux 可安装在各种计算机硬件设备中，从手机、平板电脑、路由器和视频游戏控制台，到台式计算机、大型计算机和超级计算机。Linux 是一个技术领先的操作系统，世界上运算最快的超级计算机都使用 Linux 操作系统。严格地说，"Linux"这个词本身只表示 Linux 内核，但实际上人们已经习惯了用"Linux"来形容整个基于 Linux 内核的 Linux 操作系统。Linux 得名于计算机业余爱好者 Linus Torvalds。

Linux 是在因特网上由志愿者开发的与 UNIX 兼容的完整的操作系统，它可从许多以电子形式发布的提供者那里免费获得。Linix 的软件包中包括具有 TCP/IP 网络功能（包括 SLIP、PPP 和对 NFS 的支持）的 X Window 系统（X11R6）。在此，介绍 Red Hat Enterprise Linux 7.5 版本（RHEL 7.5）。

学习目标

▶ 了解 Linux 操作系统的基本特点和功能；

- ▶ 掌握 Linux 操作系统的常用命令及其使用方法；
- ▶ 熟悉 Linux 操作系统的网络配置。

关键知识点

- ▶ Linux 操作系统可为网络配置提供多种工具。

Linux简介

Linux操作系统诞生于 1991 年 10 月 5 日（这是第一次正式向外公布的时间）。之后借助于因特网，并经过全世界各地计算机爱好者的共同努力，现已成为世界上使用最多的一种 UNIX 类操作系统，并且使用人数还在迅猛增长。

Linux 是一种类似于 UNIX 的操作系统，是一个完全免费的操作系统；UNIX 中所有的命令它都有，且与 UNIX 十分相似。所以，人们称它为 UNIX 的"克隆"。说它是 UNIX 的"克隆"并不准确，因为它的内核代码全部是重新写的，只是符合 POSIX 1003.1 标准而已。严格地说，Linux 只是一个操作系统的内核，不能认为它是一个操作系统。用斯托曼（Stallman）的话说，"它只是一个内核，正确的叫法应为 GNU/Linux 操作系统。不同厂家发行的 Linux 操作系统只是 GNU 操作系统的某个发行版，而 Linux 是各种版本的 GNU 操作系统的内核。"也就是说，Linux 是在通用性开发许可证（General Public License，GPL）版权协议下发行的遵循 POSIX 标准的操作系统内核，其版权归属于 Linux Torvalds。通常所说的 Linux 是指 GNU/Linux 操作系统，它包含 Kernel（内核）、Utilities（系统工具）以及 Application（应用软件），而不是仅指 Linux 系统内核。

GNU/Linux 有很多发行版，即某些公司、组织或个人把 Linux 系统内核、源代码及相关的应用程序组织在一起发行。经典的 Linux 发行版有 Red Hat、Slackware、Debian 等。目前流行的 Linux 发行版都是基于这些发行版的。例如，Red Hat 的社区版本 Fedora Core，Novell 发行的 SuSE Linux，以及目前非常流行的基于 Debian 的 Ubuntu Linux 等。

由于 Linux 倡导开放和自由，所以它的发行版本非常多。Linux 的软件遍布互联网，经常需要用户自己搜索寻找、收集和下载。为了安装方便，就有些人将各种软件集合起来，与操作系统的核心一起包装在一起，作为 Linux 的发行版。其中就有目前著名的 Fedora Core/Read Hat Enterprise Linux、Ubuntu Linux、Mandriva Linux、SuSE Linux、Debin、Slackware Linux 和红旗 Linux 等。下面介绍最为常用的两个 Linux 版本。

Read Hat Enterprise Linux

Read Hat Enterprise Linux 是 Red Hat（红帽）公司发布的面向企业用户的 Linux 操作系统。Red Hat 公司创建于 1993 年，是世界上最资深的 Linux 和开放源代码提供商，同时也是最获认可的 Linux 品牌，占据 52%的 Linux 份额，是全球最大的 Linux 厂商。基于开放源代码模式，Red Hat 公司为全球企业提供专业技术和服务。2003 年 9 月原来合并在一起的 Fedora 和 Read Hat 开始分开发行，并形成以下两个分支：

（1）Fedora 社区开发的桌面版本，即开源的 Fedora Core。Fedora Core 是一个由 Red Hat 公司资助并被 Linux 社区支持的开源项目，并从此取代了 Red Hat Linux 发展系列（即 Red Hat Linux 7.3、8.0、9.0）。Fedora Core 可以说是 Red Hat 桌面版本的延续。

（2）商业版本的 Red Hat Enterprise Edition。从 2002 年起，Red Hat 公司开始提供收费的企业版（Red Hat Enterprise），它更加专业，功能更加强大，性能也更优越。现在，Red Hat 公司全面转向 Red Hat Enterprise Linux（简写为 RHEL）的开发。与以往不同，新的 RHEL 要求用户先购买许可，Red Hat 公司承诺保证软件的稳定性、安全性，并且不再提供 RHEL 的二进制代码下载，而是作为 Red Hat 服务的一部分；但依据 GNU 的规定，其源代码仍然是开放的。RHEL 从 2003 年推出开始，现在已经发行到 RHEL 7.5 版本（2018 年 4 月发布）。该版本通过功能增强，消除了基于 Linux 的系统的相关管理的复杂性（包括网络和存储设置）。此外，RHEL 7.5 还提供了基于 Windows 基础架构的新功能和集成，其中包括：

▶ 改进 Windows Server 实现的管理和通信；

▶ 使用 Microsoft Azure 的更安全的数据传输以及复杂的 Microsoft Active Directory 架构的性能改进。

Ubuntu Linux

Ubuntu（乌班图）Linux 是一个以桌面应用为主的 Linux 操作系统。Ubuntu Linux 的目标在于为一般用户提供一个主要由自由软件构建而成的最新而又相当稳定的操作系统。

安装 Linux 操作系统

安装 Linux 的方法多种多样，可以从光盘、硬盘或网络进行安装。根据 Linux 系统在计算机中的存在方式，Linux 的安装可分为单系统安装、多系统安装和虚拟机安装。

▶ 单系统安装——在计算机中仅安装 Linux 系统，无其他操作系统。

▶ 多系统安装——在同一台计算机中，除了安装 Linux 系统外还有其他操作系统，需要对计算机中硬盘空间进行合理分配，并且按照不同操作系统的需要，在硬盘上建立相应格式的分区。

▶ 虚拟机安装——在已经安装好的 Windows 系统下，通过虚拟机软件虚拟出供 Linux 安装和运行的环境。

安装前的准备

在安装之前，首先要对计算机系统的硬件性能进行初步了解，以方便在 Linux 中选择合适的位置。同时，还需要对计算机的基本设置进行一些调整，使其能正常安装 Linux 操作系统。

如果用光盘启动安装，用户必须有一张可引导光盘。一般情况下，下载的 Red Hat Enterprise Linux 安装程序是一份 ISO 文件，可以将其刻录到一张 DVD 光盘上。这张光盘就是可以引导系统进行安装的盘。在使用该光盘启动前，先要在 BIOS 中把计算机设置为光盘引导，才能从光盘进行安装。

为了避免分区而损失数据的风险，用户可以采用虚拟机安装方案。这样既能保证很好的系统兼容性，也方便学习使用。目前，虚拟机种类很多，比较流行的有 VMware 公司出品的 VMware Workstation（商业软件）、Microsoft 出品的 Virtual PC（免费软件），以及开源的 Qemu 等。这里以 VMware Workstation 14 为例进行介绍。

虚拟机安装 Red Hat Enterprise Linux

在官网下载 VMware Workstation 14 后，其安装过程与其他常用软件区别不大，只要按照安装向导说明并接受许可就可以安装。安装完成后，启动 VMware Workstation 14，其界面如图 7.9 所示。

图 7.9　VMware Workstation 14 虚拟机界面

（1）在 VMware Workstation 14 的控制台中单击"创建新的虚拟机"按钮，进入新建虚拟机向导。在弹出的对话框中，使用默认经典安装，单击"下一步"按钮，为新的虚拟机指定名字、路径和映像文件。

（2）设置虚拟机的位置和虚拟机的名称，系统会自动确定虚拟机所使用的内存及虚拟机磁盘空间大小；用户如果不满意默认值，可以在此基础上进行调整。然后单击"完成"按钮完成安装，此时界面如图 7.10 所示。

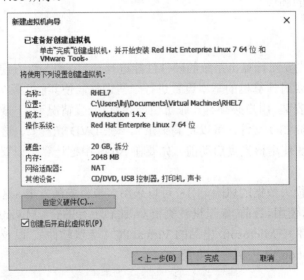

图 7.10　虚拟机完成安装界面

（3）在虚拟机中安装 Red Hat Enterprise Linux。在 VMware Workstation 14 控制台中选中"Red Hat Enterprise Linux 7 64 位"，单击"开启此虚拟机"按钮，打开该虚拟机开始安装操作系统。开始安装后，安装程序会按照之前的设置进行分区、创建文件系统等操作，如图 7.11 所示。但在此时还要为用户设置密码和创建用户，才能完成最后的设置。"root"通常为根用户，是系统中默认过滤用户，在系统中拥有至高无上的权限，因此必须为其设置一个密码。单击"USERS SETTINGS"（用户设置）下的"ROOT PASSWORD"（root 密码），在弹出的 root 密码设置界面中进行设置。至此，安装过程中的设置就完成，接下来需要等待操作系统的安装完成；视配置的不同，其安装过程可能需要 5～15 min 不等。安装进程结束后将显示完成界面，然后单击"重启"按钮重新启动系统，安装过程就完成了。

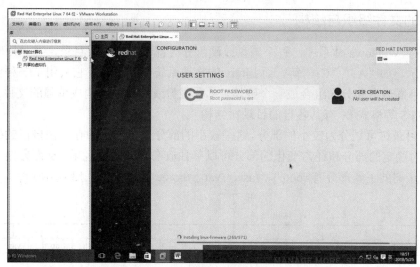

图 7.11　安装 Red Hat Enterprise Linux 的界面

Linux 的登录域注销

Linux 系统的登录方式有多种，常见的登录方式有本地登录和远程登录。远程登录设置起来比较麻烦，可以使用一些远程登录软件，如 putty。本地登录分为两种情况，一种是图形界面登录，二是字符界面登录（字符界面也称为命令提示符）。

当系统没有安装图形界面而需要在字符界面登录时，可直接输入用户名（如"rhel7"）并按 Enter 键，然后输入密码（如"rhel2018"，注意输入密码时屏幕上无任何显示），再次按 Enter 键即可登录，如图 7.12 所示。

图 7.12　Linux 系统的字符界面登录

在文本模式下，可在命令提示符后使用 logout 命令实现注销；使用 reboot 或 shutdown –r now 命令进行重启；使用 shutdown –h now 命令实现关机操作。

注意："$" 表示当前登录用户是普通用户；"#" 表示当前登录的用户是管理员（根用户）。可以使用 su root 命令切换到根用户，提示符就会变为 "#"。

Linux 文件系统与目录管理

Linux 虽然简洁，但它仍是一个高效、可靠且功能复杂的现代操作系统。作为一种实用的操作系统，它在实现技术上更为精巧和灵活。

Linux 的文件组织与结构

在 DOS、Windows 体系中，每个磁盘或硬盘分区都有独立的根目录，并且用唯一的驱动器标识符表示，如 "A："" C："等。而 Linux 的文件系统则不一样，它采用了一种虚拟文件系统技术，使不同磁盘和分区组合成一个整体。单个磁盘或硬盘分区构成单独的文件系统（可以是 FAT、NTFS 等格式），有其各自的目录树结构。

完整的目录树可划分为较小的部分，这些较小的部分又可以单独存放在自己的磁盘或分区上。这样相对稳定的部分和经常变化的部分可以单独放在不同的分区里，从而方便了备份和系统管理。目录树的主要部分有 root(/)、/usr、/var、/home 等，如图 7.13 所示。

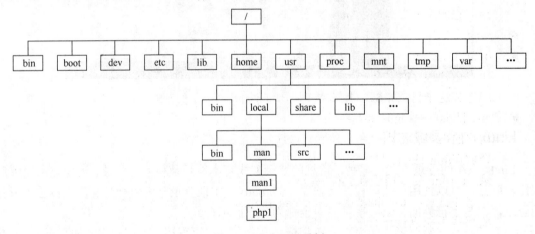

图 7.13　Linux 目录树

在 Linux 操作系统中有很多目录，下面重点介绍几个主要目录。

▶ 根目录（/）——所有的目录、文件、设备都在根目录（/）之下，"/" 就是 Linux 文件系统的组织者，也是最上级的领导者。

▶ /bin 目录——"bin" 是二进制（Binary）的英文缩写。在一般的系统中，可以在这个目录下找到 Linux 常用的命令。例如，ls、cp、mkdir 等命令，其功能与/usr/bin 类似。这个目录中的文件都是可执行的，是普通用户都可以使用的命令。

▶ /boot 目录——Linux 的内核及引导系统程序所需的文件目录，如 vmlinuz initrd.img 文件都位于这个目录中。在一般情况下，GRUB 或 LILO 系统引导管理器也位于这个目录。

▶ /dev 目录——"dev"是设备（Device）的英文缩写。这个目录对所有的用户都十分重要，因为在这个目录中包含所有 Linux 系统中使用的外部设备，但这里并不存放外部设备的驱动程序，这一点与常用的 Windows、DOS 操作系统不一样。它实际上是一个访问这些外部设备的端口，可以非常方便地去访问这些外部设备，与访问一个文件或一个目录没有任何区别。

▶ /etc 目录——Linux 系统中最重要的目录之一，在这个目录下存放了系统管理时要用到的各种配置文件和子目录。例如，网络配置文件、文件系统、系统配置文件、设备配置信息、设置用户信息等都在这个目录下。

▶ /home 目录——如果要建立一个用户，用户名是"xx"，那么在/home 目录下就有一个对应的/home/xx 路径，用来存放用户的主目录。

▶ /lib 目录——"lib"是库（Library）的英文缩写。这个目录用来存放系统动态连接共享库，包含 C 语言的标准函数库、数据库和 C 语言的预处理程序。几乎所有的应用程序都会用到这个目录下的共享库。

▶ /mnt 目录——一个空目录，是专门为接收安装可拆卸文件系统准备的，一般用于存放挂载储存设备的挂载目录。

▶ /proc 目录——可以在这个目录下获取系统信息。这些信息是在内存中由系统自己产生的。操作系统运行时，进程信息及内核信息（如 CPU、硬盘分区、内存信息等）存放在这里。/proc 目录是伪装文件系统 proc 的挂载目录，proc 并不是真正的文件系统，它的定义参见/etc/fstab。

▶ /root 目录——Linux 超级权限用户 root 的根目录。

▶ /tmp 目录——一个临时文件目录，用来存放不同程序执行时产生的临时文件。有时用户运行程序时，会产生临时文件，/tmp 就是用来存放临时文件的。/var/tmp 目录的用途和这个目录相似。

▶ /usr 目录——Linux 系统中占用硬盘空间最大的目录，用于存放系统中的用户主目录。用户的很多应用程序和文件都存放在这个目录下。在这个目录下，可以找到那些不适合放在/bin 或/etc 目录下的工具，如游戏、一些打印工具等。/usr 目录包含许多子目录：/usr/bin 目录用于存放程序；/usr/share 用于存放一些共享的数据，如/usr/share/fonts 是字体目录，/usr/share/doc 和/usr/share/man 是帮助文件，等等；/usr/lib 目录用于存放那些不能直接运行的，但却是许多程序运行所必需的一些函数库文件；/usr/local 主要存放手动安装的软件，它和/usr 目录具有相类似的目录结构。/usr 目录由软件包管理器管理，一些自定义的脚本（scripts）可放在/usr/local 目录下。

▶ /var 目录——顾名思义，这个目录的内容是经常变动的，即"var"可以理解为"vary"的缩写。/var 下的/var/log，用来存放系统日志。/var/www 目录是定义 Apache 服务器站点的存放目录，/var/lib 用来存放库文件，如 MySQL 数据库等。

Linux 文件访问权限

Linux 系统中的每个文件和目录都有访问许可权限，可用它来确定用户以何种方式对文件和命令进行访问、操作。

文件或目录的访问权限分为只读、写和可执行 3 种（以文件为例）：

▶ 只读权限表示只允许读其内容，而禁止对其做任何的改写操作；
▶ 写权限表示可对其进行写操作；
▶ 可执行权限表示允许将该文件作为一个程序执行。

创建文件时，文件所有者拥有对该文件的读、写和可执行权限，以便于对文件的阅读和修改。用户也可以根据需要把访问权设置为任何组合。

每一文件或目录的访问权限都有 3 组，每组用 3 位表示，分别为文件属主的读、写和可执行权限，与属主同组的用户的读、写和可执行权限，以及系统中其他用户的读、写和可执行权限。Linux 系统的列目录命令"ls –l"用于显示文件或目录的详细内容。例如，列出 testvi 这个文件的详细属性如下：

　　　　-rw-r--r- -l root 0 10-12 13:05 testvi

其中，前面的 9 个字符表示文件的访问权限，分为 3 组，每组 3 位。第一组表示文件属主的权限，第二组表示同组用户的权限，第三组表示其他用户的权限。每一组的 3 个字符分别表示对文件的读、写和执行权限。各字符的含义为：r 代表读；w 代表写；x 代表可执行。在通常意义上，一个命令也是一个文件，如果第一字符是横线，表示是一个非目录的文件；如果是 d，表示是一个目录文件。

Linux 常用命令

Linux 是一个用命令来进行操作的系统，在使用 Linux 时要掌握一些常用命令。

进入与退出 Linux 系统命令

进入 Linux 系统需要输入用户的账号。在系统安装过程中可以创建以下两种账号：
▶ root——超级用户账号（系统管理员），使用这个账号可以在系统中做任何事情。
▶ 普通用户——这个账号供普通用户使用，只可以进行有限的操作。

一般的 Linux 使用者均为普通用户，而系统管理员一般使用超级用户账号完成一些系统管理的工作。如果只需要完成一些由普通账号就能完成的任务，建议不要使用超级用户账号，以免无意中破坏系统。影响系统的正常运行。用户登录分为以下两个步骤：
▶ 输入用户的登录名，系统根据该登录名识别用户；
▶ 输入用户的口令，该口令是用户自己设置的一个字符串，对其他用户是保密的，是在登录时系统用来辨别真假用户的关键字。

当用户正确地输入用户名和口令后，就能合法地进入系统。屏幕显示：

　　　　[root@loclhost /root] #

这时就可以对系统做各种操作了。注意超级用户的提示符是"#"，其他用户的提示符是"$"。

为了更好地保护用户账号的安全，Linux 允许用户随时修改自己的口令。修改口令的命令是 passwd，它将提示用户输入旧口令和新口令，之后还要求用户再次确认新口令，以避免用户无意中按错键。如果用户忘记了口令，可以向系统管理员申请为自己重新设置一个新口令。

Linux 是一个真正的多用户操作系统，它可以同时接受多个用户登录。Linux 还允许一个用户进行多次登录，这是因为 Linux 和 UNIX 一样，提供了虚拟控制台的访问方式，允许用户在同一时间从控制台进行多次登录。虚拟控制台的选择可以通过按下 Alt 键和一个功能键来实现，通常使用 F1～F6。例如，用户登录后，按一下 Alt+F2 键，用户又可以看到"login:"提示符，说明用户看到了第二个虚拟控制台；然后只需按 Alt+F1 键，就可以回到第一个虚拟控制台。一个新安装的 Linux 系统默认允许用户使用 Alt+F1 到 Alt+F6 键来访问前 6 个虚拟控制台。虚拟控制台可使用户同时在多个控制台上工作，真正体现了 Linux 系统多用户的特性。用户可以在某一虚拟控制台进行的工作尚未结束时，切换到另一虚拟控制台开始另一项工作。

当需要退出系统时，可使用 exit 命令。

Linux 文件的复制、删除和移动命令

1. 文件复制命令（cp）

cp 命令的功能是将给定的文件或目录复制到另一文件或目录中，同 MSDOS 下的 copy 命令一样，功能十分强大。语法：

　　　　cp [选项]源文件或目录 目标文件或目录

说明：该命令把指定的源文件复制到目标文件或把多个源文件复制到目标目录中。

该命令的各选项含义如下：

- a：该选项通常在复制目录时使用。它保留链接、文件属性，并递归地复制目录，其作用等于 dpr 选项的组合。

- d：复制时保留链接。

- f：删除已经存在的目标文件而不提示。

- i：和 f 选项相反，在覆盖目标文件之前将给出提示要求用户确认。回答 y 时目标文件将被覆盖，是一种交互式复制。

- p：此时 cp 除复制源文件的内容外，还将把其修改时间和访问权限也复制到新文件中。

- r：若给出的源文件是一个目录文件，此时 cp 将递归复制该目录下所有的子目录和文件。此时目标文件必须为一个目录名。

- l：不进行复制，只是链接文件。

为防止用户在不经意的情况下用 cp 命令破坏另一个文件，如用户指定的目标文件名已存在，用 cp 命令复制文件后，这个文件就会被新源文件覆盖，因此，建议用户在使用 cp 命令复制文件时，最好使用 i 选项。

2. 文件移动命令（mv）

mv 命令用来为文件或目录改名或将文件由一个目录移入另一个目录中。该命令如同 MSDOS 下的 ren 命令和 move 命令的组合。语法：

　　　　mv [选项] 源文件或目录 目标文件或目录

说明：mv 命令中的第二个参数类型分为目标文件和目标目录，如果其类型是文件，mv 命令将文件重命名或将其移至一个新的目录中。当第二个参数类型是文件时，mv 命令完成文件重命名，此时，源文件只能有一个（也可以是源目录名），它将所给的源文件或目录重命名为给定的目标文件名。当第二个参数是已存在的目录名称时，源文件或目录参数可以有多个，mv 命令将各参数指定的源文件均移至目标目录中。在跨文件系统移动文件时，mv 先复制，再将原有文件删除，从而链至该文件的链接也将丢失。

该命令各选项的含义为：

- i：交互方式操作。如果 mv 操作将导致对已存在的目标文件的覆盖，此时系统询问是否

重写，要求用户回答 y 或 n，这样可以避免误覆盖文件。

　　- f：禁止交互操作。在 mv 操作要覆盖某已有的目标文件时不给任何指示，指定此选项后，i 选项将不再起作用。

　　如果所指定的目标文件（不是目录）已存在，此时该文件的内容将被新文件覆盖。为防止用户用 mv 命令破坏另一个文件，使用 mv 命令移动文件时，最好使用 i 选项。

　　3.文件删除命令（rm）

　　rm 命令的功能是删除一个目录中的一个或多个文件或目录，它也可以将某个目录及其下的所有文件及子目录均删除；而对于链接文件，只是断开了链接，原文件保持不变。语法：

　　　　rm [选项] 文件…

　　说明：如果没有使用- r 选项，则 rm 不会删除目录。

　　该命令的各选项含义如下：

　　- f：忽略已存在的文件，从不给出提示。

　　- r： 指示 rm 将参数中列出的全部目录和子目录均递归地删除。

　　- i： 进行交互式删除。

　　使用 rm 命令时要谨慎小心，因为一旦将文件删除，是不能恢复的。为了防止发生这种情况，可使用 i 选项逐个确认要删除的文件。如果用户输入"y"，文件将被删除；如果输入任何其他东西，文件则不会被删除。

Linux 目录的创建与删除命令

　　1. 创建目录命令（mkdir）

　　mkdir 命令的功能是创建一个目录（类似于 MSDOS 下的 md 命令）。语法：

　　　　mkdir [选项] dir-name

　　说明：该命令创建由 dir-name 命名的目录。要求创建目录的用户在当前目录中（dir-name 的父目录中）具有写权限，并且 dir-name 不能是当前目录中已有的目录或文件名称。

　　命令中各选项的含义为：

　　- m：对新建目录设置存取权限；也可以用 chmod 命令设置。

　　- p：可以是一个路径名称。此时若路径中的某些目录尚不存在，加上此选项后， 系统将自动建立好那些尚不存在的目录，即一次可以建立多个目录。

　　2. 删除空目录命令（rmdir）

　　rmdir 命令的功能是从一个目录中删除一个或多个子目录项。语法：

　　　　rmdir [选项] dir-name

　　说明：dir-name 表示目录名。该命令用于删除空目录。需要注意的是，一个目录被删除之前必须是空的。rm - r dir 命令可代替 rmdir，但是有危险性。删除某目录时必须具有对父目录的写权限。

　　该命令中选项的含义为：

　　- p：递归删除目录 dir-name，当子目录删除后其父目录为空时，也一同被删除。如果整个路径被删除或者由于某种原因保留部分路径，则系统在标准输出上显示相应的信息。

3. 改变目录命令（cd）

cd 命令的功能是将当前目录改变到指定的目录。语法：

    cd [directory]

说明：该命令将当前目录改变至 directory 所指定的目录。若没有指定 directory，则回到用户的主目录。为了改变到指定目录，用户必须拥有对指定目录的执行和读权限。该命令可以使用通配符。

4. 显示当前路径命令（pwd）

在 Linux 层次目录结构中，用户可以在被授权的任意目录下利用 mkdir 命令创建新目录，也可以利用 cd 命令从一个目录转换到另一个目录。然而，没有提示符来告知用户目前处于哪一个目录中。要想知道当前所处的目录，可以使用 pwd 命令，该命令显示整个路径名。语法：

    pwd

说明：此命令显示当前工作目录的绝对路径。

5. 列出目录命令（ls）

"ls" 是英文单词 "list" 的简写，ls 命令的功能是列出当前目录的内容。这是用户最常用的一个命令，因为用户需要经常查看某个目录的内容。该命令类似于 DOS 下的 dir 命令。语法：

    ls [选项] [目录或是文件]

说明：对于每个目录，该命令将列出其中的所有子目录与文件。对于每个文件，ls 将输出其文件名及所要求的其他信息。默认情况下，输出条目按字母顺序排序。当未给出目录名或是文件名时，则显示当前目录的信息。该命令有许多选项。

Linux 文本处理命令

1. sort 命令

sort 命令的功能是对文件中的各行进行排序。sort 命令有许多非常实用的选项，这些选项最初是用来对数据库格式的文件内容进行各种排序操作的。实际上，sort 命令可以被认为是一个非常强大的数据管理工具，用来管理内容类似的数据库记录的文件。

sort 命令将逐行对文件中的内容进行排序：如果两行的首字符相同，该命令将继续比较这两行的下一字符；如果还相同，将继续进行比较。语法：

    sort [选项] 文件

说明：sort 命令对指定文件中所有的行进行排序，并将结果显示在标准输出上。如不指定输入文件或使用 "-"，则表示排序内容来自标准输入。

sort 排序是根据从输入行抽取的一个或多个关键字进行比较来完成的。排序关键字定义了用来排序的最小的字符序列。默认情况下以整行为关键字按 ASCII 字符顺序进行排序。

2. uniq 命令

文件经过处理后在它的输出文件中可能会出现重复的行。例如，使用 cat 命令将两个文件合并后，再使用 sort 命令进行排序，这时就可能出现重复行。这时可以使用 uniq 命令将这些重复行从输出文件中删除，只留下每条记录的唯一样本。语法：

    uniq [选项] 文件

说明：这个命令读取输入文件，并比较相邻的行。在正常情况下，第二个及以后更多个重复行将被删去，行比较是根据所用字符集的排序序列进行的。该命令加工后的结果写到输出文件中。输入文件和输出文件必须不同。如果输入文件用"-"表示，则从标准输入读取。

Linux 备份与压缩命令

1 .tar 命令

tar 命令可以为文件和目录创建档案。利用 tar 命令，用户可以为某一特定文件创建档案（备份文件），也可以在档案中改变文件，或者向档案中加入新的文件。tar 命令最初用于在磁带上创建档案，现在，用户可以在任何设备上创建档案，如磁盘。利用 tar 命令，可以把一大堆文件和目录全部打包成一个文件，这对于备份文件或将几个文件组合成为一个文件以便于网络传输非常有用。Linux 上的 tar 命令是 GNU 版本的。语法：

      tar [主选项+辅选项] 文件或者目录

说明：使用该命令时，主选项必须有，它告诉 tar 命令要做什么事情；而辅选项则用于辅助使用，可以选用。

2. gzip 命令

减小文件有两个明显的好处：一是可以减少存储空间，二是通过网络传输文件时可以减少传输的时间。gzip 命令是在 Linux 系统中经常使用的一个对文件进行压缩和解压缩的命令，既方便又好用。语法：

      gzip [选项] 压缩（解压缩）的文件名

3. unzip 命令

如果要将用 MS Windows 下的压缩软件 winzip 压缩的文件在 Linux 系统下展开，可以使用 unzip 命令。该命令用于对扩展名为.zip 的压缩文件进行解压缩。语法：

      unzip [选项] 压缩文件名.zip

在 Linux 环境下运行 DOS 命令

Linux 系统提供了一组称为 mtools 的可移植工具，可以让用户轻松地从标准的 DOS 磁盘上读、写文件和目录。这些工具对在 DOS 和 Linux 环境之间交换文件非常有用。它们是不具备共同的文件系统格式的系统之间交换文件的有力手段。对于一个 MSDOS 磁盘，只要把磁盘放在驱动器中，就可以利用 mtools 提供的命令来访问磁盘上的文件。

Linux 系统网络配置

Linux 支持两种基本的 UNIX 网络协议，即 TCP/IP 和 UUCP；Linux 支持多种以太网卡与计算机的接口，Linux 也支持 SLIP 串行线网络互联协议。

Linux 网络配置命令

用于 Linux 的网络配置命令比较多，但常用的有如下几个配置命令。

1. ifconfig 命令

ifconfig 用于配置常驻内核的主机网络接口，包括基本的配置，如 IP 地址、掩码和广播地址，以及高级选项，如为点对点连接（如 PPP 连接）设置远程地址。

如没有给出参数，ifconfig 显示当前有效接口的状态。如给定单个接口作为参数，只显示给出的那个接口的状态。如果给出一个-a 参数，会显示所有接口的状态，包括那些停用的接口。否则就对一个接口进行配置。该命令有许多选项。

ifconfig 命令具有如下两种格式，其使用权限为根用户：

（1）显示网卡的配置信息。ifconfig 命令用于显示当前系统中已经激活（未禁用）网卡的配置信息，使用方法：

  ifconfig –a 显示当前系统中所有网卡的配置信息

  ifconfig 网卡设备名称 显示指定网卡设备的配置信息

通过 ifconfig 可以查看到网卡的 IP 地址、子网掩码、MTU（最大传输单元）、MAC 地址、跳数，以及发送数据包和接收数据包的个数及错误个数、丢弃个数等信息。

说明：第 1 块以太网卡的设备名称为 eth0，其对应的配置文件名为 ifcfg-eth0；第 2 块以太网卡的设备名为 eth1，对应的配置文件名则为 ifcfg-eth1……依此类推。所有网卡设备的配置文件位于/etc/sysconfig/network-scripts 目录中。

（2）为网卡指定临时 IP 地址。ifconfig 命令用于为网卡指定临时 IP 地址，使用方法：

  ifconfig 网卡设备名称 IP 地址 netmask 子网掩码

说明：通过 ifconfig 命令添加或修改的 IP 地址只临时有效；当重启网络服务或重启计算机之后，所创建的 IP 地址将无效。

例如，将第 1 块网卡（例如其名称为"ens33"）的 IP 地址设置为 192.168.100.20，同时将其子网掩码设为 255.255.255.0，则使用的命令格式为：

  #ifconfig ens33 192.168.100.20 netmask 255.255.255.0

该命令运行后再使用 ifconfig ens33 命令验证，则返回的结果如图 7.14 所示。

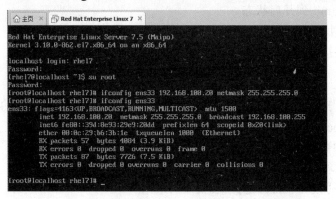

图 7.14 为网卡指定临时 IP 地址及其验证结果

（3）禁用网卡。ifconfig 命令用于禁用网卡时的命令格式：

  ifconfig 网卡设备名称 down 或 ifdown 网卡设备名

（4）重新启用网卡。ifconfig 命令用于重新启用网卡时的命令格式：

  ifconfig 网卡设备名称 up 或 ifup 网卡设备名

2. netconfig 命令

netconfig 命令以对话框的方式配置一个永久 IP 地址、网关及 DNS 服务器信息。RHEL 7 默认安装好之后是没有自动开启网络连接的。通过 netconfig 命令设置的 IP 信息会直接写到网卡配置文件（/etc/sysconfig/network-scripts/iffg-eth0）和 DNS 客户端配置文件（/etc/resolv.conf）中，但不会立即生效；设置完成后还需要重启网络服务或重启计算机系统。该命令使用方法如下：

netconfig –device 网卡名称

3. ethtool 命令

ethtool 是一个查询和设置网卡参数的命令，通常用来查看和修改网络传输速率、半双工、全双工、网卡连接状态、自适应工作方式等。使用方法：

ethtool [参数选项] 网卡名称

其中的参数选项有：

-i：查询网卡的相关信息。

-d：查询网卡网口的注册信息。

-r：重置网卡网口的自适应模式。

-s：查询网卡网口的收发数据包统计。

4. mii-tool 命令

mii-tool 命令用于查看、管理网卡的网络接口状态，如网卡的传输速率、半双工、全双工、自适应、网卡是否连接正确等。该命令使用格式：

mii-tool [参数选项] 网卡名称

其中的参数选项有：

-V：显示 mii-tool 命令的版本。

-v：显示网卡接口的信息。

-R：重新设置 mii 到开启状态。

-r：重启自动协商模式。

-w：查看网络接口连接的状态变化。

5. netstat 命令

netstat 命令用于数据监听及连接情况，包括正在监听的服务、已连接的会话、正在结束的会话、服务器的 socket（套接字）连接情况等。其命令使用格式：

netstat [参数选项]

其中的参数选项有：

-a：显示所有协议和 socket 连接信息。

-n：显示对应的源 IP 地址和目的 IP 地址。

-l：显示正在监听的信息。

其他参数可通过请求帮助获得。例如，要显示所有正在监听的 TCP 和 UDP 的服务信息并显示对应的服务器名称，可运行如下命令：

netstat –antupl

该命令运行后的结果如图 7.15 所示。其中，第 1 列显示对应的协议是 TCP 还是 UDP；第

2、3 列是接收、发送的数据包；第 4 列是本地 IP 地址及开放的端口；第 5 列是远程 IP 地址及连接的端口；第 6 列是连接状态，包括监听（LISTEN）、回应包（ESTABLISHED）、结束包（FIN）、等待包（WAIT）等；第 7 列为服务进程 ID 号（PID）和服务器名称（服务守护进程）。

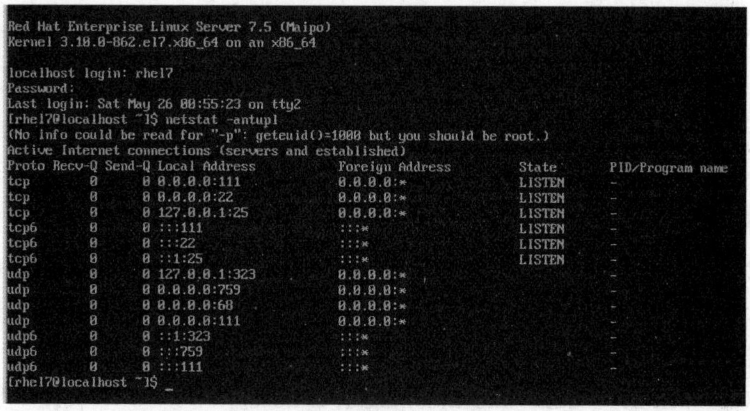

图 7.15　netstat 命令运行后的结果

6. nslookup 命令

nslookup 命令用于检测域名所对应的 IP 地址或者根据 IP 地址检测出对应的域名等。其命令格式为：

　　　　nslookup 域名|IP 地址

常用网络配置文件

在 Linux 系统中，TCP/IP 网络是通过若干文本文件进行配置的，通常需要编辑这些文件来完成联网工作。Linux 系统中重要的网络配置文件如下：

- ► /etc/sysconfig/network；
- ► /etc/hostname；
- ► /etc/hosts；
- ► /etc/services；
- ► /etc/host.conf；
- ► /etc/nsswitch.conf；
- ► /etc/resolv.conf；
- ► /etc/rc.d/init.d/network。

这些文件都可以在系统运行时进行修改，不用启动或者停止任何守护程序，修改会立刻生效（除了/etc/sysconfig/network）。另外，这些文件都支持由"#"开头的注释。

1. /etc/sysconfig/network（网络设置）

/network 文件用来指定服务器上的网络配置信息，其中包含控制与网络有关的文件和守护程序的行为参数。一个示例文件如下：

　　　　NETWORKING=yes（NETWORK=yes/no 表示网络是否被配置）

　　　　HOSTNAME=machine1（HOSTNAME=hostname，hostname 表示服务器的主机名）

　　　　GATEWAY=210.34.6.2（GATEWAY=gw-ip gw-ip 表示网络网关的 IP 地址）

FORWARD_IPV4=yes（FORWARD_IPV4=yes/no 表示是否开启 IP 转发功能）

GATEWAYDEV= eth0（GAREWAYDEV=gw-dev gw-dw 表示网关的设备名）

2. /etc/hostname（主机名）

hostname 文件包含系统的主机名称，其中包括完全的域名。例如：

192.168.0.1 machine1.domain machine1

这个文件是在启动时从文件/etc/sysconfig/network 中的 hostname 行中得到的，用于在启动时设置系统的主机名。

3. /etc/hosts（IP 地址和主机名的映射）

/etc/hosts 中除了包含 IP 地址和主机名之间的映射，还包含主机名的别名。IP 地址的设计使计算机容易识别，但人们却很难记住它们。为了解决这个问题，软件设计者创建了/etc/hosts 这个文件。一个示例文件如下：

127.0.0.1 machine1 localhost.localdomain localhost

192.168.1.100 machine7

192.168.1.101 otherpc otheralias

在这个例子中，主机名是 machine1，otherpc 还有别名 otheralias，它可以指向 otheralias。一旦配置完机器的网络配置文件，应该重新启动网络以使修改生效，使用下面的命令来重新启动网络：

/etc/rc.d/init.d/network restart

/etc/hosts 文件通常含有主机名、localhost 和系统管理员经常使用的系统别名，有时 Telnet 到 Linux 系统要等很长时间，通过"/etc/hosts"加入客户机的 IP 地址和主机名的匹配项，可以减少登录等待时间。在没有域名服务器的情况下，系统上的所有网络程序都通过查询该文件来解析对应于某个主机名的 IP 地址；否则，主机名通常使用 DNS 来解决，DNS 客户部分的配置在文件/etc/resolv.conf 中。

4. /etc/services

/etc/services 中包含服务名和端口号之间的映射，不少系统程序都需要使用这一文件。下列文件是安装 Red Hat 系统时默认的/etc/services 文件中的前几行：

tcpmux 1/tcp # TCP port service multiplexer

echo 7/tcp

echo 7/udp

discard 9/tcp sink null

discard 9/udp sink null

systat 11/tcp users

其中：最左边一列是主机服务名；中间一列是端口号；"/"后面是端口类型，可以是 TCP 也可以是 UDP。任何后面的列都是前面服务的别名。在这个文件中也存在着别名，它们出现在端口号后面。在上述例子中，sink 和 null 都是 discard 服务的别名。

5. /etc/host.conf（配置名字解析器）

/etc/host.conf 文件指定如何解析主机名，Linux 通过解析器库来获得主机名对应的 IP 地址。

下面是安装 Red Hat 系统后默认的 "/etc/host.conf" 内容：

    order hosts，bind

    multi on

　其中：order 用来指定主机名查询顺序，其参数为用逗号隔开的查找方法；支持的查找方法为 bind、hosts 和 nis，分别代表 DNS、/etc/hosts 和 NIS；这里规定先查询 "/etc/hosts" 文件，再使用 DNS 来解析域名。multi 用来指定 "/etc/hosts" 文件中指定的主机是否可以有多个 IP 地址，值为 on 表示允许；拥有多个 IP 地址的主机一般具有多个网络界面。

　6. /etc/nsswitch.conf（配置名字解析器）

/etc/nsswitch.conf 文件由 Sun 公司开发，用于管理系统中多个配置文件的查找顺序，它比 /etc/host.conf 文件提供了更多的功能。/etc/nsswitch.conf 中的每一行，或者注释（以#号开头），或者一个关键字后均跟有冒号和一系列要使用的有顺序的方法。每一个关键字是在/etc/目录可以被/etc/nsswitch.conf 控制的/etc 文件的名字。

　7. /etc/resolv.conf（配置 DNS 客户）

文件/etc/resolv.conf 用于配置 DNS 客户，其中包含主机的域名搜索顺序和 DNS服务器的地址，每一行包含一个关键字和一个或多个由空格隔开的参数。一个示例文件如下：

    search mydom.edu.cn

    nameserver 210.134.10.14

    nameserver 210.134.10.6

　其中，nameserver 表示 DNS服务器的 IP 地址。可以有很多行的 nameserver，每一个带一个 IP 地址。在查询时按 nameserver 在本文件中的顺序进行，且只有当第一个 nameserver 没有反应时才查询下面的 nameserver。

　8. /etc/init.d/network（主机地址、子网掩码和网关）

　Red Hat Linux 不像其他 Linux 操作系统，它不能自动地通过/etc/hostname 和/etc/hosts 文件配置网络。为了改变主机默认的 IP 地址，Red Hat Linux 必须直接编辑/etc/init.d/network 脚本使其反映正确的网络配置。这个文件包含声明 IP 地址、子网掩码、网络、广播地址和默认路由器的变量。一个示例文件如下：

    IPADDR=196.168.11.100

    NETMASK=255.255.255.0

    BROADCAST=196.168.11.255

    GATEWAY=196.168.11.1

基本的网络配置命令和脚本

　1. 软件包（etherconf）

　在 Debian 下提供了一个 etherconf 软件包，用于配置网络信息，如主机名、IP、DHCP、DNS、GATEWAY、NETMASK 等，默认的是没有安装这一软件包，需要手动安装，即：

    # aptitude install etherconf

　安装完毕后运行$dpkg-reconfigure etherconf 进行配置。这个软件会修改以下配置文件：

> /etc/resolv.conf
> /etc/network/interfaces
> /etc/hosts
> /etc/hostname

重复使用这一配置文件的方法是：

> # dpkg-reconfigure etherconf

2. /etc/init.d/networking

/etc/init.d/networking 是系统启动时的初始化脚本，当系统以某个级别启动时，它负责初始化所有的已配置的网络接口。

3. route（显示路由表）

/sbin/route 命令操纵着内核中的路由表。这个表用于了解数据包离开主机后将会完成什么操作（直接发送到目标主机或到某网关），以及数据包要发送到的网络接口。

Linux 系统用户和组管理

Linux 是一个多用户、多任务的操作系统，对于用户和用户组的管理是系统管理员的重要工作之一。

系统用户

在 Linux 系统中，每一个文件和程序必须属于某一个"用户"。每一个用户对应一个账号，即一个唯一的身份标识，称为用户标记。每一个用户至少属于一个用户组。用户组是由系统管理员创建的用户，用户组对系统拥有不同的权限。对文件或目录的访问，以及对程序的执行都需要调用相符合的身份。Linux 用户被分为以下两类：

▶ 根用户（root）——也称为超级用户，它承担了系统管理的一切任务，可以控制所有程序，访问所有文件，使用系统中的所有功能和资源。Linux 系统中其他的一些用户都是由根用户创建的。

▶ 普通用户——普通用户的权限由系统管理员在创建时赋予。普通用户通常只能管理属于自己的主文件，或者是组内共享和完全共享的文件。

在 Linux 系统中，经常用到以下基本概念：

▶ 用户标识（UID）——Linux 系统中用来标识用户的数字。

▶ 用户主目录——用户的起始工作目录，它是用户在登录系统后所在的目录，用户的文件目录都被放置在此目录下。

▶ 登录 Shell——用户登录后启动，以接收用户的输入并执行输入相应命令的脚本程序。Shell 是用户与 Linux 系统之间的接口。

▶ 用户组/组群——具有相似属性的多个用户被分配到一个组中。

▶ 组标识（GID）——用来表示用户组的数字标识。

在 Linux 系统中，默认情况下所有的系统账户与一般身份用户和 root 的相关信息，都记录在/etc/passwd 文件内，默认任何用户对 passwd 文件都有读的权限。为了安全起见，Linux 系统对密码提供了更多一层的保护，即把加密后的密码重定向到另一个文件/etc/shadow。

用户管理

有关 Linux 系统用户管理的主要工作就是建立一个合法的用户账户，设置和管理用户的密码，修改用户账户的属性，以及在必要时删除已经废弃的用户账户。

1. 增加一个新用户/删除一个用户

在 Linux 系统中，只有根用户 root 才能够创建新用户。一般使用 Linux 系统提供的命令 useradd 来添加新用户。例如，如下命令将新建一个登录名 user1 的用户账户：

> # useradd user1

出于系统安全考虑，Linux 系统中的每一个用户除有其用户名之外，还有其对应的用户口令。因此使用 useradd 命令创建新用户后，还需要使用 passwd 命令为每一位新增加的用户设置口令。根用户可以使用 passwd 命令改变系统用户的口令，系统用户也可以用 passwd 命令改变自己的口令。口令被加密并放入/etc/shadow 文件中。选取一个不易被破解的口令是很重要的，应遵循的规则是：口令至少由 6 位字符组成，最好由 8 位字符组成；口令应由大小写字母、标点符号和数字混杂组成。

在 Linux 中，新增一个用户的同时会创建一个新组，这个组与该用户同名，而这个用户就是该组的成员。如果想让新的用户归属于一个已经存在的组，可以使用如下命令：

> # useradd -g user user1

这样该用户就属于 user 组的一员了。如果只是想让其再属于一个组，可以使用命令：

> # useradd -G user user1

完成这一操作后，还应该使用 passwd 命令为其设置一个初始密码。

删除用户，只需使用一个简单的命令"userdel 用户名"即可。一般，还应使用"userdel -r 用户名"命令，将它留在系统上的文件也删除。

2. 修改用户属性

在 Linux 中，用于修改用户属性的命令如下：

> usermod -g 组名 -G 组名 -d 用户主目录 -s 用户 Shell

另外，也可以通过修改/etc/passwd 文件的方法直接修改用户属性。

3. 增加一个组/删除一个组

由于可以为同组的人、非同组的人设置不同的访问权限，因此可以根据需要创建用户组，命令如下：

> groupadd 组名

有时会需要删除一个组，命令为：

> groupdel 组名

4. 修改组成员

如果需要将一个用户加入一个组，只需编辑/etc/group 文件，将用户名写到组名的后面。例如，将 newuser 用户加入到 softdevelop 组，只需找到 softdevelop 这一行：

> softdevelop：x：506：user1，user2

然后在后面加上"newuser"，即：

softdevelop：x：506：user1，user2，newuser

用户管理配置文件

在 Linux 系统中，有几个非常重要的配置文件，如/etc/passwd 和/etc/group 等，它们控制着 linux 的用户和组的一些重要设置。

1. /etc/passwd 文件

Linux 系统中用于管理用户账号的基本文件是/etc/passwd，该文件中包含系统中所有用户的用户名和它们的相关信息。每个用户账号在文件中对应一行，并且用冒号"："分为 7 个域。每一行的形式如下：

用户名:加密的口令:用户 ID:组 ID:用户的全名或描述:登录目录:登录 Shell

下面是根用户在此文件中对应的行：

root:X:0:0:root:/root:/bin/bash

Linux 系统将每一个用户仅仅看作一串数字，即用每个用户唯一的用户 ID 来识别配置文件。

/etc/passwd 给出了系统用户 ID 与用户名之间及其他信息的对应关系。/etc/passwd 文件对系统的所有用户都是可读的，以便每个用户都可以知道系统上有哪些用户，但缺点是其他用户的口令容易受到攻击（尤其当口令较简单时）。所以在红旗 Linux 中使用了影子口令格式，将用户的口令存储在另一个文件/etc/shadow 中，该文件只有根用户 root 可读，因而大大提高了安全性。

2. /etc/shadow 文件

为了保证系统的安全性，系统通常对用户的口令进行 shadow 处理，并把用户口令保存在只有超级用户可读的/etc/shadow 文件中。该文件包含系统中所有用户和用户口令等相关信息。每个用户对应该文件中的一行，并且用冒号分成 9 个域。每一行包括以下内容：

▶ 用户登录名。

▶ 用户加密后的口令（若为空，表示该用户无须口令即可登录；若为*号，表示该账号被禁止）。

▶ 从 1970 年 1 月 1 日至口令最近一次被修改的天数。

▶ 口令在多少天内不能被用户修改。

▶ 口令在多少天后必须被修改。

▶ 口令过期多少天后用户账号被禁止。

▶ 口令在到期多少天内给用户发出警告。

▶ 口令自 1970 年 1 月 1 日被禁止的天数。

▶ 保留域。

3. /etc/group 文件

在 Linux 系统中，使用组来赋予用户访问文件的不同权限。组的划分可以采用多种标准，一个用户可同时包含在多个组内。管理用户组的基本文件是/etc/group，其中包含系统中所有用户组的相关信息。每个用户组对应文件中的一行，并用冒号分成 4 个域。每一行的形式如下：

用户组名:加密后的组口令:组 ID:组成员列表

下面是用户组 sys 在/etc/group 中对应的一行：

　　　sys:x:3:root,bin,adm

代表的信息包括：系统中有一个称为 sys 的用户组，设有口令，组 ID 为 3，组中的成员为 root、bin、adm 3 个用户。

4. /etc/skel 目录

一般而言，每个用户都有自己的主目录，用户成功登录后就处于自己的主目录下。主目录中存放着与用户相关的文件、命令和配置。当为新用户创建主目录时，系统会在新用户的主目录下建立一份/etc/skel 目录下所有文件的备份，用来初始化用户的主目录。

典型问题解析

【例 7-4】在 Linux 系统中，下列关于文件管理命令 cp 与 mv 的说法，正确的是（　　　）。

　　a. 没有区别　　　　　　　　　b. mv 操作不增加文件个数

　　c. cp 操作不增加文件个数　　　d. mv 操作不删除原有文件

【解析】cp 是文件复制命令，mv 是文件移动命令，两者的区别很明显。复制文件时源文件不动，把文件复制到目标目录中；而移动则相当于把源文件剪切掉，然后粘贴到目标目录中。参考答案是选项 b。

【例 7-5】在 Linux 系统中，网络管理员可以通过修改（　　　）文件对 Web 服务器端口进行配置。

　　　　a. inetd.conf　　　　b. lilo.conf　　　　c. httpd.conf　　　　d. resolv.conf

【解析】inetd.conf 是系统超级服务进程 inetd 的配置文件；lilo.conf 是操作系统启动程序 lilo 的配置文件；httpd.conf 是 Web 服务器 Apache 的配置文件；resolv.conf 是 DNS 解析的配置文件。参考答案是选项 c。

【例 7-6】为保证在启动 Linux 服务器时，自动启动 DHCP 进程，应在（　　　）文件中将配置项 dhcpd=no 改为 dhcpd=yes。

　　　　a. /etc/rc.d/rc.inet1　　　　　　　b. /etc/rc.d/rc.inet2

　　　　c. /etc/dhcpd.conf　　　　　　　　d. /etc/rc.d/rc.s

【解析】Linux 系统中的 TCP/IP 网络配置是通过/etc/rc.d/rc.inet1 和/etc/rc.d/rc.inet2 两个文件实现的。/etc/rc.d/rc.inet1 主要用于通过 ifconfig 和 route 命令进行基本的 TCP/IP 接口配置；接口配置由两部分组成，第一部分是对接口的配置，第二部分是对以太网接口的配置。/etc/rc.d/rc.inet2 主要用于启动一些网络监控的进程，如 inetd portmapper 等。参考答案是选项 a。

【例 7-7】下面关于 Linux 系统文件挂载的叙述中，正确的是（　　　）。

　　a. 可以作为一个挂载点　　　　　b. 挂载点可以是一个目录，也可以是一个文件

　　c. 不能对一个磁盘分区进行挂载　　d. 挂载点是一个目录时，这个目录必须为空

【解析】在 Linux 系统中，挂载点必须是一个目录，一个分区可以挂载一个已存在的目录，这个目录可以不为空，但挂载后这个目录下以前的内容将不可用。参考答案是选项 a。

练习

1．在 Linux 系统中，外部设备被当作文件统一管理，外部设备文件通常放在（　　）目录中。

　　　　a．/dev　　　　　　　b．/lib　　　　　　　c．/etc　　　　　　　　d．/bin

【提示】dev 是英文 device（设备）的缩写。/lib 主要存放系统必要的运行库；/etc 主要存放系统配置文件；/bin 主要存放系统必要的命令。参考答案是选项 a。

2．下列（　　）命令可以更改一个文件的权限设置。

　　　　a．attrib　　　　　　b．file　　　　　　　c．chmod　　　　　　　d．change

【提示】attrib 是 DOS 下改变文件属性的命令，包括文档、隐藏、系统、只读属性；chmod 是 Linux 下改变用户、用户所在组、所有对文件的操作权限的命令。参考答案是选项 c。

3．在 Linux 系统中，建立动态路由器需要用到文件（　　）。

　　　　a．/etc/hosts　　b．/etc/hostname　c．/etc/resolv.conf　d．/etc/gateways

【提示】/etc/hosts 文件存放的是一组 IP 地址与主机名的列表，如果在该列表中指出某台主机的 IP 地址，那么访问该主机时将无须进行 DNS 解析；/etc/hostname 文件中包含系统主机名称，包括完全域名；/etc/resolv.conf 文件存放域名、域名服务器的 IP 地址；/etc/gateways 文件用于设定路由器。参考答案是选项 d。

4．在 Linux 系统中，网络管理员可以通过修改（　　）文件对 Web 服务器的端口进行配置。

　　　　a．/etc/inetd.conf　　　　　　　　b．/etc/lilo.conf

　　　　c．/etc/httpd/conf/httpd.conf　　　　d．/etc/httpd/access.conf

【提示】/etc/inetd.conf 用于设定系统网络守护进程 inetd 的配置；/etc/lilo.conf 文件包含系统的默认引导命令行参数，还有启动使用的不同映像；access.conf 文件用来设置 WWW 站点上诸如文件、目录和脚本项目的访问权限；httpd.conf 文件用于设置服务器启动的基本环境。参考答案是选项 c。

5．在 Linux 系统中，存放主机名及对应 IP 地址的文件是（　　）。

　　　　a．/etc/hostname　　b．/etc/hosts　　c．/etc/resolv.conf　　d．/etc/networks

【提示】在一个局域网中，每台机器都有一个主机名，便于主机之间的区分，为每台机器设置主机名，便于以记忆的方法来相互访问。主机名的配置文件大多是指主机名查询静态表 /etc/hosts。参考答案是选项 b。

6．在默认情况下，Linux 系统中的用户登录密码选项存放在（　　）文件中。

　　　　a．/etc/group　　　　b．/etc/userinfo　　c．/etc/shadow　　　d．/etc/profile

【提示】etc/shadow 文件用于存放保存 Linux 系统中的用户登录密码信息，当然是使用加密后的形式。Shadow 文件仅对根用户 root 可读，保证了口令的安全性。参考答案是选项 c。

7. 在 Linux 中，要更改一个文件的权限设置可使用（　　）命令。

　　　　a. attrib　　　　　　b. modify　　　　　　c. chmod　　　　　　d. change

【提示】chmod 更改文件的属性的语法格式为：

　　　　chmod [who] [opt] [mode] 文件/目录名

其中 who 表示对象，是以下字母中的一个或组合：u（文件所有者）、g（同组用户）、o

（其他用户）、a（所有用户）；opt 则代表操作，可以为：+（添加权限）、—（取消权限）、=（赋予给定的权限，并取消原有的权限）；而 mode 则代表权限。参考答案是选项 c。

8. 下面关于 Linux 目录的描述中，正确的是（　　　）。

　　a．Linux 只有一个根目录，用"/root" 表示

　　b．Linux 中有多个根目录，用"/" 加相应目录名称表示

　　c．Linux 中只有一个根目录，用"/" 表示

　　d．Linux 中有多个根目录，用相应目录名称表示

9. 在 Linux 中，可以使用（　　　）命令为计算机配置 IP 地址。

　　a．ifconfig　　　　　b．config　　　　　c．ip-address　　　　　d．ipconfig

10. 在 Linux 中，通常使用（　　　）命令删除一个文件或目录。

　　a．rm-i　　　　　b．mv-i　　　　　c．mk-i　　　　　d．cat-i

11. 在 Linux 中，创建权限设置为 "-rw-rw-r—" 的普通文件，下面说法中正确的是（　　　）。

　　a.文件所有者对该文件可读可写　　　　　b.同组用户对该文件只可读

　　c.其他用户对该文件可读可写　　　　　d.其他用户对该文件可读可查询

补充练习

在教师的指导下，完成硬盘分区管理、磁盘分区管理、NTFS 管理等实验，利用虚拟机安装 Linux 系统，并进行基本的网络配置。

第四节　客户端操作系统

局域网是一个由服务器和许多客户机组成的系统。客户机就是网络用户使用的计算机，用户通过使用客户机来共享网络资源。目前，常用的客户机操作系统主要有 Windows 系列、桌面版 Linux 系统和 Mac OS X 等。

学习目标

▶　掌握常用客户端网络操作系统的特性、功能及基本使用方法；

▶　了解 Windows 系列、桌面版 Linux 系统和 Mac OS X 之间的主要差别。

关键知识点

▶　Windows 10 是 Windows 系列操作系统中使用较广泛的较新版本。

Windows 10

Windows 10 是美国微软公司研发的跨平台及设备应用的操作系统，也是微软发布的最后一个独立 Windows 版本。截至 2018 年 2 月底，Windows 10 正式版已更新至 10.0.16299.214 版本。Windows 10 共有家庭版、专业版、企业版、教育版、移动版、移动企业版和物联网核心版 7 个发行版本，分别面向不同用户和设备。

Windows 10 的主要新功能

Windows 10 在易用性、安全性等方面进行了深度的改进与优化。针对云服务、智能移动设备、自然人机交互等新技术进行融合。Windows 10 作为微软自称"10 全 10 美"的操作系统，自然有很多值得称道的地方，其主要新增功能如下：

▶ 生物识别技术：Windows 10 所新增的 Windows Hello 提供了一系列对于生物识别技术的支持功能。除了常见的指纹扫描之外，若配有 3D 红外摄像头，系统能通过面部或虹膜扫描来让用户进行登录。

▶ Cortana 搜索功能：Cortana 可以用来搜索硬盘内的文件、系统设置、安装的应用，甚至互联网中的其他信息。作为一款私人助手服务，Cortana 还能像在移动平台那样帮用户设置基于时间和地点的备忘录。

其他一些细节改进较多，如平板模式、桌面应用、多桌面、开始菜单进化、任务切换器、贴靠辅助、命令提示符窗口升级、文件资源管理器升级和新的 Edge 浏览器等，简单概括如下：

▶ Windows 开始菜单回归，更符合传统 Windows 用户的使用习惯，赢得了用户的衷心；

▶ Metro 界面不再完全将传统 Windows 界面挤压掉，而是隐藏，需要用户手动开启；

▶ 系统界面效果绚丽，同时对于电脑配置要求不高，能够运行 Windows 7 系统的计算机大都能安装和使用 Windows 10 系统。

Windows 10 的安装使用

在计算机中正确安装 Windows 10 是开始使用的前提条件。需要根据使用 Windows 10 的环境和目的来选择合适的安装方式。在计算机系统配置方面，Windows 10 的硬件配置需求并不高，一般的计算机都可以满足，具体配置如下：

▶ 处理器：1 GHz 或更快的处理器。

▶ 内存：1 GB（32 位）或 2 GB（64 位）。

▶ 硬盘空间：16 GB（32 位操作系统）或 20GB（64 位操作系统）。

▶ 显卡：DirectX 9 或更高版本（包含 WDDM 1.0 驱动程序）。

▶ 显示器：1024×600 分辨率。

一般来说，目前流行的全新 Windows 10 安装方法分为 U 盘安装、硬盘安装两种方式，适用于 Windows XP/Vista 以及 Windows 7/8 用户，或者想体验"原汁原味"Windows 10 系统的用户。另外，Windows 7/8.1 用户也可通过升级安装 Windows 10 的方式免费使用。

Linux 桌面版

Linux 操作系统有众多的发行版，适用于用户安装的 Linux 通常称为"桌面版"。常见的 Linux 桌面版有红旗 Linux、Ubuntu Linux 等。

红旗 Linux

红旗 Linux 是由北京中科红旗软件技术有限公司开发的一系列 Linux 发行版，包括桌面版、工作站版、数据中心服务器版、HA 集群版和红旗嵌入式 Linux 等产品。目前在中国各软件专卖店可以购买到光盘版，同时官方网站也提供光盘镜像免费下载。红旗 Linux 是中国发行量较大、较成熟的 Linux 发行版之一。

目前，红旗 Linux 的服务器版（Server）、工作站版（Workstation）、桌面版（Desktop）已进入 7.0 时代，其主要特色如下：

- ▶ 完善的中文支持；
- ▶ 与 Windows 相似的用户界面；
- ▶ 通过 LSB 3.0 测试认证，具备了 Linux 标准的一切品质；
- ▶ 农历的支持和查询；
- ▶ X86 平台对 Intel EFI 的支持；
- ▶ Linux 下网页嵌入式多媒体插件的支持，实现了 Windows Media Player 和 RealPlayer 的标准 JavaScript 接口，参考 Windows ASF 格式规范编写了 ASF/WMV Marker 的支持，保证了基于 Windows 编写的在线多媒体播放网页的支持；
- ▶ 前台窗口优化调度功能，通过内核级资源调度和前台窗口的自动跟踪工具，可保证前台窗口在合理的范围内以最大的系统资源运行；
- ▶ 支持 MMS/RTSP/HTTP/FTP 协议的多线程下载工具；
- ▶ 界面友好的内核级实时检测防火墙；
- ▶ 对 KDE 登录窗口、注销窗口、主面板的主题支持；
- ▶ 可缩放的系统托盘，源代码已经进入 KDE 项目；
- ▶ GTK2 Qt 打开关闭文件对话框的统一。

Ubuntu Linux

Ubuntu 是一个自由、开源的操作系统，每个最新发行的 Ubuntu 版本都包含自行加强的 Linux 内核、X-Windows、Gnome 和其他关键应用。Ubuntu 是一个以桌面应用为主的 Linux 发行版，其名称来自非洲南部祖鲁语或豪萨语的"ubuntu"一词（译为吾帮托或乌班图）；其含义是"人性""我的存在是因为大家的存在"，体现的是非洲传统的一种价值观，类似于华人社会的"仁爱"思想。Ubuntu 基于 Debian 发行版和 GNOME 桌面环境，与 Debian 的不同之处在于它每 6 个月会发布一个新版本。Ubuntu 具有庞大的社区力量，用户可以方便地从社区获得帮助。

Ubuntu 是最受欢迎的 Linux 桌面发行版，它包含有用户常用的应用程序，如浏览器、Office 套件、多媒体程序、即时消息等。Ubuntu 是一个 Windows 和 Office 的开源替代品。

Linux Mint 是一种基于 Ubuntu 开发的 Linux 操作系统。它继承了 Ubuntu 的众多优点，同时也在 Ubuntu 的基础上加入很多自己优秀的特性，包括提供浏览器插件、多媒体编解码器、对 DVD 播放的支持、Java 和其他组件，而且与 Ubuntu 软件仓库完全兼容。

Mac OS X

Mac OS 是一套运行于苹果 Macintosh 系列计算机上的操作系统。Mac OS 是首个在商用领域成功的图形用户界面。Mac OS X 是苹果 Macintosh 计算机操作系统软件的 Mac OS 更新版本，于 2001 年首次推出，目前新版本是 Mac OS X 10.5.x 版。

Mac OS X 操作系统的界面非常独特，突出了形象的图标和人机对话（人机对话界面就是苹果计算机公司开创的，后来被微软的 Windows 看中并在 Windows 中广泛使用）。苹果计算机公司能够根据自己的技术标准生产计算机，自主地开发相应的操作系统，可见其技术力量非同一般。

Mac OS X 是一个基于 UNIX 的操作系统，它把 UNIX 的强大、稳定的功能与 Macintosh 的简洁、优雅完美地结合起来，受到了广大用户的青睐。Mac OS X 不仅有晶莹动感的操作界面，而且具备诸如抢占式多任务、内存保护及对称多处理器等一切现代操作系统的特征。

作为基于 UNIX 的装机容量最大的操作系统，Mac OS X 实现了独特的技术原理与简单操作的完美结合，如内核的多线程、紧密的硬件集成和 SMP 安全驱动，以及零配置网络。目前，在苹果计算机公司网站和文章中提及的 Mac OS X 版本有以下 4 种不同的呈现方式：

▶ Mac OS X v10.4，版本号码。
▶ Mac OS X Tiger，版本的代号名称。
▶ Mac OS X v10.4 "Tiger"，版本号码和名称，苹果计算机公司有时会省略引号。
▶ "Tiger"，简单的版本名称。

练习

1．在 Windows 系统下，通过运行（　　）命令可以打开 Windows 管理控制台。
　　　a．regedit　　　　b．CMD　　　　c．MMC　　　　d．MFC

【提示】运行 regedit 命令进入注册表编辑器；运行 cmd 命令进入 DOS 命令行；运行 mmc 命令可以打开 Windows 管理控制台；mfc 不是 Windows 自带的命令。参考答案是选项 c。

2．若在 Windows "运行"窗口中输入（　　）命令，可以查看和修改注册表。
　　　a．CMD　　　　b．MMC　　　　c．AUTOEXE　　d．Regedit

【提示】本题考查 Windows 的相关命令。CMD 命令的作用是打开命令行终端。Microsoft 管理控制台（MMC）集成了各种工具（包括管理单元），可用来管理本地和远程计算机。Windows 中没有 AUTOEXE 命令。Regedit 提供了编辑注册表的功能。参考答案是选项 d。

3．Linux 的基本特点是（　　）。
　　　a．多用户、单任务、实时　　　　b．多用户、多任务、交互性
　　　c．单用户、单任务、分时　　　　d．多用户、多任务、分时

4．Linux 支持 UNIX 上两种基本的网络协议，它们分别是（　　）。
　　　a．TCP/IP 和 UUCP　　　　　　b．TCP/IP 和 IPX/NETX
　　　c．TCP/IP 和 NetBEUI　　　　　d．UUCP 和 IPC/NETX

5．在 Windows 操作系统中，远程桌面使用的默认端口是（　　）。
　　　a．80　　　　　　b．3389　　　　　c．8080　　　　　d．1024

补充练习

在教师的指导下，安装 Windows 10 操作系统。

本 章 小 结

网络操作系统（NOS）是构建计算机网络的核心与基础，它能使网络上各个计算机方便而有效地共享网络资源，为用户提供所需的各种服务。网络系统由硬件和软件两部分组成，如果用户的计算机已经从物理上连接到一个局域网中，但没有安装任何网络操作系统，那么该计算机仍将无法提供任何网络服务。

网络操作系统（NOS）是用户和计算机网络之间的接口，网络用户通过网络操作系统请求网络服务。网络操作系统是软件平台的核心，又称为操作平台。NOS 的功能和性能，在很大程度上决定了网络的整体水平，同时也大体上决定了应用及技术的发展方向。

网络操作系统的基本任务是，用统一的方法管理各主机之间的通信和共享资源。目前应用较为广泛的网络操作系统有 Microsoft 公司的 Windows Server 系列，以及 UNIX 和 Linux 等。

Windows 系列操作系统是微软开发的一种界面友好、操作简便的操作系统。目前，使用较多的 Windows 操作系统的客户端软件有 Windows 7/10 等；Windows 操作系统的服务器产品有 Windows Server 2008/2012/2016 等。Windows 操作系统支持即插即用、多任务、对称多处理和集群等一系列功能。

UNIX 早期的主要特色是结构简练、便于移植和功能相对强大。目前，Linux 操作系统已被国内用户所熟悉，尤其是它强大的网络功能，更是受到人们的喜爱。Linux 的出现打破了商业操作系统的技术垄断和壁垒，成为资源共享和开放技术的楷模，如 RHEL、Ubuntu。RHEL 是 Read Hat Enterprise Linux 是 Red Hat（红帽）公司发布的面向企业用户的 Linux 操作系统，功能强大而稳定。Ubuntu 被誉为对硬件支持最好、最全面的 Linux 发行版本之一，许多在其他发行版上无法使用，或者默认配置无法使用的硬件，在 Ubuntu 上都能够运行。

小测验

1. 用户账户有哪些类型？组账户有哪些类型？
2. 怎样实现服务启停管理？
3. 什么是磁盘配额？怎样实现磁盘配额？
4. Linux 系统有 3 个查看文件的命令，若希望能够用键盘前后翻页来查看文件内容，应使用（ ）命令。

      a．cat   b．more   c．less   d．menu

【提示】cat 命令用于显示整个文件的内容，单独使用没有翻页功能，因此经常和 more 命令搭配使用。如果文本文件太长，一屏显示不完，则可使用 more 命令将文件分屏显示，每次显示一屏文本，按空格键显示下一屏。Less 命令与 more 命令的功能相似，也是按页显示，不同的是不仅可向前翻阅文件，也可以向后翻阅文件；按 b 键向前翻页显示，按 p 键向后翻页显示。参考答案是选项 c。

5. Linux 系统在默认情况下，将创建的普通文件的权限设置为（ ）。

      a．-rw-r-r-   b．-r-r-r-   c．-rw-rw-rwx-   d．-rwxrwxrw-

【提示】Linux 系统对文件的访问权限设定了三级：文件所有者、文件所有者同组的用户、其他用户。同时，对文件的访问有 3 种处理操作：只读、写和可执行。创建 Linux 文件时，文

件所有者可以对该文件的权限进行设置。默认情况下，系统将创建的普通文件的权限设置为
-rw-r-r-。参考答案是选项 a。

6．在 Linux 系统中，利用（　　）命令可以分页显示文件的内容。

　　　　a．list　　　　　　　　b．cat　　　　　　c．more　　　　　　d．cp

【提示】在 Linux 系统中，cat 命令用于在屏幕上滚动显示文件内容；more 命令用于分页
显示文件内容；cp 为文件复制命令。参考答案是选项 c。

7．在 Linux 系统中，存放用户账号加密口令的文件是（　　）。

　　　　a．/etc/sam　　　　　b．/etc/shadow　　c．/etc/group　　d．/etc/security

【提示】/etc/group 存放的是指定用户的组名与相关信息；/etc/security 用于设定哪些终端可
以让根用户 root 登录。参考答案是选项 b。

8．若 Linux 用户协议将 FTP 默认的 21 号端口修改为 8080，可以通过修改（　　）配置
文件实现。

　　　　a．/etc/vsftpd/userconf　　　　　　b．/etc/vsftpd/vsftpd.conf

　　　　c．/etc/resolv.conf　　　　　　　　d．/etc/hosts

【提示】/etc/resolv.conf 用来设置 DNS；/etc/hosts 记录着 IP 地址至主机名的映射关系。在配置
文件/etc/vsftpd/vsftpd.conf 中可以修改 FTP 端口号，具体的设置为 listen_port=port_value，可以通
过改变 port_value 的值来修改端口号，本题的设置为 listen_port=8080，故参考答案是选项 b。

第八章 局域网的组建与互连

局域网按照其规模可分为大型局域网、中型局域网和小型局域网 3 种。一般而言，大型局域网是指区域较大、包括多座建筑物、网络拓扑结构复杂、功能较为全面的网络，如校园网等。小型局域网是指占地空间小、规模小、建网经费少的计算机网络，常用于办公室、多媒体教室、游戏厅、网吧、家庭等。中型局域网介于上述两者之间，如覆盖一栋办公大楼的局域网等。

小型局域网的主要目的是实施网络通信和共享网络资源，如共享文件、打印机、扫描仪等办公设备，共享大的存储空间，以及共享因特网（Internet）连接。此类局域网往往用于接入的计算机结点比较少，而且各结点相对集中的地方，每个结点与交换机之间的距离一般不超过 100 m，采用双绞线布线。

计算机网络按其工作模式主要有客户机/服务器（C/S）模式和对等（P2P）模式两种。前者注重的是文件资源管理、系统资源安全等指标，而后者注重的是网络资源的共享和便捷。这两种模式在小型局域网中都得到了广泛应用。

当人们不满足于单个网络中的资源共享时，提出了网络互连的要求。由于各种网络使用的技术可能不同，实现网络之间的通信还要解决一些新的问题。局域网用网桥互连。IEEE 802.2 标准中有两种关于网桥的规范：一种是透明网桥规范，另一种是源路由网桥规范。

本章先介绍如何组建对等局域网和 C/S 局域网；然后简单讨论局域网的互连技术，并给出基于 Windows 7 的软件网桥实现方法。

第一节 组建对等局域网

对等局域网有时简称对等网，它是一种权力平等、组建简单的小型网络。对等局域网中的每一台设备可以同时是客户机和服务器。网络中的所有设备可直接访问数据、软件和其他网络资源。换言之，每一台网络计算机与其他联网的计算机是对等的，它们没有层次的划分。虽然对等网在一些功能上存在一些局限性，但仍然能够满足用户对网络的基本需求。因此，在很多场合（如家庭、校园宿舍及小型办公场所）都得到了应用。但对等局域网只是局域网中最基本的一种网络模式，许多管理功能无法实现。

学习目标

▶ 掌握对等局域网的概念，了解其特点；
▶ 掌握组建对等局域网的基本技术。

关键知识点

▶ 双机或多机对等局域网的配置过程。

对等局域网的概念和特点

对等局域网也称工作组网，它不像企业专用网那样通过域来控制，而是通过"工作组"来组织。"工作组"的概念远没有"域"那么复杂和强大，所以对等网的组建非常简单，但所能连接的用户数也比较有限。

需要说明的是对等（Peer to Peer，P2P）技术，又称为对等互联网络技术，多简称为对等网。P2P 是一种网络新技术，依赖网络中参与者的计算能力和带宽，而不是把资源都聚集在较少的几台服务器上。P2P 网络通常通过 Ad Hoc 连接来连接结点。每个结点都有一些资源（处理能力、存储空间、网络带宽、内容等）可以提供给其他结点；结点之间直接共享资源，不需要服务器的参与；所有结点地位相等，具备客户和服务器双重特性；可缓解集中式结构中存在的问题，充分利用终端的丰富资源。P2P 技术的第一个广泛应用是 Napster 文件共享系统，用户通过该系统可以方便地交换音乐文件。自此，P2P 的研究得到了学术界和商业组织的广泛关注。但由于 P2P 应用所引起的许多社会、法律、版权等问题，所以对于 P2P 应用也一直存在争议。目前，以文件共享为代表的 P2P 应用已成为因特网规模增长迅速的应用之一。

对等局域网上的各台计算机具有相同的功能，无主从之分，地位平等。网络上任意结点计算机既可以作为服务器，为其他计算机提供资源，也可以作为工作站，分享其他服务器的资源。对等网除可以共享数据资源之外，还可以共享打印机等硬件资源。因为它不需要专门的服务器予以网络支持，也不需要其他组件来提高网络的性能，因而对等局域网的建设成本较低。概括地说，对等局域网具有如下特点：

- ▶ 用户数量不超过 20 个；
- ▶ 所有用户都位于一个邻近的区域；
- ▶ 用户能够共享文件和打印机；
- ▶ 数据安全性要求不高，各个用户都是各自计算机的管理员，独立管理自己的数据和共享资源；
- ▶ 不需要专门的服务器，也不需要另外的计算机或者软件。

虽然对等局域网的拓扑结构比较简单，但根据具体应用环境和需求，对等局域网也因其规模和传输介质类型的不同，有几种不同的类型，主要包括双机对等局域网、三机对等局域网和多机对等局域网。

双机对等局域网

两台计算机通过叉接电缆直接相连，即可构成一个最简单的对等局域网。这种形式主要用于家庭、宿舍，也常应用于一些工业控制、科研开发场合。

三机对等局域网

如果网络所连接的计算机有 3 台，则有以下两种连接方式：

- ▶ 双网卡网桥方式——在其中一台计算机上安装两块网卡，另外两台计算机各安装一块网卡，然后用交叉线连接起来，再进行配置即可，如图 8.1（a）所示。
- ▶ 星状对等局域网方式——用一个集线器或交换机作为介质的集中连接设备，3 台计算机都使用直通双绞线与集中设备相连，如图 8.1（b）所示。

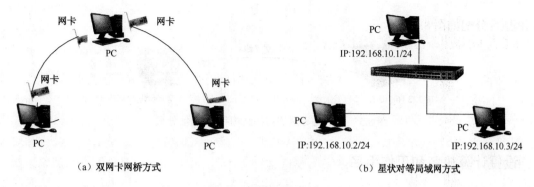

（a）双网卡网桥方式　　　　　　　　　　（b）星状对等局域网方式

图 8.1　三机对等局域网

多机对等局域网

组建多于 3 台计算机的对等局域网，必须采用集线器或交换机组成星状网络。星状网络使用双绞线连接，以交换机等设备为中心，呈放射状连接各台计算机。由于交换机等设备上有许多指示灯，遇到故障时很容易发现出现故障的计算机，而且一台计算机或线路出现问题也不会影响其他计算机。另外，如果要增加或减少连接的计算机，也非常容易实现。

组建双机对等局域网

用双绞线和 RJ-45 接头连接两台计算机的网卡就可以组建一个简单的对等局域网环境。组建双机对等局域网，其关键工作是制作叉接网线、设置计算机名和工作组名、配置 IP 地址。

制作网线并连接

准备一根网线和至少两个 RJ-45 接头，按交叉法制作一条 5 类（或超 5 类）双绞线。需要注意的是：叉接电缆的一个 RJ-45 接头要采用 EIA/TIA 568-A 线序，另一个 RJ-45 接头要采用 EIA/TIA 568-B 线序，如图 8.2 所示。

图 8.2　叉接电缆

网线连接

把网线两端的 RJ-45 接头分别插入两台计算机网卡的 RJ-45 端口。双机对等网的拓扑结构和 IP 地址分配如图 8.3 所示。

交叉线

IP:192.168.10.100/24　　　　　　　　　　　　　　　IP:192.168.10.101/24

图 8.3　双机对等网的拓扑结构和 IP 地址分配

设置计算机名和工作组名

下面以 PC 常用的 Windows 7 为例，介绍设置计算机名和工作组名的方法。用鼠标右键单击"计算机"图标，从弹出的快捷菜单中选择"属性"命令，在弹出的"系统属性"对话框中选择"高级系统设置"选项，切换到"计算机名"选项卡，显示计算机的描述信息，如图 8.4 所示。

单击"更改"按钮，在弹出的"计算机名/或域更改"对话框中填写计算机名，在"隶属于"选项中选中"工作组"单选按钮，设置工作组名称，如图 8.5 所示。注意两台计算机的工作组名称必须相同，计算机名必须不同，否则连机后会出现冲突。名称的长度不要超过 15 个英文字符或 7 个中文字符，且输入的计算机名中不能有空格。

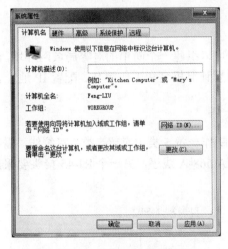

图 8.4　计算机的描述信息

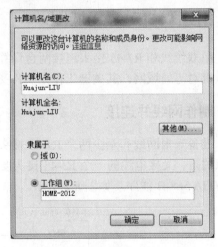

图 8.5　设置计算机和工作组名称

设置完成后，单击"确定"按钮，弹出提示对话框，如图 8.6 所示。

单击"确定"按钮，在出现需要重新启动的提示信息后，回到"系统属性"对话框，显示设置后的计算机信息，如图 8.7 所示。注意，必须重新启动计算机后，这些设置才能够生效。

如果在图 8.4 中单击"网络 ID"按钮，可按照系统提示单击"下一步"按钮自动完成配置工作。但当出现图 8.8 所示的"加入域或工作组"对话框时，需要输入用户名、密码及域名后，再单击"下一步"按钮完成设置。

然后，打开"协议版本 4（TCP/IPv4）属性"窗口，设置两台计算机的 IP 地址。其中一台计算机的 IP 地址设置为 192.168.10.100，子网掩码为 255.255.255.0，如图 8.9 所示；在另一台计算机的 IP 地址设置为 192.168.10.101，子网掩码相同。此外，不需要设置网关和 DNS。

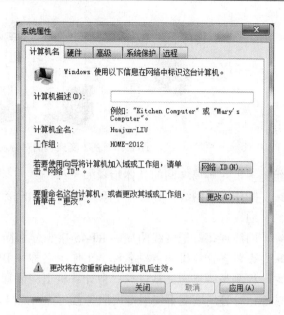

图 8.6　提示对话框　　　　　　　　　　图 8.7　设置后的计算机信息

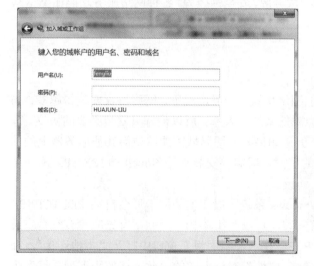

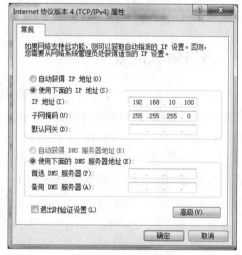

图 8.8　"加入域或工作组"对话框　　　　　图 8.9　设置 IP 地址窗口

　　最后检测是否连通。在 IP 地址为 92.168.10.100 的计算机上，打开 DOS 命令窗口，输入命令"ping 192.168.10.101"，可检测两台计算机的连通情况。

组建多机对等局域网

　　组建多于 3 台计算机的对等局域网，就必须采用集中设备（集线器或交换机）组成星状网络。星状网络使用双绞线连接，以集中设备为中心，呈放射状连接各台计算机。

　　通常，若对等网中有多台计算机，首选方案是使用交换机来连接。除使用的设备略有不同之外，基于交换机的对等局域网与双机对等局域网的设置方法基本一致。例如，基于交换机的对等局域网拓扑结构如图 8.10 所示。

IP:192.168.10.11/24　　　　　　　　　　　　　IP:192.168.10.13/24

IP:192.168.10.12/24　　　　　　　　IP:192.168.10.14/24

图 8.10　基于交换机的对等局域网拓扑结构

组建多机对等局域网的具体步骤如下：

▶ 制作直通网线：准备若干双绞线和 RJ-45 接头，制作多根直通网线，并测试以保证连通良好。

▶ 网线连接：把网线两端的 RJ-45 接头分别插入计算机网卡和交换机的 RJ-45 端口。

▶ 设置各计算机的主机名称、工作组名称和 IP 地址，工作组的名称应当相同。

▶ 检测是否连通：从任意一台计算机上应能够"Ping"通其他计算机。

注意：对等局域网不使用专用服务器，各站点既是服务提供者，又是网络服务申请者。每台计算机不但有单机的所有自主权，而且可共享网络中各计算机的处理能力和存储容量，并能进行信息交换。不过，对等局域网中的文件存放分散，安全性较差，各种网络服务功能如 WWW 服务、FTP 服务等，都无法应用。

网络协议的安装

要想使网络正常工作，必须安装适当的网络协议。一般情况下，网络协议安装得越多，与其他网络连接就越方便。但协议安装多了会降低系统的效率，所以最好只安装必要的协议。理论上，对等网只安装 NetBEUI 协议即可，但是如果要使用局域网能够访问其他服务器上的网络资源，如共享 Novell Netware 服务器上的资源，就需要安装支持 Novell 的 IPX/SPX 网络协议；要进行网络互联，就需要安装 TCP/IP 协议。

图 8.11　"本地连接 属性"对话框

Windows 系统一般在安装网卡后会自动安装 TCP/IP。若没有安装，可以手工添加。因此，首先应检查是否安装了 TCP/IP。在"控制面板"窗口中打开"本地连接"，在"本地选择 属性"对话框中的"此连接使用下列项目"列表框中查看是否有"Internet 协议版本"选项；若有，说明已经安装了 TCP/IP，如图 8.11 所示。

如果没有，则需要在图 8.11 所示的对话框中，单击"安装"按钮；在弹出的"选择网络功能类型"对话框中选择"协议"选项，然后单击"添加"按钮，如图 8.12 所示。

接着，在弹出的"选择网络协议"对话框中选择要添加的"TCP/IP 协议"，单击"确定"按钮。安装 TCP/IP 后，还要在"本地连接 属性"对话框中，单击"Internet 协议版本（TCP/IP）属性"选项，这时会弹出如图 8.13 所示的对话框。

在该对话框中可以设置相应的 IP 地址、子网掩码、默认网关、DNS 服务器地址参数值。若需要自动分配 IP 地址，可以选中"自动获得 IP 地址"单选按钮。以后对 TCP/IP 配置参数的修改，也可以在这个对话框中进行。

图 8.12　"选择网络功能类型"对话框

图 8.13　Internet 协议版本属性对话框

在对等局域网的设置中应使所有计算机属于同一个网络，每台计算机的 IP 地址与子网掩码进行"与"操作后的值应该都一样，即每台计算机的网络标识一致。

在为计算机安装 IPX/SPX、NetBEUI 和 TCP/IP 时，它们会被自动绑定到本机已经安装的网卡上。

练习

1. 对等网也称（　　）网，它不像企业专用网那样通过域来控制，而是通过（　　）来组织。

2. 两台计算机通过（　　）直接相连，就构成了双机对等局域网。

3. 叉接电缆的一个 RJ-45 接头要采用（　　）线序，另一个 RJ-45 接头要采用（　　）线序。

4. 对等网中，各计算机的（　　）和（　　）不能相同，（　　）应当相同。

5. 对等网不使用专用服务器，各站点既是网络服务（　　），又是网络服务（　　）。

6. 若允许别人访问自己的共享资源，首先要为该用户设置一个（　　）。

7. 采用 TCP/IP 协议组建对等网，需要对 IP 协议进行哪些配置，各项配置内容（如子网掩码）代表什么含义？

8. 组网中协议的绑定是指什么？

补充练习

1. 在对等局域网中实现资源共享的方法有哪些？实际应用这些方法组建一个对等局域网，并总结出安装步骤。

2. 使用交换机组建一个多机对等局域网，总结网络配置方法。

第二节　组建 C/S 局域网

C/S 是指一种客户机/服务器（Client/Server）计算模式，其系统结构的特点是把一个大型的计算机应用（特别是在因特网中）系统变为多个能互相独立的子系统，采用系统分工、协同工作的方式。在局域网中，C/S 结构需要将处理的工作任务分配给客户机和服务器共同来完成，也就是说将一个任务分割成几部分，分配到整个网络上，以便有效地利用系统资源。

学习目标

- ▶ 了解 C/S 局域网的特点和类型；
- ▶ 掌握通过 Console（控制）端口连接并配置交换机、组建 C/S 局域网的方法和步骤。

关键知识点

- ▶ 使用交换机组建交换式局域网。

C/S 局域网的类型

C/S 局域网主要是指网络中至少有一台服务器管理和控制网络的运行，网络中的服务器通常采用 Windows Server 2008/2012/2016 作为网络操作系统，实现网络服务，如 DHCP 服务、DNS 服务、IIS 服务、域控制服务和数据库服务、FTP 服务、打印服务等。C/S 局域网一般采用星状拓扑结构，使用交换机作为中心结点。C/S 局域网主要具有以下特点：

- ▶ 网络中至少有一台服务器为客户机提供服务；
- ▶ 网络中客户机比较多，地点比较分散，不在同一房间或同一楼宇中；
- ▶ 网络中资源比较多，且适用于集中存储，通常包括大量共享数据资源；
- ▶ 网络管理集中，安全性高，访问资源受权限限制，保证了数据的可靠性。

根据网络中服务器的管理方式，C/S 局域网有以下几种类型。

工作组方式 C/S 局域网

工作组方式 C/S 局域网是较为常见的一种局域网。所谓工作组是指在计算机属性里可见的工作组。服务器在整个局域网中根据工作组类型提供各种网络服务和网络控制。将客户机分成不同的工作组，而功能基本相同的客户机归属于同一个工作组，同一个工作组中的数据交换比较频繁。在服务器中，为不同工作组的成员建立不同权限的用户账号，服务器根据账号类型决定用户访问数据的权限。相同工作组成员之间的数据访问基本不受限制，而对于不同工作组成员之间的数据访问，服务器根据用户访问规则加以限制，从而实现服务器数据资源的分类共享。工作组方式 C/S 局域网拓扑结构如图 8.14 所示。

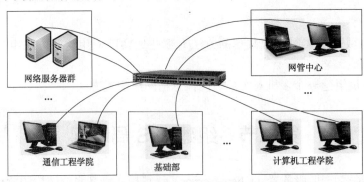

图 8.14　工作组方式 C/S 局域网拓扑结构

域控制方式 C/S 局域网

域控制方式 C/S 局域网是指在网络中至少有一台服务器为网络控制器，即域控制服务器。域控制服务器的作用是负责整个网络中客户机登录网络域的用户验证，保证网络中所有计算机用户为合法用户，从而保证服务器资源的安全访问。

在工作组方式 C/S 局域网中，尽管需要通过输入共享访问密码来访问服务器资源，但是网络中的共享访问密码是很容易被破解的，因此会造成网络中数据资源的不安全。在域控制方式 C/S 局域网中，访问域的用户账号、密码、计算机信息构成一个信息数据库，当计算机连入网络时，域控制器将输入的用户登录信息与数据库中的验证信息进行比对，确定是否属于域成员，以此完成网络访问控制。域控制方式 C/S 局域网的拓扑结构如图 8.15 所示。

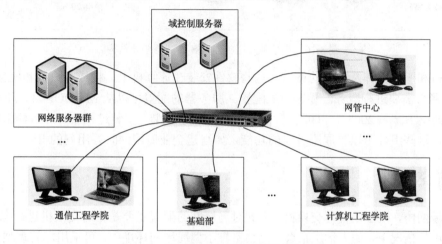

图 8.15　域控制方式 C/S 局域网拓扑结构

对于域控制方式 C/S 局域网需要分别设置域控制服务器和客户机，一般域控制服务器采用 Windows Server 网络操作系统，客户机的用户账号由域控制器建立。例如，在 Windows Server 2008 建立域时，在域用户管理和计算机管理中可创建新的组别，即可实现域控制方式。

独立服务器方式 C/S 局域网

所谓独立服务器方式 C/S 局域网，是指网络中的各个服务器都是独立提供网络服务的，分别根据自身的访问规则和用户设置来决定用户的访问，而不是根据用户的工作组或域进行访问控制。各服务器之间在用户管理和访问控制方面不存在关联，如 FTP 服务器上的合法用户"liufeng"，与数据库服务器上的用户"liufeng"可能不是一个物理用户。

独立服务器方式的网络无法实现统一身份认证和单点登录，为用户的使用带来了不便。但这种网络结构的逻辑关系比较单纯，服务器配置比较灵活，更利于网络的管理和维护，在实际网络建设中得到了广泛应用。例如，某单位拥有职工 8 人和两间办公室，共享资源有文件服务器、数据库服务器、网络多功能激光打印机等。其独立服务器方式 C/S 局域网的拓扑结构如图 8.16 所示。服务器安装两块网卡，一块网卡用于接入因特网，配置静态 IP 地址（例如：202.119.167.6，子网掩码为 255.255.255.0，网关为 202.119.167.1，DNS 为 202.119.160.11），另一块网卡作为内部局域网的服务器，配置 IP 地址（例如：192.168.20.8，子网掩码为 255.255.255.0，网关为 202.119.167.8）；局域网内部客户机的 IP 地址配置范围可以从 192.168.20.21 开始。这种网络方案能够很好地兼顾网络安全性和易用性。

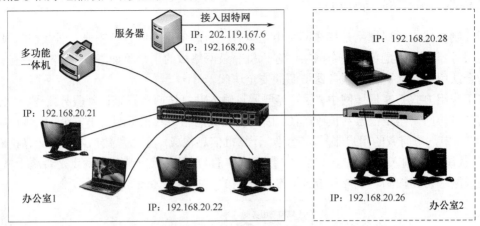

图 8.16 小型独立服务器 C/S 局域网拓扑结构

客户机和服务器都是软件的概念，这些软件安装在计算机上，构成客户机和服务器主机。组建 C/S 网络需要进行服务器和客户机配置。服务器的配置可以从 MS-DOS 环境下安装（如安装 Windows Server 2008），也可以在 Windows 环境下安装。安装过程要对服务器常用的组件进行选择，这些组件可以扩展服务器的功能，如组建企业专用网时要用到的 IIS。

配置交换机

在局域网中，核心设备是交换机，因此对局域网的配置主要是指对交换机进行配置。在一些简单应用的情况下，如大学生宿舍、办公室等小型局域网环境中，可采用非管理型桌面以太网交换机连接至网络设备。将非管理型桌面以太网交换机连接至网络设备的步骤如下：

- ▶ 将以太网电缆（推荐使用 5e 类双绞线或更好的电缆）的一端连接至计算机、打印机、网络存储器或其他网络设备的以太网端口；
- ▶ 将以太网电缆的另一端连接至已经编号的交换机的以太网端口，如果路径的设备处于活动状态，端口的 LED 会亮起；
- ▶ 重复上述两个步骤连接每台网络设备；
- ▶ 将电源适配器连接至交换机和电源，并打开电源开关。

交换机作为一种透明的集中设备来使用，一般不需要进行任何配置，但在很多情况下，需要对交换机进行适当的配置，如设置 IP 地址、划分 VLAN 等，以使其满足用户的更高需求。

交换机的配置过程比较复杂，而且不同品牌、不同系列的交换机其具体的配置方法也有所不同。通常，交换机可以通过两种方法进行配置，一种是本地配置；另一种是远程网络配置，但是后一种配置方法只能在前一种配置成功后才可进行。

交换机的本地配置涉及硬件连接、软件安装与配置等步骤。

硬件连接

鉴于便携式计算机的便捷性，配置交换机时通常采用通过便携式计算机进行，当然也可以使用台式机，但移动起来不太方便。交换机的本地配置通过计算机与交换机的 Console 端口直接连接的方式进行，其连接方式如图 8.17 所示。

图 8.17 本地配置的硬件连接方式

一般而言，可进行网络管理的交换机上都有一个 Console 端口，它是专门用于对交换机进行配置和管理的。通过 Console 端口连接并配置交换机，是配置和管理交换机必须经过的步骤。虽然除此之外，还有其他若干配置和管理交换机的方法，如 Web 方法、Telnet 方法等，但这些方法必须首先通过 Console 端口进行配置后才能进行。因为其他方式往往需要借助于 IP 地址、域名或设备名称才可以实现，而新购买的交换机显然不可能内置这些参数，所以通过 Console 端口连接并配置交换机是最常用、最基本的方式，也是网络管理员必须掌握的管理和配置方式。

需要要注意的是，绝大多数 Console 端口（如 Cisco 的 Catalyst 1900 和 Catalyst 4006）都采用 RJ-45 接口，但也有少数采用 DB-9 串口接口（如 Cisco 的 Catalyst 3200）或 DB-25 串口接口（如 Catalyst 2900）。无论交换机是采用 DB-9 串口接口，还是采用 DB-25 串口接口，都需要通过专门的 Console 线连接至配置用计算机（通常称作终端）的串行口。与交换机不同的 Console 端口相对应，Console 线也分为两种：一种是串行线，即两端均为串行接口（两端均为母头），两端可以分别插入计算机的串口和交换机的 Console 端口；另一种是两端均为 RJ-45 接头的扁平线，由于扁平线两端均为 RJ-45 接口，无法直接与计算机串口进行连接，因此，还必须同时使用一个 RJ-45/DB-9（或 RJ-45/DB-25）的适配器。

软件配置

具体的交换机配置会因其品牌、型号不同而有所差异，但多数交换机都基于自家的输入输出系统（IOS）进行交换机配置。在此以 Cisco 的 Catalyst 1900 交换机为例，简单介绍交换机的通用配置方法。

Catalyst 1900 交换机在配置前的所有默认配置如下：

- ▶ 所有端口无端口名，优先级为"normal"方式；
- ▶ 所有 10/100（Mb/s）以太网端口设为"auto"方式；
- ▶ 所有 10/100（Mb/s）以太网端口设为半双工方式；
- ▶ 未配置虚拟子网。

完成物理连接后，可按以下步骤进行软件配置。

打开与交换机相连的计算机，以 Windows XP 为例，依次选择"开始"→"程序"→"附件"→"通信"→"超级终端"命令，即可进行相关配置。

在交换机的配置中，Telnet 是系统管理员常用的远程登录和管理工具，在 Windows 系统中，它已被作为标准的系统组件集成到系统中供用户使用。不过在默认情况下的 Telnet 服务是被禁止的，通常情况下需要运行 services.msc 打开服务管理，找到 Telnet 服务项设置其启动类型为"手动"或者"自动"，然后启动该服务才可使用。但在 Windows 7 中，按照上述方法是不能找到并启用 Telnet 服务的。

　　在服务管理器中找不到 Telnet 并不是 Windows 7 抛弃了 Telnet，而是默认状态下 Windows 7 并没有安装 Telnet 服务。这也是微软第一次从个人系统中将 Telnet 剔出了系统默认组件之外，这与 Windows Server 2008 类似。之所以这么做，主要出于安全性考虑。因此，若要在 Windows 7 下使用 Telnet 需要安装它。

　　在 Windows 7 下安装 Telnet 可以通过如下方法实现。依次单击"开始"→"控制面板"→"程序和功能"，"在程序和功能"页面找到并单击"打开或关闭 Windows 功能"选项，弹出"Windows 功能"对话框；找到并勾选"Telnet 客户端"和"Telnet 服务器"复选框，单击"确定"按钮，稍等片刻即可完成安装，如图 8.18 所示。除此之外，也可通过该向导安装"TFTP 客户端""Internet 信息服务"等。

　　安装完成后，默认情况下的 Telnet 服务是禁用的，所以还需要执行"开始"→"运行"命令，输入"services.msc"打开服务管理器；找到并双击 Telnet 服务项，设置其启动方式为"手动"（更安全，只在

图 8.18　安装 Telnet 窗口

需要时才启用）；最后，"启动"该服务，单击"确定"按钮退出即可。

练习

1. 客户机/服务器模式网络有哪些特点？
2. 客户机/服务器模式网络有几种工作模式？域模式有何特点？
3. 说明域与工作组的差别。
4. 在 Windows Server 2008 服务器常用的组件中，哪些是必须选择的？
5. 客户机配置时需要做哪些准备工作？

补充练习

练习 Windows Server 2016 网络服务器配置。该练习采用分组进行，可 3 人一组，分别负责 DNS 服务器、DHCP 服务器和 Web 服务器（也可 1 人独自负责），完成以下项目：

▶　选择一台虚拟机安装 DNS 服务器，其余 2 人作为客户端，练习配置 DNS 服务器；
▶　选择一台虚拟机安装 DHCP 服务器，其余 2 人作为客户端，练习配置 DHCP 服务器；
▶　选择一台虚拟机安装 Web 服务器，配置 HTTP 和 FTP 访问，其余 2 人作为客户端，练习配置 Web 服务。

第三节　局域网互连

　　在许多实际的网络应用中，经常需要将多个局域网互连起来。网桥是实现多个局域网互连的设备。网桥作为 MAC 层的互连设备，其结构、工作原理与局域网交换机有很大的相似性，同时又具有一定的代表性。

早期的网桥用于连接同构 LAN，通过数据的转发提供服务。所谓同构，是指互连的网络采用相同的协议标准（至少在 MAC 层及以上）。IEEE 802 系列标准分出 LLC 子层之后，实现异构 LAN 之间的互联互通，成为十分自然的结果。

网桥具有两大功能：一是生成、维护与端口号对应的 MAC 地址表的转发表，二是帧的接收、过滤与转发。目前，网桥可分为透明网桥、源路由网桥、翻译网桥和源路由翻译网桥。透明网桥早期用于以太网的桥接，源路由网桥用于令牌环网的桥接，翻译网桥用于以太网与令牌网的直接桥接，而源路由翻译网桥用于以太网与令牌环网的混合桥接。本节主要讨论 IEEE 802 标准中的两种关于网桥的规范：一种是透明网桥，另一种是源路由网桥。首先介绍网桥协议的体系结构，然后介绍 IEEE 802 网桥的工作原理。

学习目标

▶ 掌握网桥的结构与工作原理，了解网桥协议的体系结构和网桥的路由选择策略；
▶ 掌握生成树网桥和源路由网桥的方法。

关键知识点

▶ 网桥转发表的生成与自学习算法。

网桥的基本概念

网桥是一种存储转发设备，用于连接类型相似的局域网。网桥工作在数据链路层，对数据帧进行存储和转发。虽然网桥既不同于只进行单纯信号增强的中继器，也不同于进行网络层转换的路由器，但网桥仍然是一种网络连接的方法；因为局域网本身没有网络层，只有在主机站点上才有网络层或提供网络层服务的功能。

网桥的重要功能是能够不受介质访问子层冲突域的限制而扩展网络长度。对于众多的共享 LAN 可以利用网桥隔离 LAN 段，为一个 LAN 段提供相同的带宽，这就等于扩大了总带宽。网桥既可使各个 LAN 段内部的数据包、冲突包不会广播到另一个 LAN 段，明显地提高带宽的利用率；同时网桥又具有存储、转发和过滤功能，使应当发送到另一个 LAN 段的信息正确地转发。

网桥的结构与基本工作原理

网桥可以实现两个或两个以上相同类型（如以太网与令牌环）的异构局域网的互连。图 8.19 示出了用网桥将两个以太网互连的例子。

网桥通过两块以太网网卡分别连接到局域网 1 和局域网 2 中。两块网卡分别成为网桥连接局域网 1 的端口 1 和连接局域网 2 的端口 2。网桥有一个记录网桥端口与不同主机 MAC 地址对应关系的转发表，也称为端口转发表或 MAC 地址表。

当局域网 1 中的站点 A 与站点 B 通信时，站点 A 发出源 MAC 地址为 02:60:8c:02:24:20、目的 MAC 地址为 00:60:08:00:06:38 的帧。网桥可以接收到该帧。网桥根据帧的目的地址，在转发表中查询后，确定站点 A 与站点 B 在同一个局域网内，不需要转发，则丢弃该帧。

当站点 A 向局域网 2 中的站点 D 发送一个帧时，站点 A 发出源 MAC 地址为 02:60:8c:02:24:20、目的 MAC 地址为 00:02:3f:00:11:4d 的帧。网桥根据帧的目的地址，在转发表中查询之后，确定该帧应该转发到局域网2，这时网桥就通过连接局域网2的网卡，将帧从端口2转发到局域网2，站点D就能接收到该帧。

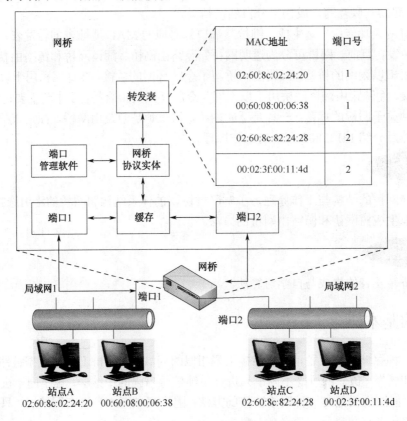

图 8.19　网桥连接两个以太网的示例

网桥转发表的生成与自学习算法

按照网桥转发表的建立方法，网桥可以分为以下两类：

▶　源路由网桥；

▶　透明网桥。

1. 源路由网桥

源路由网桥由网桥发送帧的源结点负责路由选择。每个结点在发送帧时，将详细的路由信息写在帧头部，网桥根据源结点确定的路由转发帧。这种方法的关键，是源结点知道如何选择路由。

为了发现合适的路由，源主机以广播的方式向目的结点发送用于探测的发现帧。发现帧通过网桥互连的局域网时，会沿着所有可能的路由传输。在传输过程中，每个发现帧都记录经过的网桥。当这些发现帧到达目的结点时，就沿着各自的路由返回源主机。源结点得到这些路由信息后，从可能的路由中选择出一个最佳路由。常用的方法是：如果有超过一条的路径，源结点将选择中间经过的网桥跳数最少的路径。发现帧的另一个作用是帮助源结点确定整个网络可以通过的帧的最大长度。

2. 透明网桥

当用透明网桥互连局域网时，在开始时网桥的转发表是空的。网桥采取自学习的方法建立转发表。自学习方法的基本思路是：如果网桥从端口 1 接收到一个源地址为 02:60:8c:02:24:20 的站点 A 的帧，同时又接收到一个目的地址为 02:60:8c:02:24:20 的帧，就一定可以通过端口 1 将该帧发送给站点 A。按照这种思路，网桥就可以记录下源 MAC 地址和进入网桥的端口号。网桥在转发帧的过程中，逐渐地建立和更新转发表。

透明网桥的转发表需要记录 MAC 地址、端口号和时间 3 项信息。为了使转发表能反映整个网络的最新拓扑，需要将每个帧到达某个端口的时间记录下来。网桥端口管理软件周期性地扫描转发表，将在一定时间之前的记录进行删除，这使得网桥的转发表能够反映当前网络拓扑的变化。

可见，透明网桥是通过自学习算法生成和维护网桥转发表的，是一种即插即用的局域网互连设备。

网桥协议的体系结构

在 IEEE 802 体系结构中，站地址是由 MAC 子层协议说明的，网桥在 MAC 子层起中继作用。图 8.20（a）示出了连接两个 LAN 的网桥的协议体系结构，这两个 LAN 运行相同的 MAC 和 LLC 协议。当 MAC 帧的目的地址和源地址属于不同的 LAN 时，该帧被网桥捕获、暂时缓存，然后传输到另一个 LAN。当在两个站之间通信时，两个站中的对等 LLC 实体之间进行对话，但是网桥不需要知道 LLC 地址，网桥只是传输 MAC 帧。

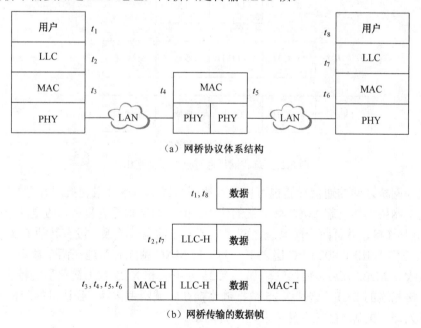

（a）网桥协议体系结构

（b）网桥传输的数据帧

图 8.20　用网桥连接两个 LAN

图 8.20（b）示出了网桥传输的数据帧。数据由 LLC 用户提供，LLC 实体对用户数据附加帧头后将其传输给本地的 MAC 实体；MAC 实体再在 LLC 帧上加上 MAC 帧头和帧尾，从而形成 MAC 帧。网桥把 MAC 帧完整地传输到目的 LAN。由于 MAC 帧头中包含目的站地址，

所以网桥可以识别 MAC 帧的传输方向。网桥并不剥掉 MAC 帧头和帧尾，它只是把 MAC 帧完整地传输到目的 LAN。当 MAC 帧到达目的 LAN 后才可能被目的站捕获。

MAC 中继桥并不限于用一个网桥连接两个邻近的 LAN。如果两个 LAN 相距较远，可以用两个网桥分别连接一个 LAN，而两个网桥之间再用通信线路相连。图 8.21 示出了两个网桥之间通过点对点链路连接的情况。当一个网桥捕获了目的地址为远端 LAN 的帧时，就在此帧上加上链路层（如 HDLC）的帧头和帧尾，并把它发送到远端的另一个网桥；目的网桥剥掉链路层的帧头和帧尾字段使其恢复为原来的 MAC 帧，这样 MAC 帧就可最后到达目的站了。

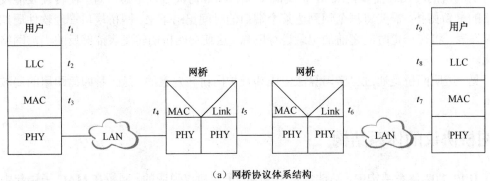

（a）网桥协议体系结构

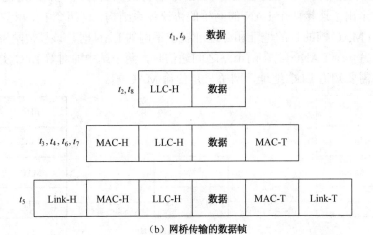

（b）网桥传输的数据帧

图 8.21　远程网桥通过点对点链路相连

两个远程网桥之间的通信设施也可以是其他网络（如广域分组交换网），如图 8.22 所示。在这种情况下网桥仍然是起 MAC 帧中继的作用，但它的结构更为复杂。假定两个网桥之间通过 X.25 虚电路连接，并且两个端系统之间建立了直接的逻辑关系，没有其他 LLC 实体，这时 X.25 分组层工作于 IEEE 802 LLC 层之下。为了使 MAC 帧能完整地在两个端系统之间传输，源端网桥接收到 MAC 帧后，要给它附加上 X.25 分组头和 X.25 数据链路层的帧头和帧尾，然后发送给直接相连的 DCE。这种 X.25 数据链路帧在广域网中传播，到达目的网桥并剥掉 X.25 字段，恢复为原来的 MAC 帧，然后发送给目的站。

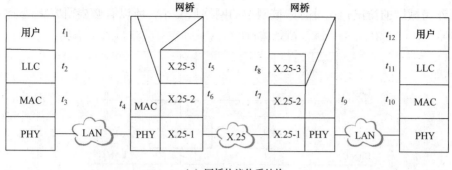

（a）网桥协议体系结构

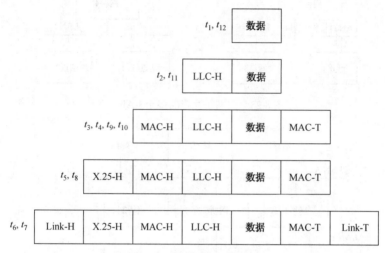

（b）网桥传输的数据帧

图 8.22　两个网桥通过 X.25 网络相连

网桥的路由选择策略

在简单情况下（如一个网桥连接两个 LAN），网桥的工作只是根据 MAC 地址决定是否转发帧；但是在较为复杂的情况下，网桥必须具有路由选择的功能。例如，假定站点 1 给站点 6 发送一个帧，这个帧同时被网桥 1 和网桥 2 捕获，而这两个网桥直接相连的 LAN 都不含目的站，如图 8.23 所示。这时网桥必须做出决定是否转发这个帧，使其最后能到达站点 6。显然网桥 2 应该做这个工作，把收到的帧转发到 LAN C，然后经网桥 4 转发到目的站。可见网桥要有做出路由决策的能力，特别是当一个网桥连接两个以上的网络时，如图 8.23 中的网桥 3，不但要决定是否转发，还要决定转发到哪个 LAN。

网桥的路由选择算法较为复杂。如图 8.24 所示，网桥 5 直接连接 LAN A 和 LAN E，从而构成了从 LAN A 到 LAN E 之间的冗余通路。如果站点 1 向站点 5 发送一个帧，该帧既可以经过网桥 1 和网桥 3 到达站点 5，也可以经过网桥 5 直接到达站点 5。在实际的通信过程中，可以根据网络的通信情况决定传输路线。另外，当改变网络配置时（如网桥 5 失效），网桥的路由选择算法也要随机应变。考虑了这些因素后，网桥的路由选择功能就与网络层的路由选择功能类似了。在最复杂的情况下，所有网络层的路由技术在网桥中都能用得上。当然，一般由网桥互连局域网的情况，远没有广域网中的网络层复杂，所以有必要研究更适合网桥的路由技术。

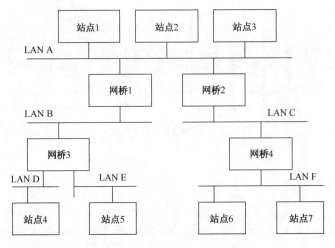

图 8.23　由网桥互连的多个 LAN

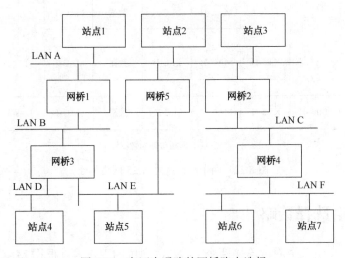

图 8.24　有冗余通路的网桥路由选择

为了对网桥的路由选择提供支持，MAC 层地址最好分为网络地址和站点地址两部分：

► 网络地址部分——用于标识互联网中唯一的 LAN；

► 站点地址部分——用于标识某 LAN 中唯一的工作站。

IEEE 802.5 标准建议：16 位的 MAC 地址应分成 7 位的 LAN 编号和 8 位的工作站编号，48 位的 MAC 地址应分成 14 位的 LAN 编号和 32 位的工作站编号，其余的 1 位或 2 位用于区分组地址/单地址，以及局部地址/全局地址。

在网桥中使用的路由选择技术可以是固定路由技术。像网络层使用的那样，每个网桥中存储一张固定路由表，网桥根据目的站地址，查表选取转发的方向，选取的原则可以是某种既定的最短路由算法。当然，在网络配置改变时路由表需要重新进行计算。固定式路由策略适合小型和配置稳定的互联网络。

生成树协议

在许多实际应用中，如一个企业的内部网或校园网，很难保证通过透明网桥管理的局域网不会出现环路情况。环路可使网桥反复转发同一个帧，这样就会增加网络不必要的负荷。为了防止这种现象，透明网桥使用了一种由 IEEE 802.1 给出的生成树协议（STP），以防止出现环路，同时 STP 还具有对于传输路径的备份功能。

生成树协议广泛用于对通信网络的路由计算。该算法计算得到的生成树是包含连通图顶点和边的最小子集，该子集可保持全连通但没有环路。也就是说，生成树协议作为一种链路管理算法，能够自动控制局域网系统的拓扑，形成一个无环路的逻辑结构，使得任意两个网桥或交换机之间、任意两个局域网之间只有一条有效的帧传输路径。当局域网拓扑发生变化时，生成树协议能够重新计算并形成新的无环路网络拓扑结构。

依据生成树协议工作的网桥是一种完全透明的网桥，这种网桥接入电缆后就可自动完成路由选择的功能，而无须由用户装入路由表或设置参数，即网桥的功能是通过自己学习获得的。下面从帧转发、地址学习和生成树算法 3 个方面讨论透明网桥的工作原理。

帧转发

网桥为了能够决定是否转发一个帧，必须为每个转发端口保存一个转发表。在该转发表中保存着通过该端口转发的所有站的地址。例如，图 8.23 中的网桥 2 把所有互联网中的站分为两类，分别对应它的两个端口：在 LAN A、B、D 和 E 上的站在网桥 2 的 LAN A 端口一边，这些站的地址列在一个转发表中；在 LAN C 和 F 中的站在网桥 2 的 LAN C 端口一边，这些站的地址列在另一个转发表中。当网桥收到一个帧时，就可以根据目的地址和这两个转发表的内容决定是否把它从一个端口转发到另一个端口。作为一般情况，假定网桥从 X 端口收到一个 MAC 帧，则其转发和学习机制如图 8.25 所示，它按如下算法进行路由决策：

- ▶ 查找除 X 端口之外的其他转发表；
- ▶ 如果没有发现目的地址，则丢弃帧；
- ▶ 如果在某个端口 Y 的转发表中发现目的站地址，并且 Y 端口没有阻塞（阻塞的原因后面将讲述），则把收到的 MAC 帧从 Y 端口发送出去，若 Y 端口阻塞，则丢弃该帧。

地址学习

以上转发方案已假定网桥装入了转发表。如果采用静态路由策略，转发信息可以预先装入网桥。而实际上采用的是一种更有效的自动学习机制，可以使网桥从无到有地自行决定每一个站的转发方向。

如果一个 MAC 帧从某个端口到达网桥，显然它的源工作站处于网桥的入口 LAN 一边，从帧的源地址字段可以知道该站的地址，于是网桥就据此更新相应端口的转发表。为了适应网络拓扑结构的改变，转发表的每一数据项（站点 MAC 地址）都配备一个定时器。当一个新的数据项加入转发表时，定时器复位；如果定时器超时，则数据项被删除，从而使相应传播方向的信息失效。每当接收到一个 MAC 帧时，网桥就取出源地址字段并查看该地址是否在转发表中，如果已在转发表中，则对应的定时器复位，在方向改变时可能还要更新该数据项；如果地址不在转发表中，则生成一个新的数据项并置位其定时器。

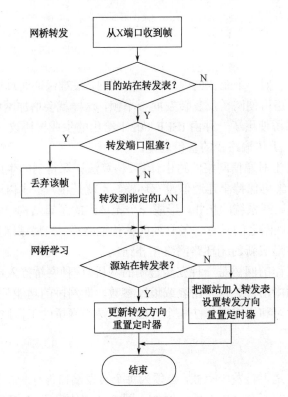

图 8.25　网桥的转发和学习机制

　　上述讨论假定在转发表中直接存储站点 MAC 地址。如果采用两级地址结构（LAN 编号，站点编号），则转发表中只需存储 LAN 地址部分即可，这样可以节省网桥中的存储空间。

生成树算法

　　以上讨论的自学习算法适用于互联网络为树状拓扑结构的情况，即网络中没有环路，任意两个站之间只有唯一通路，而当互联网络中出现环路时这种方法就失效了。图 8.26 示出了环路问题是怎样产生的。假设在时刻 t_0，站点 A 向站点 B 发送了一个帧。每一个网桥都捕获了这个帧并且在各自的转发表中把站点 A 地址记录在 LAN X 一边，随之把该帧发往 LAN Y。在稍后某个时刻 t_1 或 t_2（可能不相等）网桥 a 和网桥 b 又收到了源地址为 A、目的地址为 B 的 MAC 帧，但这一次是从 LAN Y 的方向传来的，这时两个网桥又要更新各自的转发表，把站点 A 的地址记在 LAN Y 一边。

　　可见由环路引起的循环转发破坏了网桥的转发表，使得网桥无法获得正确的转发信息。克服这一问题的思路就是要设法消除环路，以避免出现互相转发的情况。

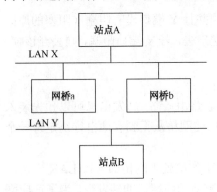

图 8.26　有环路的互联网络

恰好图论中有一种提取连通图生成树的简单算法，可以用于互联网络消除其中的环路。在互联网络中，每一个 LAN 对应于连通图的一个顶点，而每一个网桥则对应于连通图的一个边。删去连通图的一个边等价于移去一个网桥，凡是构成回路的网桥都可以逐个移去，最后得到的生成树不再含有回路，但又不改变图（即网络）的连通性。因此需要一种算法，使得各个网桥之间通过交换信息自动阻塞一些传输端口，从而消除所有的环路并推导出互联网络的生成树。这种算法应该是动态的，即当网络拓扑结构改变时，网桥能觉察到这种变化，并随即导出新的生成树。假定：

▶ 每一个网桥有唯一的 MAC 地址和唯一的优先级，地址和优先级构成网桥的标识符；

▶ 有一个特殊的地址用于标识所有网桥；

▶ 网桥的每一个端口有唯一的标识符，该标识符只在网桥内部有效。

在分析生成树算法时，需要了解以下几个基本概念：

▶ 根网桥——即作为生成树树根的网桥，如可选择标志值最小的网桥作为根网桥。

▶ 路径费用——为网桥的每一个端口指定一个路径费用，该费用表示通过哪个端口向与其连接的 LAN 传输一个帧的代价。两个站之间的路径可能要经过多个网桥，这些网桥的有关端口的费用相加就构成了两站之间的路径费用。例如，假定沿路每个网桥端口的费用为 1，则两个站之间路径的费用就是经过的网桥数。另外也可以把网桥端口的路径费用与有关 LAN 的通信速率联系起来（一般为反比关系）。

▶ 根路径——每一个网桥通向根网桥的费用最小的路径。

▶ 根端口——每一个网桥与根路径相连接的端口。

▶ 指定桥——每一个 LAN 有一个指定桥，这是在该 LAN 上提供最小费用根路径的网桥。

▶ 指定端口——每一个 LAN 的指定桥连接该 LAN 的端口为指定端口。对于直接连接根桥的 LAN，根桥就是指定桥。该 LAN 连接根桥的端口即为指定端口。

通用的生成树算法有很多，可参阅相关文献。根据上述概念，应用于以太网的生成树算法可采用如下步骤：

▶ 选择一个网桥为根网桥，并当作生成树的根结点。

▶ 确定其他网桥的根端口。

▶ 对每一个 LAN 确定一个唯一的指定桥和指定端口，如果有两个以上网桥的根路径费用相同，则选择优先级最高的网桥作为指定桥；如果指定桥有多个端口连接 LAN，则选取标识符值最小的端口为指定端口。

按照这个算法，直接连接两个 LAN 的网桥中只能有一个作为指定桥，其他都将被删除掉，这就排除了两个 LAN 之间的任何环路。同理，以上算法也排除了多个 LAN 之间的环路，但保持了连通性。应用这个算法导出的互联网络生成树的示例如图 8.27 所示。

为了实现生成树算法，网桥之间要交换信息。这种信息以网桥协议数据单元（BPDU）的形式在所有网桥之间传播。网桥发出的 BPDU 包含：

▶ 该网桥的地址标识符和端口标识符；

▶ 该网桥认为可作为根桥的地址标识符；

▶ 该网桥的根路径费用。

开始时每个网桥都声明自己是根网桥并把以上信息广播给所有与它相连的 LAN 上的所有网桥。在每一个 LAN 上只有一个地址值最小的标识符，仅该网桥可坚持自己的声明，其他网桥则放弃声明，并根据收到的信息确定其根端口，重新计算根路径费用。当这种 BPDU 在整个互联网络中传播时所有网桥可最终确定一个根网桥，其他网桥据此计算自己的根端口和根路径。在同一个 LAN 上连接的各个网桥还需要根据各自的根路径费用确定唯一的指定桥和指定端口。显然这个过程要求在网桥之间多次交换信息，自认为是根网桥的那个网桥不断广播自己的声明。例如，在图 8.27（a）所示的互联网络中，通过交换信息导出生成树的过程简述如下：

- ▶ 与 LAN2 相连的 3 个网桥 1、3 和 4 选出网桥 1 为根桥，网桥 3 把它与 LAN2 相连的端口确定为根端口（根路径费用 C=10）。类似地，网桥 4 把它与 LAN2 相连的端口确定为根端口（根路径费用 C=5）。
- ▶ 与 LAN1 相连的 3 个网桥 1、2 和 5 也选出网桥 1 为根桥。相应地，网桥 2 确定其根路径费用 C=10 和根端口，网桥 5 确定其根路径费用 C=5 和根端口。
- ▶ 与 LAN5 相连的 3 个网桥 3、4 和 5 通过比较各自的根路径费用的优先级选出网桥 4 为指定网桥，其根端口为指定端口。

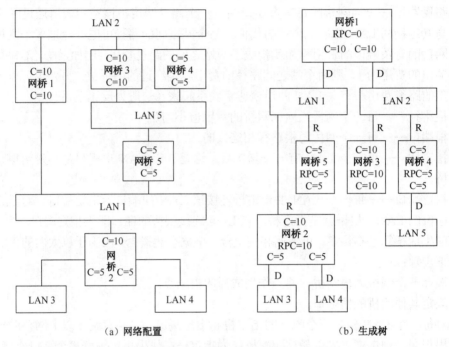

（a）网络配置　　　　　　　　　　　　　　　（b）生成树

图 8.27　互联网络的生成树示例

其他计算过程从略。最后导出的生成树如图 8.27（b）所示。只有指定桥的指定端口可转发信息，其他网桥的端口都必须阻塞。在生成树建立起来以后，网桥之间还必须周期性地交换 BPDU，以适应网络拓扑、路径费用及优先级的变化情况。

源路由算法

生成树网桥的优点是易于安装，无须人工输入路由信息，但它只利用了互联网络拓扑结构的一个子集，没有考虑如何利用带宽的问题。在 IEEE 802.5 标准中给出了另一种网桥路由策略，即源路由算法。源路由算法的核心思想是由帧的发送者显式地指明路由信息。路由信息由网桥地址和 LAN 标识符的序列组成，包含在帧头中。每个收到帧的网桥根据帧头中的地址信息可以知道自己是否在转发路径中，并可以确定转发的方向。例如在图 8.28 中，假设站点 X 向站点 Y 发送一个帧。该帧的传输路线既可以是 LAN 1、网桥 b1、LAN 3 和网桥 b3，也可以是 LAN 1、网桥 b2、LAN 4 和网桥 b4。如果源站点 X 选择了第一条路径，并把这个路由信息放在帧头中，则网桥 b1 和 b3 都将参与对该帧的转发；反之网桥 b2 和 b4 则负责把该帧传输到目的站点 Y。

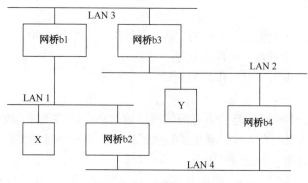

图 8.28　互联网络的示例

在这种方案中，网桥无须保存路由表，只需记住自己的地址标识符和它所连接的 LAN 标识符，就可根据帧头中的信息做出路由决策。然而发送帧的工作站必须知道网络的拓扑结构，了解目的站点的位置，才能给出有效的路由信息。在 IEEE 802.5 标准中有各种路由指示和寻址模式用以解决源站点获取路由信息的问题。

路由指示

按照 IEEE 802.5 标准，帧头中必须有一个指示器表明路由选择的方式。路由指示有以下 4 种：

▶ 空路由指示——不指示路由选择方式。所有网桥不转发这种帧，故只能在同一个 LAN 上的源站点和目的站点之间传输。

▶ 非广播指示——帧中包含 LAN 标识符和网桥地址的序列。帧只能沿着预定路径经各网桥转发到达目的站点，目的站点只收到该帧的一个副本，这种帧只能在已知路由情况下发送。

▶ 全路广播指示——帧通过所有可能的路径到达所有的 LAN，在有些 LAN 上可能多次出现。所有网桥都向远离源端的方向转发这种帧，目的站点会收到来自不同路径的多个副本。

▶ 单路径广播指示——帧在所有 LAN 上出现一次并且只出现一次，目的站点只收到一个副本。

全路广播帧不含路由信息，每一个转发这种帧的网桥都把自己的地址和输出 LAN 的标识符加在路由信息字段中。这样，当帧到达目的站点时就含有完整的路由信息了。为了防止循环转发，网桥要检查路由信息字段，如果该字段中含有网桥连接的 LAN，则不能把该帧再转发到这个 LAN 上去。

单路径广播帧需要生成树的支持，生成树可以自动产生，也可由手工输入。只有在生成树中的网桥才参与这种帧的转发，因而只有一个副本到达目的站点。与全路广播帧类似，这种帧的路由信息也是由沿路各网桥自动加上去的。

源站点可以利用后两种帧发现目的站点的地址。例如，源站点向目的站点发送一个全路广播帧，目的站点以非广播帧响应并且对每一条路径来的副本都给出一个应答。这样源站点就知道了到达目的站点的各种路径，并选取一种作为路由信息。另外，源站点也可以向目的站点发送单路径广播帧，目的站点以全路广播帧响应，这样源站点也可以知道到达目的站点的所有路径。

寻址模式

路由指示和 MAC 寻址模式有一定的关系。寻址模式有以下 3 种：

▶ 单播地址——指明唯一的目的地址；

▶ 组播地址——指明一组工作站的地址；

▶ 广播地址——表示所有站。

从用户的角度看，由网桥互连的所有局域网应该像单个网络一样，故以上 3 种寻址方式应在整个互联网范围内有效。当 MAC 帧的目的地址为以上 3 种寻址模式时，与 4 种路由指示结合可产生不同的接收效果，如表 8.1 所示。

表 8.1　不同寻址模式和路由指示组合的接收效果

寻址模式	路 由 指 示			
	空路由指示	非广播指示	全路广播指示	单路径广播指示
单地址	同一 LAN 上的目的站点	不在同一 LAN 上的目的站点	在任何 LAN 上的目的站点	在任何 LAN 上的目的站点
组地址	同一 LAN 上的一组站点	互联网中指定路径上的一组站点	互联网中的一组站点	互联网中的一组站点
广播地址	同一 LAN 上的所有站点	互联网中指定路径上的所有站点	互联网中的所有站点	互联网中的所有站点

由表 8.1 可知：如果不说明路由信息，则帧只能在源站点所在的 LAN 内传播；如果说明了路由信息，则帧可沿预定路径到达沿路各站点。在广播方式（全路广播和单路径广播）中，互联网中的任何站点都会收到帧。但若是用于探询到达目的站点路径的帧，则只有目的站点会给予响应。全路广播方式可能产生大量的重复帧，从而引起所谓的"帧爆炸"问题。单路径广播产生的重复帧少得多，但需要生成树的支持。

基于 Windows 的软件网桥实现

网络的实现通常有软件、硬件和混合 3 种方式。软件方式是指借助于一台高性能计算机充当网桥，并给该台计算机至少安装两个网卡来实现多个网段的连接。这种网桥的实现要通过软件的配置。硬件方式是指采用网桥硬件设备来实现网桥。混合方式网桥的实现需要用到特殊的 VLSI 芯片和一台主机。总之，选用哪种网桥取决于网络的性能要求和价格。

网桥可以在不同类型的网络传输介质之间创建连接。在传统网络中，如果使用混合介质类型，则每种传输介质都需要一个单独子网，而且需要在多个网络子网间进行数据包转发。因为不同的传输介质类型要使用不同的协议，所以需要进行数据包转发。"网桥"可自动进行所需的配置，以将信息从一种介质类型转发到另一种类型。在 Windows 系列操作系统中，已经集成了连接不同网段的"网桥"功能，而且配置简单，大大方便了中小型局域网之间的互连与拓展。下面以 Windows 7 为例介绍实现软件网桥的过程。

设置图 8.29 所示的网络连接方式，其中 PC2 安装两块网卡，一块为有线网卡，另一块为无线网卡，PC2 作为网桥连接 PC1 和 PC3。

图 8.29　PC 作为网桥连接方式

第一步：给网桥中的两个不同网段接口分配不同的 IP 地址。假设要互连的两个网段中的一个是 10.0.0.0，在网桥中可任选一块网卡如有线网卡，给它分配固定的 IP 地址 10.0.0.1，作为 10.0.0.0 的网络接口。具体方法为：打开"控制面板"，单击"网络和共享中心"，选中"本地连接"（有线网卡）的"属性"，打开"TCP/IP"，选中"指定 IP 地址"，填入 10.0.0.1；同时，子网掩码为 255.0.0.0，网关为 10.0.0.1。同理，给"无线网络连接"（无线网卡）指定 IP 地址为 192.168.0.1，子网掩码为 255.255.255.0，网关为 192.168.0.1。

第二步：给 PC1 安装一块网卡，设置对应的 IP 地址为 192.168.0.12，子网掩码为 255.0.0.0，采用交叉连接线连接 PC2 的第一块网卡。

第三步：给 PC3 安装一块网卡，设置对应的 IP 地址为 192.168.0.10，子网掩码为 255.255.255.0，采用交叉连接线连接无线接入点（AP）。

第四步：开启 PC2，双击"控制面板"，单击"网络和 Internet 连接"；然后单击"网络连接"，按 Ctrl 键，同时选择对应的"本地连接"或"无线网络连接"，如图 8.30 所示；完成选择后，右击它一下（或单击"高级"选单），在出现的选单中选择"桥接"命令。

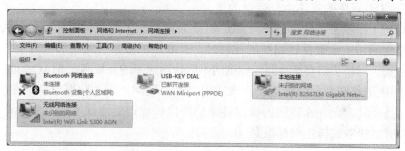

图 8.30　选择网络连接方式

执行上述操作之后，系统出现图 8.31 所示的对话框，提示用户正在创建桥接连接。

图 8.31　创建桥接连接对话框

完成桥接连接的创建后，在"网络连接"窗口中增加了一个"网桥"的图标，说明网桥创建成功，如图 8.32 所示。此时可以在 PC1 上采用"ping 192.168.0.10"命令去连接 PC3，如能收到"Reply from 192.168.0.10……"的回应，说明网桥工作正常，两个网段已经连通并可互传文件。

在配置 Windows 7 的网络组件时需要注意以下几点：

▶　Windows 7 网桥服务器不能配置成域控制器，而应配置成独立的服务器。

▶ 安装的两块网卡均要保证工作正常，检验方法为：单击"控制面板"→"系统"，找到"硬件"选项卡；单击"设备管理器"，展开"网络适配器"，看到两块网卡的图标之前没有黄色惊叹号，"设备状态"为"工作正常"即可。

▶ Windows 网桥所支持的网络通信协议是 TCP/IP，所以只能在以 TCP/IP 通信的网络中转发数据包。但是，网络中的主机操作系统却不一定是 Windows 系列的。如果是 Linux 或其他操作系统，只要正确地装载了 TCP/IP，Windows 网桥一样可以与其协同工作。

图 8.32　网桥创建成功

练习

1. 在以下关于网桥的描述中，错误的是（　　　）。

　　a. 网桥工作在数据链路层　　　　b. 网桥最重要的工作是构建和维护 MAC 地址表
　　c. 使用网桥实现数据链路层的互联时，互联网的数据链路层和物理层协议必须相同
　　d. 目前，网桥仍需要解决同一标准的不同传输速率的局域网在 MAC 层的互联问题

【提示】网桥工作在数据链路层，用来实现多个局域网之间的数据交换。在使用网桥实现数据链路层的互联时，允许互联网的数据链路层协议和物理层协议不同。参考答案是选项 c。

2. IEEE 制定的生成树协议标准是（　　　）。

　　a. IEEE 802.1b　　　b. IEEE 802.1d　　　c. IEEE 802.1q　　　d. IEEE 802.1x

【提示】参考答案是选项 b。

3. 图 8.33 所示是一个局域网互连拓扑图，方框中的数字是网桥 ID，用字母来区分不同的网段。按照 IEEE 802.1d 协议，ID 为 _(1)_ 的网桥被选为根网桥，如果所有网段的传输费用为 1，则 ID 为 92 的网桥连接网段 _(2)_ 的端口为根端口。

　　（1）a. 3　　　　　　　b. 7　　　　　　　c. 92　　　　　　　d. 12
　　（2）a. a　　　　　　　b. b　　　　　　　c. d　　　　　　　d. e

【提示】（1）根网桥的选择原则：各个网桥互相传递 BPDU 配置信息，系统的每个网桥都能侦听到 BPDU，根据网桥标识共同"选举"出具有最大优先级的根网桥。如果优先级相同，则选取具有最小 ID 地址的网桥作为根网桥。本题中没有给出优先级，因此选取 ID 最小的网桥作为根网桥。

（2）非根网桥的根端口选择原则：对一个网桥来说，具有最小根路径开销的端口选为根端口；如果根路径开销相同，则取端口标识最小的作为根端口，同时根端口处于转发模式。本题中，ID 为 92 的网桥连接网段 b 的端口为根端口，其根路径的开销最小。

参考答案：（1）选项 a；（2）选项 b。

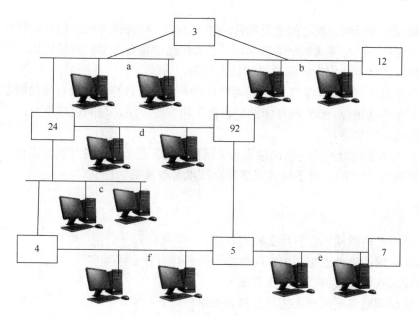

图 8.33　局域网互连拓扑图

4. 按照 IEEE 802.1d 协议，当交换机端口处于（　　　）状态时，既可以学习 MAC 帧的源地址，又可以把接收到的 MAC 帧转发到适当的端口。

　　a. 阻塞　　　　　　　b. 学习　　　　c. 转发　　　　d. 侦听

【提示】交换机就是多端口网桥。以太网交换机端口的功能是从与其相连的 LAN 上接收或传输数据。端口的状态由生成树算法规定，包括转发、学习、侦听、阻塞和禁用状态。

▶　转发——端口既可以发送和侦听 BPDU，也可以转发数据帧；

▶　学习——端口学习 MAC 地址，建立地址表，但不转发数据帧；

▶　侦听——端口侦听 BPDU 以确保网络中不出现环路，但不学习接收帧的地址；

▶　阻塞——端口仅侦听 BPDU，但不转发数据帧，也不学习接收帧的 MAC 地址；

▶　禁用——端口不参与生成树算法，既不发送和侦听 BPDU，也不转发数据帧。

参考答案是选项 c。

补充练习

在教师的指导下，研究在 Windows 10 环境下是否可以实现软件网桥。

本 章 小 结

对等局域网是一种小型、简单的网络，也是用户经常使用的网络。对等局域网的组建虽然简单，然而却是用户接触网络的第一步，可以为组建大型、复杂的网络提供实践基础。学习组建网络的最好方法是按照所介绍的组网方法和操作步骤亲自做一遍，这样可得到事半功倍的效果。

客户机/服务器（C/S）模式反映了计算机及设备之间的联系方式，即计算模式。C/S 模式网络环境中用域实现网络资源和网络用户的管理，C/S 网络主要存在两种工作方式：一种是域控制方式，域是网络中的一个管理单位，在服务器主机上设置域的管理，实现域内网络用户不同的访问权限设置和控制。域之间的受托访问控制方式，可方便对网络用户的管理。另一种是工作组方式，这是一种对等局域网的概念，一个工作组由数台计算机连接而成，各个计算机处于平等的地位，之间可以实现资源共享和数据传输。

组与工作组是不同的概念。工作组是对等网的概念，在对等网中没有域的概念，工作组中的计算机处于平等的地位。C/S网络中的组也称为用户组，组是域的组成部分，是一些具有相同属性的网络用户的集合。

网桥是实现多个局域网互连的网络设备。网桥作为互连设备，其结构、工作原理、自学习算法与生成树协议（STP），对于研究网络互连技术有着重要的意义。

小测验

1. 什么是对等局域网？它有什么特点？
2. 对等局域网的硬件连接与一般网络的硬件连接有什么区别？
3. 对等局域网可以采用哪些操作系统？
4. 对等局域网通常采用什么拓扑结构和网络协议？
5. 怎样才能实现 Windows 对等局域网中的资源共享？
6. 服务器和客户机的区别是什么？
7. 在以下关于透明网桥主要特点的描述中，错误的是（　　）。
    - a. 由发送帧的源结点负责路由选择
    - b. 是一种即插即用的局域网设备
    - c. 通过自学习算法生成和维护网桥转发表
    - d. 网桥对主机是透明的
8. 在生成树协议（STP）IEEE 802.1d 中，根据（　　）来选择根交换机。
    - a. 最小的 MAC 地址
    - b. 最大的 MAC 地址
    - c. 最小的交换机 ID
    - d. 最大的交换机 ID

【提示】IEEE 802.1d 标准是基于生成树算法的。在生成树算法中，交换机的 ID 是选取根交换机的主要依据，ID 最小的成为根交换机。交换机 ID 由 2 个字节的优先级值和 6 个字节的交换机 MAC 地址组成。优先级的值越小，优先级越高，优先级最高的交换机成为根交换机。如果优先级的值相同，那就根据 MAC 地址的值决定根交换机，MAC 地址的值最小的成为根交换机。参考答案是选项 c。

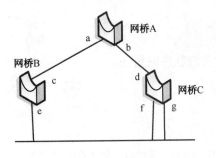

图 8.34　以太网组成示意图

9. 如图 8.34 所示，网桥 A、B、C 连接多个以太网。已知网桥 A 为根网桥，各个网桥的 a、b、f 端口为指定端口。那么，按照快速生成树协议标准 IEEE 802.1d-2004，网桥 B 的 c 端口为（　　）。
    - a. 根端口（Root Port）
    - b. 指定端口（Designated Port）
    - c. 备份端口（Backup Port）
    - d. 替代端口（Alternate Port）

【提示】由于网桥 A 为根网桥，a、b、f 为指定端口，所以 c、d 端口为根端口，即通向根网桥的端口。参考答案是选项 a。

附录 A 课 程 测 验

1. 在一个网络设备间可看到 3 个多站接入单元（MAU），则这个网络使用的是什么数据链路层协议？（　　）
　　a. 令牌环　　　　　　　　　　　b. 以太网
　　c. FDDI　　　　　　　　　　　　d. 不确定，因为所有网络都有 MAU

2. 为构建一个星状网络结构，需使用 UTP 电缆和哪种类型的设备？（　　）
　　a. 路由器　　　　b. 网关　　　　c. 集线器　　　　d. 网桥

3. 使用双绞线的 10 Mb/s 和 100 Mb/s 以太网都支持什么类型的 UTP 电缆对？（　　）
　　a. 3 类　　　　　b. 4 类　　　　c. 5 类　　　　　d. 5e 类

4. NIC 表示（　　）。
　　a. 网络接口控制　　b. 网络接口卡　　c. 国际通信协会　　d. 网络接口载体

5. 下面哪项是对 MAC 层地址功能的最佳描述？（　　）
　　a. 发送一帧到目的 NIC　　　　　b. 发送一个数据包到正确的端口
　　c. 发送一帧到最终目的地　　　　d. 发送一帧到正确的套接口

6. 集线器具有什么逻辑拓扑功能？（　　）
　　a. 总线　　　　　b. 网状　　　　c. 环状　　　　　d. 星状

7. 在 LAN 中为什么交换机将可能取代集线器？（　　）
　　a. 提供 WAN 连接　　　　　　　b. 提供因特网连接
　　c. 改善 LAN 性能　　　　　　　d. 以上全是

8. 最广泛应用的 LAN 技术是（　　）。
　　a. 以太网　　　　b. 令牌环　　　c. ARCnet　　　d. FDDI

9. 在客户机/服务器配置中，请求一般在哪里产生？（　　）
　　a. 客户机　　　　　　　　　　　b. 服务器端
　　c. 以太网服务器或客户机　　　　d. NIC

10. 哪个 LAN 链路结构是确定的？（　　）
　　a. 以太网　　　　b. 令牌环　　　c. 星状网　　　　d. LLC

11. 在 NIC 上通常装载哪层的协议？（　　）
　　a. 物理层　　　　b. 数据链路层　　c. 网络层　　　　d. 传输层

12. UNIX 可装载下面哪些协议？（　　）
　　a. TCP/IP　　　　b. SPX/IPX　　　c. VIP/I　　　　d. SNA/DECnet

13. 在客户机/服务器环境中，哪个软件决定用户请求 LAN 服务的目的地址？（　　）
　　a. 重定向软件　　b. 初始化软件　　c. IP　　　　d. IPX

14. 关于以太网，下面哪种说法是错误的？（　　）
　　a. 随着流量的增加，以太网（CSMA/CD）变得更有效
　　b. 以太网可在物理层上使用 10Base-5、10Base-2 和双绞线
　　c. MAC 数据帧通过物理介质传输　　d. 以太网也称为 IEEE 802.3 标准

e. 以上所有说法都正确（或都不正确）

15. 拥塞消息被发送到以太网上的主要原因是（　　）。

    a. 警示其他结点检测到一个冲突　　　b. 破坏接收到的 MAC 帧前同步码

    c. 重新同步局部以太网上所有结点　　d. 拥塞消息与 MAC 帧前同步码相同

    e. 确认所有的远程结点已接收到以前发送的数据帧

16. 帧和包的主要差别是（　　）。

    a. 帧从 NIC 传输到 NIC，包从端传输到端

    b. 帧有帧头和帧尾，而包只有包头（首部）

    c. 帧包含包　　　　　　　　　　　d. 以上都正确

17. 在 LAN 中，取代 10 Mb/s 以太网的标准是（　　）。

    a. 100 Mb/s 以太网　　　　　　　　b. 100 Mb/s FDDI

    c. 千兆以太网　　　　　　　　　　d. 622 Mb/s ATM

18. 在以太网中出于对（　　）的考虑，需设置数据帧的最小帧。

    a. 重传策略　　　b. 故障检测　　　c. 冲突检测　　　d. 提高速率

19. LLC 接收进程接收到来自 MAC 层进程的信息时，将（　　）。

    a. 通过物理链路传输信息　　　　　b. 响应 IP 发送进程

    c. 响应发送应用程序进程　　　　　d. 发送信息到网络层进程

20. IEEE 802.11g 的最高数据传输速率为（　　）Mb/s。

    a.11　　　　　　b. 28　　　　　　c. 54　　　　　　d. 108

21. 如果一个 NOS 只是对等结构的，则意味着（　　）。

    a. 未使用专用服务器　　　　　　　b. 专用服务器只用于打印机共享

    c. 专用服务器只用于电子邮件　　　d. 专用服务器只用于因特网访问

22. 在台式个人计算机中，最流行的总线结构是（　　）。

    a. EISA　　　b. MCA　　　　　c. PCI　　　　　　d. PCMCIA

23. 以太网第二版数据帧格式与 IEEE 802.3 数据帧格式的不同之处在于（　　）。

    a. 帧长　　　b. 帧中域的长度　　　c. 填充帧长度　　　d. 电缆长度

24. 关于以太网，说法错误的是（　　）。

    a. 以太网在 LAN 中是主要的 MAC 标准

    b. 快速以太网和 10 Mb/s 以太网的帧类型相同

    c. 以太网的速率范围是 10～1 000 Mb/s

    d. 以太网只能使用 5 类 UTP 电缆

25. 在一个典型的 5e 类 UTP 以太网中，蓝线对和棕线对用来（　　）。

    a. 当绿线或橙线被损坏时自动倒换过来

    b. 用于传输网络控制信令和监测信号，而其他线对用来承载数据

    c. 网络不用，但可被其他设备使用　　d. 吸收来自绿线对和橙线对的串话干扰

26. 根据 TIA/EIA 568-A 标准，5e 类 UTP 电缆以 RJ-45 连接器终接。什么颜色的导线接到中心的两个引脚？（　　）

    a. 棕和棕白　　　b. 蓝和棕　　　c. 绿白和橙　　　d. 蓝白和蓝

27. 当发送方以太网结点的网卡接收到一个仅 12 字节长的包时，它会怎么办？（　　）

    a. 在包上添加帧头和帧尾后发送出去　　b. 因为太短而丢弃这个包

c. 将这个包回传到网络层，并要求它重发一个较长的包

d. 在这个包的末端添加额外的位，将它加长到 46 字节；然后添加帧头和帧尾并发送出去

28. 一位公司领导自行订购的一台新笔记本计算机，其无线网卡不能与无线接入点建立连接，而该地区现有的计算机都能连接到接入点。引起这个问题的原因可能是（　　）。

a. 无线网卡使用 IEEE 802.11a 标准，而接入点采用 802.11b 标准

b. 该地区存在新的无线电干扰源

c. 其网卡采用以太网第一版，而接入点采用以太网第二版

d. 其网卡采用 CSMA/CD，而接入点采用 CSMA/CA

29. 如何区分转接电缆和叉接电缆？（　　）

a. 转接电缆使用 2 个 RJ-45 连接器，而叉接电缆使用 1 个 RJ-45 连接器和 1 个 RJ-11 连接器

b. 叉接电缆两端采用相同的引脚输出配置，而转接电缆采用不同的引脚输出配置

c. 转接电缆只用 5 类电缆的 2 个线对，而叉接电缆使用所有 4 个线对

d. 转接电缆的两端采用相同的引脚输出配置，而叉接电缆采用不同的引脚输出配置

30. 下列物理层介质中，哪个最安全？（　　）

a. UTP　　　　　　b. 同轴电缆　　　　　c. 光纤　　　　　d. 无线

31. 一个运行 CSMA/CD 协议的以太网，数据速率为 1 Gb/s，网段长 1 km，信号速率为 200 000 km/s，则最小帧长是（　　）比特。

a. 1000　　　　　b. 2000　　　　　c. 10 000　　　　　d. 200 000

【提示】参考答案是选项 c。

32. 以太网帧结构中"填充"字段的作用是（　　）。

a. 承载任选的路由信息　　　　　b. 用于捎带应答

c. 发送紧急数据　　　　　　　　d. 保持最小帧长

【提示】参考答案是选项 d。

33. 物联网中使用的无线传感网技术是（　　）。

a. IEEE 802.15.1 蓝牙（无线个域网）　　　b. IEEE 802.11n 无线局域网

c. IEEE 802.15.3 ZigBee 微微网　　　　　d. IEEE 802.16m 无线城域网

【提示】参考答案是选项 c。

34. IEEE 802.11 标准定义的 Peer to Peer 网络是（　　）。

a. 一种需要 AP 支持的无线网络

b. 一种不需要有线网络和接入点支持的点对点网络

c. 一种采用特殊协议的有线网络

d. 一种高速骨干数据网络

【提示】这是一道概念题，首先是 IEEE 802.11 标准定义的无线网络，所以选项 c 和 d 可以排除。我们知道无线网络有两种组网方式，即基于基础结构和无线自组网，显然 Peer to Peer 其次属于无线自组网，即不需要 AP 的网络。参考答案是选项 b。

35. 阅读以下说明，回答问题 1 至问题 5。

【说明】某学校有 3 个校区，校区之间的最远距离达到 61 km。学校现在需要建设校园网，具体要求如下：校园网通过多家运营商接入互联网，主干网采用千兆以太网将 3 个校区的中心

结点连接起来。每个结点都有财务、人事和教务 3 类应用。若按应用将全网划分为 3 个 VLAN，3 个中心结点都必须支持 3 个 VLAN 的数据转发。路由器用光纤连接到校区 1 的中心结点上，距离不超过 500 m，网络拓扑结构如图 A.1 所示。

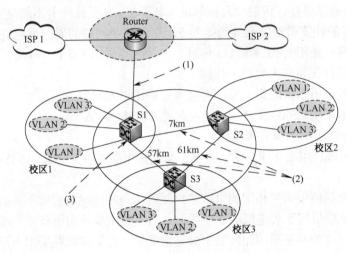

图 A.1　第 35 题网络拓扑结构

【问题 1】根据题意和网络拓扑结构图，从经济性出发填写网络拓扑图中 (1)、(2) 和 (3) 所用的传输介质和设备。

a. 3 类 UTP　　　　　　　b. 5 类 UTP　　　　　　　c . 6 类 UTP

d. 单模光纤　　　　　　　e. 多模光纤　　　　　　　f. 千兆以太网交换机

g. 百兆以太网交换机　　　h. 万兆以太网交换机

【提示】参考答案：（1）选项 e；（2）选项 d；（3）选项 f。

【问题 2】如果校园网中的办公室用户没有移动办公的需求，采用基于 (4) 的 VLAN 划分方法比较合理；如果有的用户需要移动办公，采用基于 (5) 的 VLAN 划分方法比较合适。

【提示】参考答案：（4）交换机端口；（5）MAC 地址。

【问题 3】图 A.1 所示的交换机和路由器之间互连的端口类型全部为标准的 GBIC 端口，表 A.1 中列出了网络互连所用的光模块的参数指标，请根据组网需求从表 8.2 中选择合适的光模块类型以满足合理的建网成本，Router 和 S1 之间用 (6) 互连，S1 和 S2 之间用 (7) 互连，S1 和 S3 之间用 (8) 互连，S2 和 S3 之间用 (9) 互连。

表 A.1　光模块的类型与参数指标

光模块类型	参 数 指 标			备　　注
	标　　　准	波长	光 纤 类 型	
模块 1	1000Base-SX	850 nm	62.5/125 μm, 50/125μm	多模，价格便宜
模块 2	1000Base-LX /1000Base-LH	1310 nm	62.5/125 μm, 50/125 μm, 9/125 μm	单模，价格稍高
模块 3	1000Base-ZX	1550 nm	9/125 μm	单模，价格昂贵

【提示】参考答案：（6）模块 1；（7）模块 2；（8）模块 3；（9）模块 3。

【问题 4】如果将 Router 和 S1 之间的模块与 S1 和 S2 之间的模块互换，Router 和 S1 以及 S1 和 S2 之间的网络是否能联通？为什么？

【提示】Router 与 S1 通，S1 与 S2 不通。因为模块 2 的传输介质兼容多模光纤，模块 1 的传输介质不兼容单模光纤。

【问题 5】若 VLAN 3 的网络用户因业务需要只允许从 ISP 1 出口访问因特网，在路由器上需进行基于_(10)_的策略路由配置。其他 VLAN 用户访问因特网资源时，若访问的是 ISP 1 上的网络资源，则从 ISP 1 出口；若访问的是其他网络资源，则从 ISP 2 出口，那么在路由器上需进行基于_(11)_的策略路由配置。

【提示】参考答案：(10) 源地址；(11) 目的地址。

附录 B 术 语 表

A

Access Point 访问接入点

无线 AP 即无线访问接入点，它是用于无线网络的无线交换机，也是无线网络的核心。无线 AP 是移动计算机用户进入有线网络的接入点，主要用于宽带家庭、大楼内部及园区内部；典型覆盖距离为几十米至上百米，目前主要技术为 IEEE 802.11 系列。大多数无线 AP 还带有接入点客户机模式（AP Client），可以和其他 AP 进行无线连接，延展网络的覆盖范围。

Adapter 适配器

适配器用以识别安装在计算机总线上的计算机卡。网卡是适配器的一种。当通过网络向网络媒介发送信息时，网卡为其提供连接或接口。

Address Resolution Protocol（ARP） 地址解析协议

ARP 是指使用 TCP/IP 协议中的 IP 技术进行地址解析的协议。地址解析是指一个站点将给定的另一个站点的 IP 地址解析为相应的 MAC 地址（硬件地址）的过程。

Application Program Interface（API） 应用程序接口

通常，一个 API 包含应用程序所使用的计算机进程，其应用程序用于执行由计算机操作系统所完成的低层任务。在网络中，一个 API 可为应用程序提供标准化的来自网络的请求服务。网络中最为常用的 API 是 NetBIOS。

Attempt Counter 重发计数器

重发计数器是用来记录以太网卡尝试重发同一数据帧次数的计数器。计数器计数达到 16 后，网卡自动放弃该数据帧的发送。

Attempt Limit 重发极限

以太网网卡在出现数据冲突时，尝试重发同一数据帧的最大次数"16"称为重发极限。

Availability 有效性

有效性是指一个给定的网络或网络构件（如主机或服务器）处于工作状态的时间百分比。

B

Backbone 主干网

主干网是指网络中承担着最重要传输任务的部分。主干网将各个局域网及子网连接起来，组成整个网络。组建主干网时，常常要用到网桥等设备。网桥通常用来控制子网进入主干网的数据流，以减少网络的数据冲突和实现故障隔离。

Backoff Time 补偿时间

以太网的某个网段发生信号冲突时，所有发送结点会暂停发送数据，经过一段随机延迟后再重新发送数据。这段随机延迟时间称为补偿时间。这个随机时间间隔降低了再次发生信号冲突的可能性。

Backplane 背板

背板是指一个提供基本功能的设备母板，其设计将决定一个集线器、交换机、网桥或路由器的基本功能。插入背板的模块可提供接口功能或附加功能。如果背板结构是以太网、令牌环或 FDDI，就是一种共享总线型背板，因为以太网、令牌环和 FDDI 都是介质共享协议。

Bluetooth 蓝牙

蓝牙是指一种短距离无线电技术。利用蓝牙技术，能够有效地简化 PDA、笔记本计算机和移动电话等移动通信终端设备之间的通信，也能够成功地简化以上这些设备与因特网之间的通信，从而使这些现代通信设备与因特网之间的数据传输变得更加迅速、高效，为无线通信拓宽了道路。

Bridge 网桥

网桥是一种将局域网连接起来的硬件设备。网桥可以连接同一类型的局域网子网，如两个令牌环网段；也可以连接两个具有不同介质的局域网，如以太网和令牌环。网桥运行于 OSI 参考模型的数据链路层。

Bridge Protocol Data Unit（BPDU） 网桥协议数据单元

BPDU 是一种生成树协议问候数据包，它以可配置的间隔发出，用来在网络的网桥间进行信息交换。当一个网桥开始变为活动时，它的每个端口都是每 2 s（使用默认定时值时）发送一个 BPDU。然而，如果一个端口收到另外一个网桥发送过来的 BPDU，而这个 BPDU 比它正在发送的 BPDU 更优，则本地端口会停止发送 BPDU。如果在一段时间（默认为 20 s）它不再接收到邻居的更优的 BPDU，则本地端口会再次发送 BPDU。

Bridge/Router（Brouter） 桥式路由器

桥式路由器是一种结合了网桥和路由器功能的网间设备。

Broadcast 广播

广播这个词在通信和网络领域有多种含义。在局域网领域，广播通常是指发往物理网段上所有设备的信息（如数据帧）。例如，总线拓扑就是一种广播技术，其中设备是利用一根公用线缆连接起来的。广播与数据帧结合，形成了广播帧的概念。广播帧是一种包含特殊目的地址的数据帧，可以使网络上所有的设备都能接收到该数据帧。

Burst Mode 突发模式

突发模式是一种高速数据传输技术，是指使用特定的条件加快数据传输速率。例如，可以允许一个设备垄断对数据总线的控制，存储器访问也可以在它接收请求之前就自动获得下一个存储地址。

C

Carrier Sense Multiple Access With Collision Detection（CSMA/CD） 带碰撞检测的载波侦听多址访问

CSMA/CD 是决定当两台设备同时使用一条数据信道（称为一个冲突）时网络设备如何响应的一组规则。标准的以太网使用 CSMA/CD。这个标准使设备能检测到一个冲突。在设备检测到一个冲突以后，就先等待一个随机的延迟时间，再试图重发报文。如果此设备又一次检测到冲突，它就再一次等待随机延迟时间而重发报文。这就是所谓的"指数补偿"。

Class of Service（CoS） 服务类型

服务类型（CoS）又称为服务质量（QoS），通常用来度量一个传输服务的不同特性。从 OSI 参考模型的角度来看，传输层（又称运输层）的用户将 QoS 参数规定为对通信信道要求的一部分。这些参数根据应用要求来定义服务的类型。例如，一个要求快速响应的交互应用，对连接建立、吞吐量、转换延迟和连接优先级等将规定较高的 QoS 值。但是，对一个文件传输应用来说，它更需要可靠、无差错的数据传输，因而对剩余差错率规定较高的 QoS 值。

Client/Server Model　客户机/服务器模型

客户机/服务器模型是计算机网络中的一种工作模式。在这种模型中，单个 PC 可以访问公用高性能计算机上提供的数据或服务。例如，当一台 PC 需要访问局域网中某一计算机上的公用数据库时，则这台 PC 就是客户机，而网络计算机就是服务器。

Cluster Controller　群集控制器

群集控制器是一种 IBM 设备，用于控制 IBM 主机和终端设备（IBM 3270 或 ASCII 终端）之间的通信，也称为通信控制器。

Collapsed Backbone　集中式主干网

集中式主干网是一种网络拓扑结构。在这种网络结构中，使用一台多端口设备（如交换机和路由器）在网段和子网之间传输数据流。这和传统的以太主干网不同，以太主干网是用一根公用的线缆直接将结点和子网连接起来。

Collision　冲突

在以太网中，当两个数据帧同时被发送到物理传输介质上，并完全或部分重叠时，就发生了数据冲突。当冲突发生时，在物理网段上的数据将不再是有效的。

Cross-Connect　交叉连接

交叉连接是指不对帧进行检错，而只是简单地将数据传输到相应的目的地的一种高速交换方式。

Crossover Cable　叉接电缆

叉接电缆是一种两端带有 RJ-45 连接器的 UTP 电缆，用以直接连接两台计算机的网卡。其两个连接器上的引脚所连接的是不同的导线，因而信号从一个网卡的输出端流向另一个网卡的输入端，反之亦然。

D

Daisy Chain　菊花链

将多台设备通过布线系统连接起来，就创建了一个菊花链网络。在 AppleTalk 网络中，菊花链拓扑结构是用 PhoneNet 连接器和双绞线（普通电话线）建立起来的。在菊花链结构的网络配置中，网线的两端必须用端接电阻进行端接。

Data Exchange Interface（DXI）　数据交换接口

DXI 是一种 ATM 接口，可将可变长度的网络数据帧转换为固定长度的 ATM 信元。ATM DXI 将局域网数据帧转换为可变长度的 DXI 帧格式，然后 ATM CSU/DSU 再将 DXI 帧转换为定长 ATM 信元。这种两步转换方法简化了 ATM CSU/DSU 处理，因为 ATM CSU/DSU 只需处理一种类型的帧即可。

Data Link Control（DLC）　数据链路控制

数据链路控制是一个通用的名词，它是通过单一链路进行信息传输的控制协议（如令牌环或以太网）。

Datagram（Packet）　数据报（数据包）

数据包是指由 OSI 参考模型的网络层处理的一种信息单位。数据包首部包含目的结点的逻辑（网络）地址。中间结点转发数据包，直到到达目的地址。一个数据包可能包含由 OSI 模型更高层产生的整条消息或一条大消息的其中一段。

Detector　检测器

检测器是一种接收光信号并将其转换为电信号的设备。

Distributed Queue Dual Bus（DQDB） 分布式队列双总线

分布排列双总线是应用于城域网（MAN）的 IEEE 802.6 标准。

Domain 域

域是指 Windows 网络中独立运行的单位。在域之间进行相互访问需要建立信任关系（即 Trust Relation）。信任关系是连接域与域的桥梁。当一个域与其他域建立了信任关系后，2 个域之间不但可以按需要相互进行管理，还可以跨网分配文件和打印机等设备资源，使不同的域之间可以实现网络资源的共享与管理。

Domain Controller（DC） 域控制器

"域"的真正含义是指服务器控制网络上的计算机能否加入的计算机组合。一提到组合，势必需要严格的控制，而实行严格的管理对网络安全是非常必要的。在由 Windows 构成的对等网中，数据的传输是非常不安全的。不过在"域"模式下，至少有一台服务器负责每一台连入网络的计算机和用户的验证工作，就相当于一个单位的门卫一样，故称为"域控制器"。域控制器中包含由这个域的账户、密码及属于这个域的计算机等信息构成的数据库。

E

Electric Cable 电缆

定义 1：由一根或多根相互绝缘的导体外包绝缘和保护层制成，将电力或信息从一处传输到另一处的导线。

定义 2：通常是指由几根或几组导线（每组至少两根）绞合而成的类似于绳索的电缆，每组导线之间相互绝缘，并围绕中心扭成，整个外面包有高度绝缘的覆盖层。

电线电缆一般指用于电力、通信及相关传输用途的材料。"电线"和"电缆"并没有严格的界限。通常将芯数少、产品直径小、结构简单的产品称为电线，没有绝缘的称为裸电线，其他的则称为电缆。

Error Correction Code（ECC） 纠错码

ECC 用于校验进出存储器的数据的正确性。

Ethernet 以太网

以太网是指由 Xerox 公司创建并由 Xerox、Intel 和 DEC 公司联合开发的基带局域网规范，是当今现有局域网采用的最通用的通信协议标准。以太网络使用 CSMA/CD（带冲突检测的载波侦听多址访问）技术，并以 10 Mb/s 的速率运行在多种类型的电缆上。以太网与 IEEE 802.3 系列标准相类似。现在使用的以太网有快速以太网（100 Mb/s 以太网）和千兆以太网（1 000 Mb/s 以太网）。

Extended Industry Standard Architecture（EISA） 扩充的工业标准体系结构

EISA 是 1988 年制定的 32 位计算机总线规范，它扩展了 ISA 总线标准的功能。

F

Feeder 馈线

馈线是用于将单层网段和建筑内主干网或多层干线连接起来的一种线缆。

Fiber Distributed Data Interface Follow-On LAN（FFOL） 光纤分布数据接口延续局域网

FFOL 是一个新提出的 2.4 Gb/s 局域网标准，它最终可能取代 FDDI。

Fiber Distributed Data Interface（FDDI） 光纤分布式数据接口

FDDI 是一种使用光缆实现令牌传递的 100 Mb/s 局域网标准。

Fiber Distributed Data Interface II（FDDI II） 光纤分布式数据接口 II

FDDI II 是一个与 FDDI 不兼容的扩展标准，可以更好地支持恒定速率数据流（如话音和视频）传输。FDDI II 将 100 Mb/s 带宽分为 16 条线路，用于传输各种不同类型的数据流，每条线路又可进一步分成 96 个信道。

Fibre Channel　光纤信道

光纤信道是基于 ANSI 的帧校验序列（FCS）的速率很高的光纤数据传输接口。FCS 可以承载多种现有的协议，包括 IP 和 SCSI。

Flat Address Space　单层地址空间

单层地址空间是指具有单一模块、单一地址，且未形成层次化结构的系统。

Frame　帧

在网络中，计算机通信传输的是由 0 和 1 构成的二进制数据，或者说是由二进制数据组成的帧。帧是网络传输的最小单位。例如，以太网数据帧就是由以太网网卡产生的数据帧。实际传输中，在铜缆（指双绞线等铜质电缆）网线中传递的是脉冲电流；在光纤网络和无线网络中传递的是光和电磁波（当然光也是一种电磁波）。

Frame Check Sequence（FCS）　帧校验序列

FCS 是一个 4 字节的用于帧校验的循环冗余校验（CRC）码。循环冗余校验是指校验通过网络传输的数据的正确性的数学处理过程。当即将传输一个数据块时，发送结点对数据块进行计算，在数据块的末尾加入计算得到的循环冗余校验码。在接收结点则对数据块进行同样的计算，如果计算结果与循环冗余校验码匹配，则表示数据传输正确。

Frame Relay　帧中继

帧中继本质上是指一种电路交换。从物理层上讲，帧中继是一种交换设备，可以将 3 条或者更多的与广域网连接的高速链路连接起来，并在其间转发数据。帧中继只用于数据通信，而不用于语音通信或者视频通信，它可以检测到传输错误但不加以纠正（错误帧将被丢弃）。帧中继的工作速率通常为 56 kb/s～1.5 Mb/s。

Freeware　开放软件

开放软件是指不需要许可费用的软件，其版权位于公用域内。也就是说，软件的设计开发者放弃了其版权。开放软件的源码也是可自由分配的，因而任何开发人员可修改源码或在源码中添加新的代码（对那些新添加的构件可能要收费）。对源码的最佳修改方案将定期成为下一个"官方"发布的核心软件的一部分。因此，开放软件（亦称开放资源软件）将从世界范围软件开发团体的最佳设想和方案中受益。Linux 操作系统和 Apache Web 服务器是两个最著名的开放软件。

Front End Processor（FEP）　前端处理器

FEP 是一种在 IBM 主机网络中用来连接网络设备和主机的设备。FEP 也可以看作一个通信控制器。

H

Hub　集线器

Hub 可认为是一个连线集中器。一个简单的 Hub 是一个多端口转发器，其信号从一个端口输入，从其他端口输出。

Hypermedia　超媒体

超媒体比超文本（Hypertext）更进了一步，它包括图像、声音及视频链接。用户可以选择并浏览这些链接。

Hypertext 超文本

超文本是指计算机信息的一种组织方式，由文本组成，其中的一些语句带有链接。这些链接指向别的文档或者文件。超文本基本上是一种普通的纯文本文件，但这些纯文本当中含有指向其他文档的链接。这些链接叫作超链接（Hyperlink）。

I

Index of Refraction 折射系数

折射系数是光在真空中的速度与其在另一种传输介质中的速度之比。

Input/Output（I/O） 输入/输出

输入／输出是指计算机的中央处理器（CPU）与外部设备之间的数据传输过程。输入设备包括键盘和鼠标等；输出设备包括监视器和打印机等；还有一些设备可同时用于输入和输出，如磁盘驱动器和网络接口卡（网卡）。

Insertion Loss 插入损耗

插入损耗是指在光缆之间增加结点或监测设备时，引起的信号强度衰减。

Institute of Electrical and Electronic Engineers（IEEE） 电气与电子工程师协会

IEEE 是一个建立于 1884 年，由工程师、科学家和学生组成的专业性组织。IEEE 发布计算机和电子设备方面的协议标准，其中包括定义共享传输介质网络（如以太网和令牌环）的802 系列标准。

Insulation Displacement Connector（IDC） 绝缘层剥离连接器

IDC 是一种电连接设备，当导线被按压（卡接）至电接触点时，IDC 将使导线的绝缘层剥离。集线架、插接板和 RJ-45 连接器均属于 IDC。

Intelligent Hub（Smart Hub） 智能集线器

智能集线器是一种具有增强功能的集线器，可以支持多种介质类型和多种介质访问方法（数据链路协议），如以太网、令牌环和 FDDI。通过插入网桥和路由器或通过网络管理智能集线器，可提供更多的网络互连功能。

Interference 干扰

影响信号清晰接收的任何能量都是干扰。例如，如果一个人正在讲话，则第二个人的声音对他来说会造成干扰。

Interframe Gap 帧间隔

帧间隔是指以太网数据帧之间的最小时间间隔。一个结点发送完一个数据帧后，必须等待这样长的时间间隔才可发送第二帧。

Interoperability 互操作性

互操作性是指不同类型的计算机、网络、操作系统及应用程序之间协同工作的能力。例如，一个 TCP UNIX 应用程序使用 ASCII 文本文件可与一个 EBCDIC IBM 主机进行数据交换。

L

Latency 延迟

延迟是指网桥或路由器之类的网络设备转发 1 帧或数据包时所产生的传输时延，具体指一台设备从读一个包（或帧）的第一个字节到转发完这个字节所需的时间。

Local Area Network（LAN） 局域网

局域网是指在一个局部的地理范围内（如一个学校、工厂和单位内），一般是方圆几千米以内，将各种计算机、外部设备和数据库等互相连接起来组成的计算机通信网。它可以通过数据通信网或专用数据电路，与远方的局域网、数据库或处理中心相连接，构成一个较大范围的信息处理系统。局域网可以实现文件管理、应用软件共享、打印机共享、扫描仪共享、工作组内的日程安排、电子邮件和传真通信服务等功能。严格意义上的局域网是封闭型的，它可以由办公室内几台甚至上千上万台计算机组成。决定局域网的主要技术要素为网络拓扑、传输介质及介质访问控制方法。

Logical Link Control（LLC）　逻辑链路控制

逻辑链路控制（LLC）协议是一种用于控制物理链路上信息流的数据链路层协议。LLC 协议常用于使用 IEEE 帧类型的以太网络中，这种 IEEE 帧中缺少类型字段。

M

Media Access Control（MAC）　介质访问控制

MAC 是 IEEE 802 标准（包括 802.3、802.4 及 802.5）定义的一种传输介质访问控制协议，规定了以太网、令牌总线及令牌环所使用的数据帧的格式。MAC 处于 OSI 模型数据链路层中的较低子层。

Media Independent Interface（MII）　介质无关接口

介质无关接口或称为媒体独立接口（MII），它是 IEEE 802.3 定义的以太网行业标准。它包括一个数据接口，以及一个 MAC 和 PHY 之间的管理接口。数据接口包括分别用于发送器和接收器的两条独立信道，而每条信道都有自己的数据、时钟和控制信号。MII 数据接口总共需要 16 种信号。管理接口是一个双信号接口：一个是时钟信号接口，另一个是数据信号接口。通过管理接口，上层能监视和控制 PHY。MII 只有两条信号线。

Microsegmentation　网段微型化

网段微型化是指为了增加可用带宽而将网络分隔为小网段的一种技术。

Mode　模

一个模是指通过光纤传输的一个独立光信号。

Multidrop　多点结构

多点结构是一种数据通信的配置方式，其中多个终端、打印机和工作站都连接在同一传输介质上，且某一时刻只能有一个结点与"主机"进行通信。这是非平衡通信的一种形式。

Multimode Fiber　多模光纤

多模光纤是指粗光纤，可以同时传输多路不同的光信号；其中各路光信号通过在光纤内以不同的角度反射来分离。

Multiplexer　多路复用器

多路复用器允许多路信号在同一条物理介质中传输。

Multistation Access Unit（MAU）　多站接入单元

MAU 是在令牌环网络中实现单个工作站互连的设备，也称为令牌环集线器。

Multistory Trunk　多层干线

多层干线是指在一个多层建筑中垂直安装的一组线缆，为网络主干连接多个楼层的网段提供传输介质。

Multitasking　多任务

多任务是指计算机同时执行多个进程和应用程序的能力。虽然只有一个处理器的计算机在某一时刻只能执行一条指令，但一个多任务操作系统可以按顺序为多个应用程序分配计算机处理周期，并对程序进行调用和管理，感觉上就像是多个应用程序或任务在同时运行。存在两种多任务方式：抢占式和合作式。对抢占式多任务而言，操作系统控制和管理系统资源分配和任务计划；而对合作式多任务而言，应用程序控制和共享资源。

Multithreading 多线程

线程是指应用程序内部执行特定操作的过程，具有多线程能力的计算机可以支持多个线程同时存在，特别是允许应用程序在自己内部进行多任务处理。

N

Name Space 命名空间

命名空间是操作系统所定义的一系列关于文件命名长度和格式的规则。

Named Pipes 命名管道

命名管道是指一种网络操作系统服务，为网络中不同计算机的进程间建立可靠的虚拟通信连接。一个命名管道建立起来之后，将一直保持到其中一个结点关闭它为止。因此，完成一个传输多个数据的会话只需建立一次管道连接即可。

Network Access Protection（NAP） 网络访问保护

NAP 是一种包含在 Windows Server 2008 R2、Windows Server 2008 、Windows Vista、Windows 7 和 Windows XP SP3 中的策略执行平台，旨在通过计算机健康状态检测技术，保护企业内部网络免受非安全客户端的网络威胁。通过 NAP 平台，系统管理员可以自定义健康安全策略，在客户端访问企业网络之前，使用策略检测客户端健康状态，确保接入企业网络的客户端安全状态良好，并且阻止不健康的客户端接入，将它们放入受限网络，进行健康修补，直到符合健康策略为止。同时，NAP 也提供了应用程序接口集，使第三方厂商能够为健康策略验证。

Network Basic I/O System（NetBIOS） 网络基本输入输出系统

NetBIOS 是由 Sytek 公司和 IBM 公司合作开发的一种软件系统，已经成为局域网应用程序的接口标准。NetBIOS 运行于 OSI 协议栈的会话层。应用程序可以调用 NetBIOS 子程序来完成诸如局域网间数据传输的操作。

Network Driver Interface Specification（NDIS） 网络驱动程序接口规范

NDIS 是微软公司和 3Com 公司共同提出的一种标准，该标准提供了网卡驱动程序与网络协议之间的通用接口。NDIS 标准的作用与 ODI 标准很类似。

Network File System（NFS） 网络文件系统

网络文件系统（NFS）是一种文件管理系统，通常用在基于 UNIX 操作系统的计算机系统中。

Network Interface Card（NIC） 网络接口卡

网络接口卡简称网卡，是指一种插入到计算机以便连接到网络的扩展板。大多数网卡是为特定的网络、协议和介质而设计的，但某些网卡可适用于多种网络。

Network Operating System（NOS） 网络操作系统

网络操作系统（NOS）是指管理服务器的操作并为客户机提供服务的软件系统。NOS 用于管理服务器上的应用程序与网络底层的传输能力之间的接口。NOS 与运行在工作站上的单用户操作系统（如 Windows 系列）或多用户操作系统（如 Linux、UNIX）相比较，由于提供的服务类型不同而有差别。一般情况下，NOS 是以使网络相关特性达到最佳为目的的，如共享数据文件、软件应用，以及共享硬盘、打印机、调制解调器、扫描仪和传真机等。一般计算机的操作系统，如 DOS 和 OS/2 等，其目的是让用户与系统及在此操作系统上运行的各种应用之间的交互作用最佳。

Noise　噪声

噪声是指破坏信号完整性的任何环境，如电干扰。许多电磁源，如无线电传输、电缆、电动机、调光器及不可靠的电缆连接等，都会引起噪声。

O

Operating Wavelength　工作波长

光纤信号（模）的波长称为工作波长。波长决定了可见光的颜色，而光纤中的网络信号一般使用人眼看不见的红外光波长。

Optical Carrier（OC）　光载波

光载波（OC）是在 SONET 数字信号体系中定义的光信号标准之一。SONET 的基本组成块结构为 STS-1 51.84 Mb/s 信号，适于装载 1 路 DS-3 信号。SONET 体系达到 STS-48（即 48路 STS-1 信号），能够传输 32 256 路语音信号，容量为 2 488.32 Mb/s，其中 STS 表示电信号接口，相应的光信号标准表示为 OC-1、OC-2 等。

Optical Fiber Cable 光缆

光缆主要由光导纤维（细如头发的玻璃丝）和塑料保护套管及塑料外皮构成，光缆内没有金、银、铜铝等金属。光缆是指一定数量的光纤按照一定方式组成缆心，外包有护套，有的还包覆外护层，用以实现光信号传输的一种通信线路，即由光纤（光传输载体）经过一定的工艺而形成的线缆。

P

Packet Internet Groper（Ping）　因特网控测包

Ping 是一个 TCP/IP 实用程序，用以检测一台计算机的 IP 软件是否正常运行，并检测计算机之间的连接状况。Ping 程序给目的主机发送一条测试消息，并要求那台主机应答。

Patch Cable（Patch Cord）　转接电缆（转接线）

转接电缆是指两端带有 RJ-45 连接器的 UTP 电缆，用以将计算机的网卡与集线器或交换机的端口连接起来。两个连接器的引脚连接的是同一条导线，因此信号是通过电缆直传的。

Peer-to-Peer Network　对等网

如果两个程序或进程使用的通信协议相同，并在相应结点完成近于相同的功能，就称这两个进程为对等进程。通常，对等进程的任一进程都不控制其他进程，任一流向的数据流都采用相同的协议。对等进程之间的通信称为对等通信。对等网采用分散管理的方式，网络中的每台计算机既可作为客户机又可作为服务器来工作，每个用户都管理自己机器上的资源。

Peripheral Component Interconnect（PCI）　外围部件互连

PCI 是由 Intel 公司提出的用于定义计算机局部总线系统的标准，最多允许 10 块扩展卡插入到计算机中。PCI 技术可使个人计算机（PC）总线以很高的速率传输数据。

Piconet　微微网

微微网是指通过蓝牙技术以特定方式连接起来的一种微型网络，一个微微网可以只是两台相连的设备，比如一台便携式计算机和一部移动电话，也可以是 8 台连在一起的设备。在一个微微网中，所有设备的级别是相同的，具有相同的权限。微微网由主设备（Master）单元（发起链接的设备）和从设备（Slave）单元构成，其中有一个主设备单元和最多 7 个从设备单元。主设备单元负责提供时钟同步信号和跳频序列，从设备单元一般是指受控同步的设备单元，接受主设备单元的控制。

Plenum　通风管道

通风管道是一种用于建筑取暖或空气调节的管道，通常悬挂于天花板或吊顶之上。"通风管道级"线缆通常要求满足防火要求，线缆外皮具有防火性，在燃烧时不发出有毒气体。

Point-to-point　点对点

网络以两种不同的方式连接结点（其中有一些是终端结点所依附的主机）：点对点方式和广播方式。点对点网络分为两类：一类是电路交换网络，就像电话网络一样，在两个结点之间建立连接；另一类是包交换或无连接网络，就像电报一样，数据包从一个结点传输到另一个结点，直到终点。

Printer Server　打印服务器

打印服务器是一台基于局域网的计算机，网络用户可以通过它来使用打印机资源。因此，通过打印服务器多个用户可以共享同一台打印机。

Promiscuous Mode　混杂模式

混杂模式是一种强制网卡对其所接收到的每一帧进行处理的一种设置。例如，网络分析器内的网卡就设置为混杂模式。

Q

Quality of Service（QoS）　服务质量

一般而言，QoS 用来衡量提供给用户（如电话用户、计算机网络用户等）的服务的质量。在 OSI 参考模型中，传输层的用户可以指定所需的服务质量参数，作为对通信信道的要求。这些参数定义了建立在不同应用基础上的不同服务质量。例如，一个交互的应用服务要求较高的 QoS 值，如连接建立时延、吞吐率、发送时延及连接优先级等。然而，文件传输要求可靠、无差错的数据传输，而不要求快速的连接，因而要求传输错误率/概率尽可能低。

R

Refraction　折射

折射是指当光线或电磁波从一种介质斜射入另一种具有不同折射系数的介质时，偏离直线路径的现象。

Remote Access Service（RAS）　远程访问服务

远程访问服务通常是对 Windows NT 操作系统而言的，是指远程访问 NT 和局域网服务的能力。

Remote Procedure Call（RPC）　远程过程调用

远程过程调用是指通过网络连接向服务器发出程序调用请求。

Remote Procedure Call Protocol（RPCP）远程过程调用协议

远程过程调用协议是一种通过网络从远程计算机程序上请求服务，而不需要了解底层网络技术的协议。RPCP 假定某些传输协议的存在，如 TCP 或 UDP，为通信程序之间携带信息数据。在 OSI 网络通信模型中，RPCP 跨越了传输层和应用层。RPCP 使得开发包括网络分布式多程序在内的应用程序更加容易。

Repeater　中继器

中继器是将局域网上的一段线缆与另一段线缆连接在一起的物理层设备，这两段线缆很可能属于不同的介质类型。例如，一个中继器可能连接在一个细缆以太网和一个粗缆以太网之间。中继器可再生或增强电信号，因此中继器可用来延长网段长度。中继器一比特一比特地再生所接收到的信号，同时也再生差错。中继器速度非常快，延迟很小。

RJ-45 Connector　RJ-45 连接器

RJ-45 是用于 UTP 电缆的插拔式连接器，类似于标准的 RJ-11 电话线连接器。RJ-45 连接器可以端接多达 8 根导线。

Router　路由器

路由器是一种带有多个端口，可与网络或其他路由器相连的网络设备。路由器检查每个包的逻辑网络地址，利用其内部路由表沿最佳路径将包转发到相应的路由端口。如果包寻址到一个未连接到路由器上的网络时，路由器就将包转发到离目的地址较近的另一个路由器上去。每个路由器依次检查数据包，然后发送给相应结点或者转发给其他路由器。

S

Semaphore　信标

信标是一个用来标识共享资源（如一个文件）使用状态的标志（位）。例如，如果一个文件信标设置为 1，则表示该文件正在使用而不能被其他用户访问。

Signal Reflection　信号反射

信号反射是指由于不正确的线缆连接引起的部分或全部电信号反射。这种效应引起的噪声会被误认为是帧冲突。

Single-mode Fiber　单模光纤

单模光纤是细光纤，其中只能传输一路光信号。由于其信号不可能受到其他信号的干扰，单模光纤中光信号所能传输的距离比多模光纤远得多。

Small Computer System Interface（SCSI）　小型计算机系统接口

SCSI 是将打印机和磁盘驱动器等高速外设与计算机连接的高速接口。

Spanning Tree Protocol（STP）　生成树协议

生成树协议是由 Sun 微系统公司著名工程师拉迪亚·珀尔曼博士（Radia Perlman）发明的。它通过生成树来保证一个已知的网桥在网络拓扑中沿一个环动态工作。生成树协议的主要功能有两个：一是利用生成树算法在以太网络中，创建一个以某台交换机的某个端口为根的生成树，避免环路。二是在以太网络拓扑发生变化时，通过生成树协议达到收敛保护的目的。

Start of Frame Delimiter（SOFD）　帧起始标志

SOFD 是一个以两个连续比特结束的字节，用于局域网上所有结点的帧接收的同步。

Statistical Time-Division Multiplexing（STDM）　统计时分多路复用

STDM 是一种复用技术，其中每个端口按需要竞争使用总线。对于时分复用（TDM），有时由于网络在某段间隙内不被使用，从而造成带宽的浪费，而 STDM 不会发生这种情况。STDM 适用于传输突发流量。

Super Server　超级服务器

在客户机/服务器结构中作为服务器，可以处理大量事务或大型数据库的大容量计算硬件称为超级服务器。一些需要处理大量电子商务流量的组织，常使用大型主机系统来构建超级服务器。

Switch　交换机

交换机是运行于 OSI 参考模型的数据链路层的设备。一台交换机可用来连接局域网或相同介质访问类型的网段。交换机的所有带宽都提供给需要交换的帧使用。

Switched Multimegabit Data Service（SMDS）　多兆位数据交换服务

SMDS 是一种在局域网、城域网和广域网间进行数据交换的无连接服务。SMDS 是面向信元的，信元格式与 ITU-T B-ISDN 标准的信元格式完全相同。ITU-T 已建立了一个无应答连接的宽带网络服务标准（I.364）。这种服务通常是作为一种城域网（MAN）服务而由本地电话公司提供的。内部 SMDS 协议包括 SMDS 接口协议 1、2、3（SIP-1～3），是城域网标准 IEEE 802.6 的子集，也称作 DQDB。

Synchronous Digital Hierarchy（SDH） 同步数字传输体制

SDH 是在光缆上进行同步数据传输的国际标准，与美国的 SONET 标准相对应。标准的 SDH 传输速率称为 STM-1，即 155.52 Mb/s，它相当于 SONET 的 OC-3。

Synchronous Optical Network（SONET） 同步光纤网络

SONET 是美国光纤传输标准，是国际 SDH 的一部分。SONET 的基本结构数据块是 STS-1，速率为 51.84 Mb/s，可以传输 T3 信号。

Synchronous Transport Signal（STS） 同步传输信号

STS 是用于描述 SONET 数据传输速率的一个术语。例如：STS-1 的速率为 51.84 Mb/s，STS-3 的速率为 155.52 Mb/s，STS-12 的速率为 622.08 Mb/s，STS-48 的速率为 2.488 Gb/s。STS 为电信号接口标准。光信号接口标准可对应表示为 OC-1、OC-2 等。

T

Thicknet 粗缆以太网

粗缆以太网即 10Base-5 以太网，也叫作 Yellow Wire。粗缆以太网最多可将信号传输到 500 m 远的地方，超出 500 m 就必须使用中继器。每一段粗缆上最多可以连接 100 个结点。整个粗缆以太网最多可以依次连接 5 段粗缆，其中只有 3 段粗缆可以挂接网络结点。粗缆以太网已不再在计算机网络中使用。

Thinnet 细缆以太网

细缆以太网即 10Base-2 以太网，可以将信号传输到 185 m 远的地方，超出 185 m 就必须使用中继器。每一段细缆上最多可以连接 30 个网络结点。

Topology 拓扑

拓扑是指网络或部分网络的特定物理配置。常见的网络拓扑结构有总线、环状和星状等。

Total Internal Reflection 全反射

全反射是指光线在一种介质中传输而碰到另一种介质时，光线无损耗地反射回原来介质。在光纤中，引起这种反射的原因有两种：一是芯线的折射系数大于外敷层的折射系数，这使得光线折射和弯曲；二是光信号以一个很小的角度进入光缆，而一个完全垂直的光入射角会导致所有的光线进入外敷层而不是反射回到芯线中。

Traffic 流量

流量是指通过网络传输的信息，其中包括用户数据和与网络相关的信息。

Transceiver 收发器

收发器是一种可以发射和接收光信号的设备。

Transparent Bridging 透明网桥

透明网桥可使两个运行着同样 MAC 协议的网段之间的数据帧互相传输。这种网桥之所以称为透明网桥，是因为源结点向目的结点发送数据帧就像是在同一物理网段上进行一样，也就是说，网桥是不可见的。透明网桥通常连接以太网段，有时也可能用于连接令牌环和 FDDI 网络。

U

Uninterruptible Power Supply（UPS） 不间断电源

UPS 用于在电源失效时提供电池备份。

Unshield Twisted Pair（UTP） 非屏蔽双绞线

非屏蔽双绞线（UTP）是最常用的网线之一，广泛应用于电话网络和数据通信中。UTP 可以在无须信号中继器的情况下，将信号以 100 Mb/s 的速率传输 100 m 的距离。

Utilization 利用率

利用率是指在某一特定时刻或某段时间内得到的有效利用的传输带宽。例如，在以太网局域网中，如果从总带宽（10 Mb/s）中用到了 4 Mb/s，那么其利用率就是 40%。

V

Virtual Channel Connection（VCC） 虚通道连接

VCC 是指一个单向 ATM VC 的端点，在这个端点上可进行 ATM 信元的发送或接收。

Virtual LAN（VLAN） 虚拟局域网

VLAN 是一种将局域网设备从逻辑上划分成一个个网段，从而实现虚拟工作组的新兴数据交换技术。虚拟局域网使用专用的交换机和软件，使得计算机在不改变任何物理配置的基础上被分配到不同的虚拟局域网中。这一新兴技术主要应用于交换机和路由器，但主流应用还是在交换机之中。但又不是所有交换机都具有此功能，只有 VLAN 协议的第三层以上的交换机才具有此功能。

VLAN Trunking Protocol（VTP） VLAN 中继协议

VLAN 中继协议是思科专有协议，也被称为虚拟局域网干道协议。它主要控制网络内 VLAN 的添加、删除和重命名。VTP 减少了交换网络中的管理工作。用户在 VTP 服务器上配置新的 VLAN，该 VLAN 信息就会分发到所有交换机，这样可以避免到处配置相同的 VLAN。

W

Wireless LAN（WLAN） 无线局域网

基于 IEEE 802.11 标准的无线局域网允许在局域网络环境中使用可以不必授权的 ISM 频段中的 2.4 GHz 或 5.8 GHz 射频波段进行无线连接。它们被广泛应用，从家庭到企业再到因特网接入热点，使得无线局域网络能利用简单的存取架构让用户透过它，达到"信息随身化，便利走天下"的理想境界。

Wizard 向导程序

Wizard 是帮助用户配置计算机软硬件设置的应用程序。Wizard 采用步进式接口，它提出一连串的问题，而后根据用户输入进行响应。

World Wide Web Consortium（W3C） 万维网联盟

万维网联盟（W3C）是一个独立的工业组织，它致力于为万维网（Web）开发技术上开放的标准。W3C（www.w3c.org）与各种因特网组织合作，是制定 HTTP、HTML、XML、DHTML 及许多其他基于 Web 的技术标准的主要标准组织。

参 考 文 献

[1] 刘化君，等. 局域网. 北京：电子工业出版社，2015.

[2] （美）Reed R D，著. 局域网（第 7 版）. 张文，等，译. 北京：电子工业出版社，2003.

[3] 谢希仁. 计算机网络（第 7 版）. 北京：电子工业出版社，2017.

[4] 雷震甲，等. 网络工程师教程（第 5 版）. 北京：清华大学出版社，2018.

[5] 刘化君，等. 计算机网络原理与技术（第 3 版）. 北京：电子工业出版社，2017.

[6] 刘化君，等. 计算机网络与通信（第 3 版）. 北京：高等教育出版社，2016.

[7] （美）Andrew S.Tanenbaum. Computer Networks (Fourth Edition). 北京：清华大学出版社，2008.

[8] （美）Goralski W，著. 现代 TCP/IP 网络详解. 黄小红，等，译. 北京：电子工业出版社，2015.

[9] 刘化君. 综合布线系统（第 3 版）. 北京：机械工业出版社，2014.

[10] 刘化君. 物联网概论. 北京：高等教育出版社，2016.

[11] （美）Comer D E，著. 计算机网络与因特网（第 6 版）. 范冰冰，等，译. 北京：电子工业出版社，2015.

[12] 施游，朱小平. 网络工程师考试考点突破、案例分析、实战练习一本通. 北京：电子工业出版社，2010.

[13] 黎连业，等. 局域网技术与组网方案. 北京：中国电力出版社，2012.

[14] 李磊，等. 网络工程师考试辅导. 北京：清华大学出版社，2017.

[15] 宋翔. Windows 10 技术与应用大全. 北京：人民邮电出版社，2017.

[16] 何绍华，等. Linux 操作系统. 北京：人民邮电出版社，2017.

[17] 全国计算机专业技术资格考试办公室. 网络工程师考试大纲（2018 年审定通过）. 北京：清华大学出版社，2018.